100 % EXOS

Maths

2de

Laurent Darré

HATIER

Maquette de principe : Marie-Astrid Bailly-Maître
Mise en pages : MCP
Schémas : Alpha-Édit, MCP
Édition : Agnès Nicol

 978-2-218-93298-4

Avant-propos

■ Le programme de mathématiques de la classe de Seconde est ici découpé en 14 chapitres, les sept premiers concernent le calcul et l'étude des fonctions, le huitième les statistiques et les six derniers la géométrie.

Tout au long de cet ouvrage, la difficulté des exercices est symbolisée par un nombre d'étoiles :

★ : application immédiate d'un résultat du cours ;

★★ : application du cours non immédiate, nécessitant une méthode particulière ou des calculs moins immédiats ;

★★★ : exercice difficile, les calculs ou les raisonnements pouvant être complexes ou peu conventionnels ;

Avec la difficulté est aussi indiquée la durée moyenne nécessaire pour traiter chaque exercice.

■ Dans chaque chapitre, il est redommandé de suivre la progression proposée. Ne commencez pas par le contrôle ou par les exercices difficiles, même si vous vous sentez à l'aise. Commencez par les **exercices d'application** qui permettent de vérifier les connaissances, les méthodes et de comprendre l'utilisation de certains résultats du cours.

■ Les **exercices d'entraînement** permettent une synthèse des connaissances abordées dans les premiers exercices. À chaque fois, vous êtes invité à en rédiger complètement la solution, et à ne pas vous contenter d'une brève esquisse.

■ Enfin, deux ou trois sujets de **contrôle** terminent le chapitre, certains sous forme de QCM (questionnaire à choix multiple) ou de « Vrai ou Faux ». Ces sujets types ont une difficulté proche des exercices d'entraînement. Le lecteur pourra s'exercer en se mettant en situation, c'est-à-dire en temps limité et en rédigeant une copie comme si elle devait être remise au professeur.

■ Dans tous les cas, il ne faut consulter les **corrigés** qu'après avoir longuement cherché la solution. Éventuellement, laissez-la de côté pour y revenir plus tard. La méthode consistant à lire une question, puis à regarder immédiatement son corrigé, est sans aucune efficacité.

■ Les chapitres 2, 4 et 9 (respectivement « Calculs numériques », « Calculs algébriques » et « Géométrie dans le plan ») ont un statut particulier puisqu'ils ne devraient pas faire l'objet d'un chapitre à part entière. Il est conseillé d'étudier à plusieurs reprises dans l'année ces trois parties qui proposent de faire le point sur des notions et des savoir-faire qu'il est indispensable de maîtriser. N'hésitez pas à revenir sur ces sujets, même si votre professeur a déjà traité le chapitre en classe.

■ Chaque ouvrage de la collection « 100 % Exos » est complété par un **site Internet** accessible gratuitement aux seuls acheteurs, grâce à une procédure d'identification très simple, à l'adresse :

www.100pour100exos.com

En ligne, on peut ainsi trouver par une recherche multicritère les exercices de son choix déjà présents dans l'ouvrage (avec leurs corrigés) ainsi que des **exercices supplémentaires** inédits dans la version papier.

Ce site Internet propose donc l'accès illimité à une véritable banque d'exercices !

Bon courage à tous.

Sommaire

Calculs et fonctions

11 Géométrie dans l'espace

12 Vecteurs

13 Géométrie analytique

14 Équations de droites

Calculs et fonctions

1 Ensembles de nombres

I PRÉSENTATION DES ENSEMBLES

1. Liste des ensembles

- $\mathbb{N}$: ensemble des entiers naturels.
- $\mathbb{Z}$: ensemble des entiers relatifs.
- $\mathbb{D}$: ensemble des nombres décimaux.

Un nombre est décimal s'il peut s'écrire $\frac{a}{10^n}$, où $a \in \mathbb{Z}$ et $n \in \mathbb{N}$.

- $\mathbb{Q}$: ensemble des nombres rationnels.

Un nombre est rationnel s'il peut s'écrire $\frac{p}{q}$, avec $p \in \mathbb{Z}$ et $q \in \mathbb{Z}^*$.

Un nombre qui n'est pas rationnel est dit irrationnel.
$\mathbb{R}$: ensemble des nombres réels.
Sur une droite du plan repéré, chaque point est associé à un nombre, appelé abscisse, et chaque nombre est associé à un point. L'ensemble des abscisses des points de cette droite est l'ensemble des nombres réels $\mathbb{R}$.

2. Remarques, notations

- Tous ces ensembles contiennent une infinité d'éléments.
- Une étoile placée à droite signifie que 0 est exclu. Par exemple, $\mathbb{R}^*$ est l'ensemble des nombres réels non nuls.
- On peut aussi utiliser un $+$ ou un $-$ pour signifier l'utilisation des positifs ou des négatifs. Par exemple, $\mathbb{R}^+$ est l'ensemble des nombres réels positifs et $\mathbb{R}_+^*$ est l'ensemble des nombres réels strictement positifs.

3. Inclusion des différents ensembles

Pour exprimer qu'un ensemble A est contenu dans un ensemble B (on dit aussi que A est inclus dans B), on note $A \subset B$.
On a les inclusions suivantes : $\mathbb{N} \subset \mathbb{Z} \subset \mathbb{D} \subset \mathbb{Q} \subset \mathbb{R}$.

II COMPLÉMENTS

1. Avec les nombres entiers

Divisibilité

Soit a et b deux entiers relatifs. On dit que a est un multiple de b si, et seulement si, il existe un nombre entier relatif k tel que $a = kb$. Dans le cas où $b \neq 0$, on dit aussi que a est divisible par b, ou que b est un diviseur de a, ou encore que b divise a.

Nombres premiers

On se place ici dans l'ensemble des entiers naturels $\mathbb{N}$.

Définition : lorsqu'un entier naturel a exactement deux diviseurs dans $\mathbb{N}$, il est premier. Dans ce cas, ces deux diviseurs sont 1 et lui-même.

> **!**
> **• 0 n'est pas premier, puisqu'il est divisible par tous les entiers naturels, sauf lui-même.**
> **• 1 n'est pas premier, puisqu'il n'a qu'un seul diviseur : lui-même.**
> **• 2 est le seul nombre pair premier, c'est aussi le plus petit nombre premier.**

Quelques propriétés

• Il y a une infinité de nombres premiers.

• Tout nombre entier naturel qui n'est pas premier admet une unique décomposition en produit de facteurs premiers.

2. Avec les nombres décimaux et les nombres rationnels

Écriture scientifique d'un nombre décimal

Tout nombre décimal peut s'écrire de manière unique sous la forme $a \times 10^n$, avec $a \in \mathbb{D}$ et $1 \leqslant a < 10$, et $n \in \mathbb{N}$. Cette forme est l'écriture scientifique du nombre.

Valeur approchée d'un nombre réel

Tout nombre réel peut être approché par un nombre décimal. Par exemple :

• π a pour valeur approchée au centième près 3,14 ; on note $\pi \approx 3{,}14$;

• une valeur approchée de $\frac{1}{3}$ à 10^{-3} près est 0,333 ; on note $\frac{1}{3} \approx 0{,}333$.

Rationnel ou décimal ?

• Un nombre rationnel est un nombre décimal si, après simplification, le dénominateur n'est formé que d'un produit de puissances de 2 et de 5.

• Un nombre rationnel n'est pas un nombre décimal s'il admet un développement décimal périodique.

EXERCICES D'APPLICATION

1

★ | 3 min | ▶P. 19

Que peut-on dire d'un nombre quand il appartient à l'ensemble $\mathbb{Z}^*$? Et quand il appartient à $\mathbb{R}_-^*$? Et quand il appartient à $\mathbb{Q}^+$?

2

★ | 5 min | ▶P. 19

Les nombres suivants sont-ils des décimaux ou des rationnels ? Justifier.

$1{,}234\,56$; $\frac{4}{7}$; -2×10^{-7} ; $\frac{28}{5}$; $0{,}111\,111\,111$; $\frac{1}{9}$.

3

★ | 5 min | ▶P. 19

Parmi les ensembles $\mathbb{N}$, $\mathbb{Z}$, $\mathbb{D}$, $\mathbb{Q}$, $\mathbb{R}$, préciser le plus petit ensemble, au sens de l'inclusion, auquel appartient chaque nombre.

$-6{,}25$; $-4{,}21 \times 10^4$; π ; $\frac{5}{7}$; $\frac{7}{5}$; $\sqrt{3}$; 0 ; $3{,}14$; $\frac{107}{25}$.

4

★★ | 10 min | ▶P. 19

a. Soit $x \in \mathbb{N}$ et $y \in \mathbb{Z}^*$. Parmi les nombres :

$$xy,\ \frac{x}{y},\ x+y,\ x^2,\ \sqrt{x},\ \text{et}\ \frac{1}{y},$$

préciser, sans justifier, ceux qui sont des nombres entiers.
Donner un contre-exemple pour ceux qui ne sont pas des nombres entiers.

b. Soit $x \in \mathbb{Q}^+$ et $y \in \mathbb{Q}^*$. Parmi les nombres :

$$xy,\ \frac{x}{y},\ x+y,\ x^2,\ \sqrt{x},\ \text{et}\ \frac{1}{y},$$

préciser, sans justifier, ceux qui sont des nombres rationnels.
Donner un contre-exemple pour ceux qui ne sont pas des nombres rationnels.

5

★ | 3 min | ▶P. 20

Écrire l'ensemble des diviseurs de 36 dans $\mathbb{N}$, puis dans $\mathbb{Z}$.

6

★ | 5 min | ▶P. 20

123 456 est-il divisible par 2 ? par 3 ? par 4 ? par 5 ? par 6 ? par 9 ?

7

★ | 10 min | ▶ P. 20

a. Écrire la liste des nombres premiers inférieurs à 30.

b. Décomposer en produit de facteurs premiers les nombres 1 680 et 41 580.

c. Déterminer le PGCD et le PPCM de 1 680 et 41 580.

8

★ | 2 min | ▶ P. 20

Donner l'écriture scientifique des nombres suivants :
31 000 000 ; 0,407 ; 0,000 000 001 85 ; 540,21.

EXERCICES D'ENTRAÎNEMENT

9

★★ | 5 min | ▶ P. 20

Montrer que $\mathbb{D}$ est inclus dans $\mathbb{Q}$.

10

★★ | 15 min | ▶ P. 21

Le nombre rationnel $\frac{65}{11}$ se lit à la calculatrice 5,909 090 90... Les deux chiffres 9 et 0 reviennent périodiquement et infiniment.
On dit que ce nombre a un développement décimal périodique.
On note parfois ce nombre $5{,}\underline{90}$.
Ce nombre est rationnel, mais n'est pas décimal.
Écrire sous forme d'une fraction irréductible :

a. $2{,}\underline{4}$ **b.** $3{,}\underline{02}$ **c.** $14{,}\underline{285\,714}$ **d.** $7{,}4\underline{52}$.

11

★★ | 5 min | ▶ P. 21

Un nombre entier naturel est « parfait » s'il est égal à la somme de ses diviseurs autres que lui-même dans $\mathbb{N}$. Le nombre 28 est-il parfait ?

12

★★ | 15 min | ▶ P. 21

a. Montrer que le produit de deux nombres décimaux est toujours un nombre décimal.

b. Montrer que le produit de deux nombres rationnels est toujours un nombre rationnel.

c. Montrer que la somme de trois entiers consécutifs est divisible par 3.

13

★★ | 5 min | ▶ P. 21

Soit $n \in \mathbb{N}$. Démontrer que le nombre $n^2 + 2n + 1$ n'est pas premier.

14

★★ | 15 min | ▶ P. 22

a. Décomposer 504 en produit de facteurs premiers.
b. Trouver les diviseurs de 504 tels que les quotients de 504 par ces diviseurs soient des carrés parfaits.
c. Décomposer 504^2 en produits de facteurs premiers.

15

★★★ | 15 min | ▶ P. 22

Pour tout entier naturel $n \geqslant 2$, on pose $A = n^4 + 4$.
a. En écrivant que $A = n^4 + 4n^2 + 4 - 4n^2$, factoriser A et montrer que :

$$A = [(n-1)^2 + 1][(n+1)^2 + 1].$$

b. Montrer que, pour tout $n \geqslant 2$, A n'est pas premier.

16

★★ | 10 min | ▶ P. 22

a. Montrer que le produit de deux nombres pairs est un nombre pair.
b. Montrer que le produit de deux nombres impairs est un nombre impair.

17

★★★ | 20 min | ▶ P. 23

On considère un cercle de centre O et de rayon r, [AB] étant un diamètre de ce cercle. H est un point sur le cercle tel que la perpendiculaire à (OH) passant par H coupe la droite (AB) en un point P.

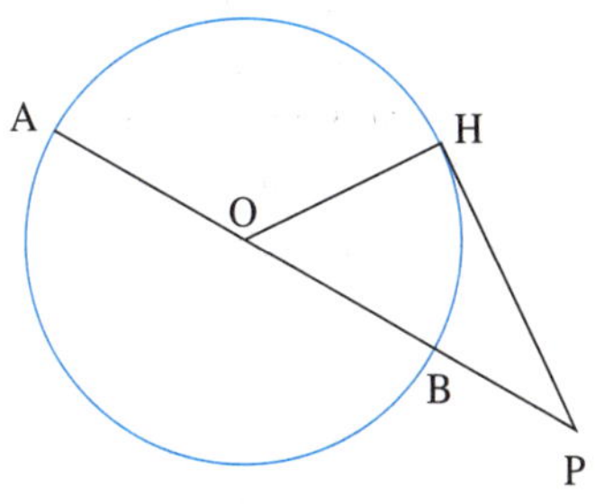

a. Montrer que :

$$PA \times PB = PO^2 - OH^2.$$

b. En déduire que :

$$PA \times PB = PH^2.$$

c. Expliquer comment construire un segment de longueur $\sqrt{14}$.

Contrôle

Les calculatrices ne sont pas autorisées.

18 QCM ★ 6 points, 15 min ▸ P. 23

Pour chacune des questions, une et une seule proposition est exacte.

1. Le plus petit ensemble, au sens de l'inclusion, auquel appartient le nombre 2,111... (infinité de décimales, toutes égales à 1) est :

a. $\mathbb{Z}$ **b.** $\mathbb{D}$ **c.** $\mathbb{Q}$ **d.** $\mathbb{R}$

2. Un seul de ces nombres appartient à $\mathbb{Q}_+^*$:

a. $\dfrac{\sqrt{3}}{3}$ **b.** $\dfrac{\pi}{2}$ **c.** 0 **d.** $\dfrac{13}{2,4}$

3. L'écriture scientifique du nombre $\dfrac{0,000\ 000\ 4}{8}$ est :

a. $0,5 \times 10^{-7}$ **b.** 5×10^{-6} **c.** 2×10^{-7} **d.** 5×10^{-8}

4. La décomposition en facteurs premiers de 126 est :

a. $2 \times 6 \times 7$ **b.** $2 \times 3^2 \times 7$ **c.** $2^2 \times 3^2 \times 7$ **d.** $2 \times 3^3 \times 7$

5. Un seul de ces nombres est premier :

a. 1 **b.** 200 000 001 **c.** 247 **d.** 41 414 141

6. Le PGCD de 525 et 1 323 est :

a. 33 075 **b.** 105 **c.** 21 **d.** 3

19 ★ 4 points, 10 min ▸ P. 23

Les trois questions sont indépendantes.

1. **a.** Comment appelle-t-on les nombres qui appartiennent à l'ensemble $\mathbb{R} \setminus \mathbb{Q}$?

b. Décrire à l'aide de symboles (pris dans la liste $\mathbb{N}$, $\mathbb{Z}$, $\mathbb{Q}$, $\mathbb{R}$, +, *) les ensembles suivants :

- ensemble des nombres réels strictement positifs ;
- ensemble des nombres rationnels.

2. **a.** Comment peut-on savoir si un nombre rationnel est un nombre décimal ?

b. Le nombre $\dfrac{31}{120}$ est-il décimal ?

3. Dessiner un schéma d'inclusion des ensembles $\mathbb{Z}$, $\mathbb{Q}^+$ et $\mathbb{R}$. Donner deux exemples de nombres dans chacune des zones ainsi créées.

20 ★★ 6 points, 20 min ▸ P. 24

Dans ce qui suit, $n \in \mathbb{N}^*$. Pour chacune des affirmations suivantes :

- A : « Si *n* est divisible par 8, alors *n* est divisible par 4. »
- B : « Si *n* est un diviseur de 18, alors *n* est un diviseur de 6. »
- C : « Si *n* est divisible par 6 et par 10, alors *n* est divisible par 60. »
- D : « Si *n* est premier avec 3, alors *n* est pair. »

1. Dire si elle est vraie ou fausse, en justifiant.
2. Énoncer l'affirmation réciproque et dire si cette affirmation réciproque est vraie ou fausse, en justifiant.

(Indication pour les justifications : Si l'affirmation vous semble vraie, il faut le démontrer. Si elle vous semble fausse, un contre-exemple suffit.)

21 ★ 2 points, 5 min ▸ P. 25

Les affirmations suivantes sont-elles vraies ou fausses ? Justifier la réponse.

A : « Le produit de deux nombres premiers est un nombre premier. »

B : « La somme de deux nombres premiers est un nombre premier. »

22 ★ 2 points, 5 min ▸ P. 25

En utilisant les écritures scientifiques des nombres, calculer :

$$\frac{(0{,}000\ 000\ 005 \times 400\ 000)^3}{24 \times 10^{-11}}.$$

Écrire le résultat sous forme d'un nombre rationnel.

CONTRÔLE

Les calculatrices ne sont pas autorisées.

23 ★★ | 3 points, 10 min | ▸P. 25

a. Soit le nombre $a = 0{,}000\ 4$. Écrire sous forme scientifique les nombres a, a^2, a^{-1} et $\dfrac{a}{5}$.

b. Soit le nombre $b = 80\ 000\ 000$. Écrire sous forme scientifique les nombres b et ab.

24 ★ | 6 points, 10 min | ▸P. 25

a. Que peut-on dire d'un nombre s'il appartient à l'ensemble $\mathbb{Q}_+^*$?
b. Trouver un exemple montrant que le produit de deux nombres irrationnels n'est pas toujours un nombre irrationnel.
c. Préciser le plus petit ensemble de nombres, au sens de l'inclusion, auquel appartiennent les nombres suivants :

$\sqrt{5}$; π ; $\dfrac{-2}{7}$; $0{,}014$; $2{,}151\ 515$; $\dfrac{111}{2\ 560}$; $4{,}\underline{93}$; $-42\ 000 \times 10^{-3}$.

25 ★ | 4 points, 10 min | ▸P. 25

Décomposer en facteurs premiers 756 et 450, puis en déduire le PGCD et le PPCM de ces deux nombres.

26 ★ | 2 points, 5 min | ▸P. 25

Soit le nombre $G = 0{,}\underline{36}$. Écrire le nombre G sous la forme d'une fraction irréductible.

27 ★★ | 3 points, 10 min | ▸P. 26

a. Développer $(n-1)(n+5)$.
b. Pour tout $n \in \mathbb{N}^*$, on définit $A = n^2 + 4n - 5$.
Pour quelle(s) valeur(s) de n le nombre A est-il premier ?

28 ★★ | 2 points, 10 min | ▸P. 26

Montrer que le carré d'un nombre impair est un nombre impair.

CORRIGÉS

1 Un nombre qui appartient à l'ensemble $\mathbb{Z}^*$ est un nombre entier différent de 0.
Un nombre qui appartient à l'ensemble $\mathbb{R}_-^*$ est un nombre réel strictement négatif.
Un nombre qui appartient à l'ensemble $\mathbb{Q}^+$ est un nombre rationnel positif.

2 Un nombre est décimal s'il peut s'écrire $\frac{a}{10^n}$, avec $a \in \mathbb{Z}$ et $n \in \mathbb{N}$.

• $1{,}234\ 56 = \frac{123\ 456}{10^5}$, donc 1,234 56 est décimal.

• La division par 7 donne un développement décimal périodique. $\frac{4}{7}$ est un nombre rationnel non décimal.

• $-2 \times 10^{-7} = \frac{-2}{10^7}$, donc -2×10^{-7} est décimal.

• $\frac{28}{5} = \frac{56}{10^1}$, donc $\frac{28}{5}$ est décimal.

• $0{,}111\ 111\ 111 = \frac{111\ 111\ 111}{10^9}$, donc 0,111 111 111 est décimal.

• La division par 3, et donc par 9, donne un développement décimal périodique. $\frac{1}{9}$ est un nombre rationnel non décimal.

3 $-6{,}25 \in \mathbb{D}$; $-4{,}21 \times 10^4 \in \mathbb{Z}$; $\pi \in \mathbb{R}$; $\frac{5}{7} \in \mathbb{Q}$;

$\frac{7}{5} \in \mathbb{D}$; $\sqrt{3} \in \mathbb{R}$; $0 \in \mathbb{N}$; $3{,}14 \in \mathbb{D}$; $\frac{107}{25} \in \mathbb{D}$.

4 **a.** Le produit et la somme de deux nombres entiers est un entier. De même, le carré d'un nombre entier est un entier.
Avec $x = 1$ et $y = 2$, $\frac{x}{y}$ et $\frac{1}{y}$ ne sont pas entiers. Avec $x = 2$, le nombre $\sqrt{x}$ n'est pas entier.
Ainsi, seuls xy, $x + y$ et x^2 sont toujours entiers.
b. Le produit, la somme et le quotient de deux nombres rationnels est un rationnel. Le carré et l'inverse d'un nombre rationnel est un rationnel.
Avec $x = 2$ (qui est un nombre rationnel), le nombre $\sqrt{x}$ n'est pas rationnel.
Ainsi, seul $\sqrt{x}$ n'est pas toujours rationnel.

5 L'ensemble des diviseurs de 36 dans $\mathbb{N}$ est :

$$\{1 ; 2 ; 3 ; 4 ; 6 ; 9 ; 12 ; 18 ; 36\}.$$

Dans $\mathbb{Z}$, on rajoute les opposés de ces nombres, on obtient la liste :
$\{-36 ; -18 ; -12 ; -9 ; -6 ; -4 ; -3 ; -2 ; -1 ; 1 ; 2 ; 3 ; 4 ; 6 ; 9 ; 12 ; 18 ; 36\}$.

6 123 456 est divisible par 2 car c'est un nombre pair.
Il est divisible par 3 car la somme de ses chiffres est égale à 21, qui est un multiple de 3.
Il est divisible par 4 car les deux derniers chiffres forment le nombre 56, qui est divisible par 4.
Il n'est pas divisible par 5 car le chiffre des unités n'est ni 0 ni 5.
Il est divisible par 6 car il est divisible par 2 et divisible par 3 : il est donc divisible par 2×3.
Il n'est pas divisible par 9 car la somme de ses chiffres est égale à 21, qui n'est pas un multiple de 9.

7 **a.** Voici la liste des nombres premiers inférieurs à 30 :

$$\{2 ; 3 ; 5 ; 7 ; 11 ; 13 ; 17 ; 19 ; 23 ; 29\}.$$

b. $1\ 680 = 10 \times 168 = 2 \times 5 \times 8 \times 21 = 2 \times 5 \times 2^3 \times 3 \times 7 = 2^4 \times 3 \times 5 \times 7$
$41\ 580 = 10 \times 4\ 158 = 2 \times 5 \times 9 \times 462 = 2^2 \times 5 \times 3^2 \times 231$
$= 2^2 \times 3^3 \times 5 \times 77 = 2^2 \times 3^3 \times 5 \times 7 \times 11$.

c. Pour le PGCD de 1 680 et 41 580, on prend le plus petit exposant de chaque puissance en commun dans les deux décompositions. On obtient ici :

$$2^2 \times 3 \times 5 \times 7, \text{ soit } 420.$$

Pour le PPCM de 1 680 et 41 580, on prend le plus grand exposant de chaque puissance écrite dans les décompositions. On obtient ici :

$$2^4 \times 3^3 \times 5 \times 7 \times 11, \text{ soit } 166\ 320.$$

8 $31\ 000\ 000 = 3{,}1 \times 10^7$; $0{,}407 = 4{,}07 \times 10^{-1}$;
$0{,}000\ 000\ 001\ 85 = 1{,}85 \times 10^{-9}$; $540{,}21 = 5{,}402\ 1 \times 10^2$.

9 Soit x un élément de $\mathbb{D}$. D'après la définition de l'ensemble $\mathbb{D}$, x peut s'écrire sous la forme $x = \dfrac{a}{10^n}$, où $a \in \mathbb{Z}$ et $n \in \mathbb{N}$. Comme le dénominateur 10^n est un élément non nul de $\mathbb{Z}$, x s'écrit sous la forme d'un quotient de deux entiers relatifs. C'est donc un élément de $\mathbb{Q}$. On a démontré que tout élément de $\mathbb{D}$ est aussi un élément de $\mathbb{Q}$.
On a bien $\mathbb{D} \subset \mathbb{Q}$, c'est-à-dire $\mathbb{D}$ est inclus dans $\mathbb{Q}$.

10 **a.** Notons $x = 2,\underline{4}$. On a alors $10x = 24,\underline{4}$, d'où $10x - x = 24,\underline{4} - 2,\underline{4}$ soit $9x = 22$, ce qui donne $x = \frac{22}{9}$.

b. Notons $x = 3,\underline{02}$. On a alors $100x = 302,\underline{02}$,

d'où $100x - x = 302,\underline{02} - 3,\underline{02}$, soit $99x = 299$, ce qui donne $x = \frac{299}{99}$.

c. Notons $x = 14,\underline{285\ 714}$. On a alors $1\ 000\ 000x = 14\ 285\ 714,\underline{285\ 714}$, d'où $1\ 000\ 000x - x = 14\ 285\ 714,\underline{285\ 714} - 14,\underline{285\ 714}$, soit $999\ 999x = 14\ 285\ 700$, ce qui donne :

$$x = \frac{14\ 285\ 700}{999\ 999} = \frac{100}{7}.$$

d. Notons $x = 7,4\underline{52}$. On a alors $10x = 74,\underline{52}$ et $1\ 000x = 7\ 452,\underline{52}$, d'où $1\ 000x - 10x = 7\ 452,\underline{52} - 74,\underline{52}$, soit $990x = 7\ 378$, ce qui donne :

$$x = \frac{7\ 378}{990} = \frac{3\ 689}{445}.$$

11 Les diviseurs de 28, autres que lui-même, dans $\mathbb{N}$ sont $\{1\ ;\ 2\ ;\ 4\ ;\ 7\ ;\ 14\}$.
La somme de ces diviseurs est bien 28, donc 28 est un nombre parfait.

12 **a.** Soit $x = \frac{a}{10^n}$ et $x' = \frac{a'}{10^{n'}}$ deux nombres décimaux, avec $a \in \mathbb{Z}$, $a' \in \mathbb{Z}$ et $n \in \mathbb{N}$, $n' \in \mathbb{N}$. Leur produit s'écrit :

$$xx' = \frac{a}{10^n} \times \frac{a'}{10^{n'}} = \frac{aa'}{10^{n+n'}}.$$

Comme $aa' \in \mathbb{Z}$ et $n + n' \in \mathbb{N}$, le nombre obtenu est bien un nombre décimal.

b. Soit $x = \frac{p}{q}$ et $x' = \frac{p'}{q'}$ deux nombres rationnels, avec $p \in \mathbb{Z}$, $p' \in \mathbb{Z}$ et $q \in \mathbb{Z}^*$, $q' \in \mathbb{Z}^*$. Leur produit s'écrit :

$$xx' = \frac{p}{q} \times \frac{p'}{q'} = \frac{pp'}{qq'}.$$

Comme $pp' \in \mathbb{Z}$ et $qq' \in \mathbb{Z}^*$, le nombre obtenu est bien un nombre rationnel.
c. Notons a le deuxième de ces trois entiers consécutifs. Les deux autres s'écrivent alors $a - 1$ et $a + 1$. La somme des trois nombres est $(a - 1) + a + (a + 1) = 3a$, qui est bien divisible par 3.

13 Pour tout $n \in \mathbb{N}$, $n^2 + 2n + 1 = (n + 1)^2$. Ce nombre est donc un carré parfait, c'est-à-dire le carré d'un nombre entier. Il n'est donc pas premier.

! **Les carrés parfaits sont 0 ; 1 ; 4 ; 9 ; 16 ; 25 ; 36 ; 49 ; 64 ; 81 ; ...**

14 **a.** $504 = 2 \times 252 = 2^2 \times 126 = 2^3 \times 63 = 2^3 \times 3^2 \times 7$.

b. On a $\dfrac{504}{2^3 \times 7} = 3^2$, donc en divisant 504 par 56, on trouve le carré parfait 9.

On a $\dfrac{504}{2 \times 3^2 \times 7} = 2^2$, donc en divisant 504 par 126, on trouve le carré parfait 4.

On a $\dfrac{504}{2 \times 7} = 2^2 \times 3^2$, donc en divisant 504 par 14, on trouve le carré parfait 36.

Les diviseurs cherchés sont donc 56, 126, et 14.

c. $504^2 = (2^3 \times 3^2 \times 7)^2 = 2^6 \times 3^4 \times 7^2$.

15 **a.**
$$\begin{aligned} A &= (n^4 + 4n^2 + 4) - 4n^2 \\ &= (n^2 + 2)^2 - (2n)^2 \\ &= [(n^2 + 2) - (2n)][(n^2 + 2) + (2n)] \\ &= (n^2 - 2n + 2)(n^2 + 2n + 2) \\ &= (n^2 - 2n + 1 + 1)(n^2 + 2n + 1 + 1) \\ &= [(n - 1)^2 + 1][(n + 1)^2 + 1] \end{aligned}$$

b. On a donc $A = [(n - 1)^2 + 1][(n + 1)^2 + 1]$.

A s'écrit comme un produit de deux facteurs.

Si $n \geqslant 2$, le premier facteur est au moins égal à 2, et le deuxième facteur est toujours supérieur au premier. Ainsi, aucun des deux facteurs de A n'est égal à 1. Cela signifie que A n'est pas premier, pour tout $n \geqslant 2$.

16 **a.** Un nombre pair est un multiple de 2. Si p et p' sont deux nombres pairs, ils peuvent s'écrire respectivement $2k$ et $2k'$, où $k \in \mathbb{N}$ et $k' \in \mathbb{N}$. Le produit de ces deux nombres s'écrit alors :

$$p \times p' = 2k \times 2k' = 4kk' = 2 \times (2kk').$$

Comme $2kk' \in \mathbb{N}$, le nombre obtenu est un multiple de 2 : c'est bien un nombre pair.

b. Un nombre impair est un nombre pair augmenté de 1. Ainsi, si q et q' sont deux nombres impairs, ils peuvent s'écrire respectivement $2k + 1$ et $2k' + 1$, où $k \in \mathbb{N}$ et $k' \in \mathbb{N}$.

Le produit de ces deux nombres s'écrit alors :

$$\begin{aligned} q \times q' &= (2k + 1) \times (2k' + 1) \\ &= 4kk' + 2k + 2k' + 1 \\ &= 2(2kk' + k + k') + 1. \end{aligned}$$

Comme $(2kk' + k + k') \in \mathbb{N}$, le nombre obtenu est un multiple de 2 augmenté de 1 : c'est bien un nombre impair.

17 **a.** D'une part : $PA \times PB = (PB + 2r) \times PB = PB^2 + 2r \times PB$.
D'autre part :

$$\begin{aligned} PO^2 - OH^2 &= (PB + r)^2 - r^2 \\ &= PB^2 + 2r \times PB + r^2 - r^2 \\ &= PB^2 + 2r \times PB . \end{aligned}$$

On a donc $PA \times PB = PO^2 - OH^2$.
b. Le triangle OHP est rectangle en H, donc d'après le théorème de Pythagore :

$$PO^2 = PH^2 + OH^2 \text{, d'où } PO^2 - OH^2 = PH^2 .$$

Par conséquent, $PA \times PB = OH^2$.
c. En utilisant $PB = 2$ et $PA = 7$, l'égalité $PA \times PB = PH^2$ donne :

$$PH^2 = 14 \text{, d'où } PH = \sqrt{14} .$$

On construit donc un cercle de diamètre $[AB]$, avec $AB = 5$, puis le point P à l'extérieur du cercle, sur la droite (AB) , tel que $PB = 2$.
Ensuite, on trace une tangente au cercle (il y en a deux possibles) à partir de ce point P, le point de contact avec le cercle s'appelant H.
Alors, on a construit un segment $[PH]$ de longueur $\sqrt{14}$.

18 1. Réponse **c.** : nombre à écriture décimale périodique, tous ces nombres sont des rationnels, mais ne sont pas décimaux.
2. Réponse **d.** : $\dfrac{13}{2{,}4} = \dfrac{65}{12}$.
3. Réponse **d.** : $\dfrac{0{,}000\,000\,4}{8} = \dfrac{4 \times 10^{-7}}{8} = \dfrac{40 \times 10^{-8}}{8} = 5 \times 10^{-8}$.
4. Réponse **b.** : $126 = 2 \times 63 = 2 \times 7 \times 9 = 2 \times 3^2 \times 7$.
5. Réponse **c.** : 1 a un seul diviseur, il n'est pas premier.
200 000 001 est divisible par 3, car la somme de ses chiffres est un multiple de 3.
41 414 141 est un multiple de 41.
6. Réponse **c.** : On écrit les décompositions en produit de facteurs premiers :
$525 = 25 \times 21 = 3 \times 5^2 \times 7$ et $1\,323 = 9 \times 147 = 9 \times 3 \times 49 = 3^3 \times 7^2$.
On en déduit que le PGCD de ces deux nombres est 21 :
$PGCD(525 ; 1\,323) = 3 \times 7 = 21$.

19 1. **a.** Les nombres irrationnels : ce sont des nombres réels qui ne sont pas rationnels.
b. Ensemble des nombres réels strictement positifs : $\mathbb{R}_+^*$.
Ensemble des nombres rationnels : $\mathbb{Q}$.
2. **a.** Un nombre rationnel est un nombre décimal si, après simplification, le dénominateur n'est formé que d'un produit de puissances de 2 et de 5.
b. $\dfrac{31}{120} = \dfrac{31}{2^3 \times 3 \times 5}$. Le dénominateur de la fraction irréductible n'est pas un produit de puissances de 2 et de 5 uniquement, donc ce nombre n'est pas décimal.

3.

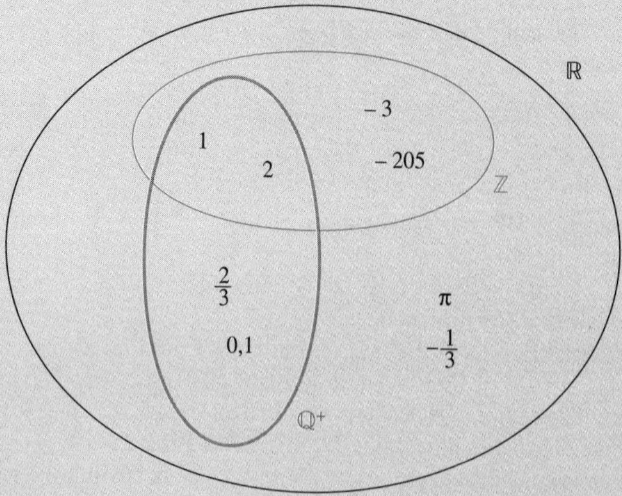

20 *Affirmation A*

1. **Vrai**. Si n est divisible par 8, alors il existe $k \in \mathbb{N}$ tel que $n = 8k$, ce qui peut aussi s'écrire $n = 4 \times (2k)$. Comme $2k \in \mathbb{N}$, cela signifie que n est divisible par 4.

2. Affirmation réciproque A′ : « Si n est divisible par 4, alors n est divisible par 8. »

Faux. Par exemple, 12 est divisible par 4, mais n'est pas divisible par 8.

Affirmation B

1. **Faux**. Par exemple, 9 est un diviseur de 18, mais il n'est pas un diviseur de 6.

2. Affirmation réciproque B′ : « Si n est un diviseur de 6, alors n est un diviseur de 18. »

Vrai. Si n est un diviseur de 6, alors il existe $k \in \mathbb{N}$ tel que $6 = nk$. On a donc $18 = n \times (3k)$, ce qui montre que n est un diviseur de 18.

Affirmation C

1. **Faux**. Par exemple, 30 est divisible par 6 et par 10, mais il n'est pas divisible par 60.

2. Affirmation réciproque C′ : « Si n est divisible par 60, alors n est divisible par 6 et par 10. »

Vrai. Si n est divisible par 60, alors il existe $k \in \mathbb{N}$ tel que $n = 60k$. On peut alors écrire $n = 6 \times (10k)$ ou $n = 10 \times (6k)$. Comme $6k \in \mathbb{N}$ et $10k \in \mathbb{N}$, cela signifie que n est divisible par 6 et par 10.

Affirmation D

1. **Faux**. Par exemple, 7 est premier avec 3, mais il n'est pas pair.

2. Affirmation réciproque D′ : « Si n est pair, alors n est premier avec 3. »

Faux. Par exemple, 6 est pair, mais il n'est pas premier avec 3, puisqu'ils ont tous deux un diviseur commun autre que 1, qui est ici 2.

21 *Affirmation A*
Faux. En effet, le produit ab de deux nombres premiers a et b a d'autres diviseurs que 1 et lui-même qui sont les nombres a et b.

Affirmation B
Faux. C'est parfois vrai, comme le montre l'exemple $2+3=5$, mais c'est parfois faux, comme le montre l'exemple $2+7=9$.

22 $(0{,}000\ 000\ 005 \times 400\ 000)^3 = (5\times10^{-9}\times4\times10^5)^3 = (20\times10^{-4})^3$
$= (2\times10^{-3})^3 = 8\times10^{-9}$

$$\frac{(0{,}000\ 000\ 005\times400\ 000)^3}{24\times10^{-11}} = \frac{8\times10^{-9}}{24\times10^{-11}} = \frac{10^2}{3} = \frac{100}{3}$$

23 **a.** $a = 4\times10^{-4}$
$a^2 = (4\times10^{-4})^2 = 16\times10^{-8} = 1{,}6\times10^{-7}$

$a^{-1} = (4\times10^{-4})^{-1} = 4^{-1}\times10^4 = \frac{1}{4}\times10^4 = 0{,}25\times10^4 = 2{,}5\times10^3$

$\frac{a}{5} = \frac{4\times10^{-4}}{5} = \frac{4}{5}\times10^{-4} = 0{,}8\times10^{-4} = 8\times10^{-5}$.

b. $b = 8\times10^7$ et $ab = 4\times10^{-4}\times8\times10^7 = 32\times10^3 = 3{,}2\times10^4$.

24 **a.** Un nombre qui appartient à l'ensemble $\mathbb{Q}_+^*$ est un nombre rationnel strictement positif.
b. Le nombre $\sqrt{2}$ est irrationnel. Si on le multiplie par lui-même, on trouve 2, qui est rationnel.

c. $\sqrt{5}\in\mathbb{R}$; $\pi\in\mathbb{R}$; $\frac{-2}{7}\in\mathbb{Q}$; $0{,}014\in\mathbb{D}$; $2{,}151\ 515\in\mathbb{D}$;

$\frac{111}{2\ 560}\in\mathbb{D}$; $4{,}\underline{93}\in\mathbb{Q}$; $-42\ 000\times10^{-3}\in\mathbb{Z}$.

25 D'une part, $756 = 9\times84 = 3^2\times7\times12 = 2^2\times3^3\times7$.
D'autre part, $450 = 10\times45 = 2\times5\times5\times9 = 2\times3^2\times5^2$.
Pour le PGCD de 756 et 450, on prend le plus petit exposant de chaque puissance en commun dans les deux décompositions.
On obtient ici : 2×3^2, soit 18.
Pour le PPCM de 756 et 450, on prend le plus grand exposant de chaque puissance écrite dans les décompositions.
On obtient ici : $2^2\times3^3\times5^2\times7$, soit 18 900.

26 On a alors $100G = 36{,}\underline{36}$, d'où $100G - G = 36{,}\underline{36} - 0{,}\underline{36}$, soit $99G = 36$, ce qui donne $G = \frac{36}{99} = \frac{4}{11}$.

27 **a.** $(n-1)(n+5) = n^2 + 5n - n - 5 = n^2 + 4n - 5$.
b. Pour tout $n \in \mathbb{N}^*$, on définit $A = n^2 + 4n - 5$.
D'après la question précédente, $A = n^2 + 4n - 5 = (n-1)(n+5)$. A est donc formé d'un produit de deux nombres différents.
Si $n = 1$, $A = 0$. Alors A n'est pas premier.
Si $n = 2$, $A = 7$. Alors A est premier.
Si $n \geqslant 3$, les facteurs de A ($n-1$ et $n+5$) sont différents de 1, donc le nombre A n'est pas premier.
Conclusion : la seule valeur de n pour laquelle A est premier est 2.

28 Soit x un nombre impair. Il peut s'écrire $x = 2k + 1$, avec $k \in \mathbb{N}$.
Son carré s'écrit :
$$x^2 = (2k+1)^2 = 4k^2 + 4k + 1 = 2(2k^2 + 2k) + 1.$$
Comme $(2k^2 + 2k) \in \mathbb{N}$, ce nombre est un multiple de 2 augmenté de 1 : c'est bien un nombre impair.

2

Calculs numériques dans $\mathbb{R}$

I AVEC DES PUISSANCES

Soit $m \in \mathbb{N}$, $n \in \mathbb{N}$, et $a \in \mathbb{R}$, $b \in \mathbb{R}$.

- $a^m \times a^n = a^{m+n}$;
- $a^0 = 1$;
- si $a \neq 0$: $\dfrac{a^m}{a^n} = a^{m-n}$ et $a^{-n} = \dfrac{1}{a^n}$;
- $(a^m)^n = a^{mn}$;
- $a^n \times b^n = (ab)^n$;
- si $b \neq 0$, $\left(\dfrac{a}{b}\right)^n = \dfrac{a^n}{b^n}$.

II AVEC DES RACINES CARRÉES

- Si a est positif, le nombre $\sqrt{a}$ est la racine carrée de a. Il est tel que $(\sqrt{a})^2 = a$.
- Pour tous nombres a et b positifs, $\sqrt{a} \times \sqrt{b} = \sqrt{ab}$.
- Pour tous nombres a et b positifs, avec b non nul, $\dfrac{\sqrt{a}}{\sqrt{b}} = \sqrt{\dfrac{a}{b}}$.

! Attention à ne pas inventer des règles qui n'existent pas. Par exemple, $\sqrt{a+b}$ n'est pas égal à $\sqrt{a} + \sqrt{b}$.

- $\sqrt{a^2} = a$, si a est positif.
- $\sqrt{a^2} = -a$, si a est négatif.

III AVEC DES CARRÉS

Soit a et b deux nombres réels quelconques.

Si $a = b$, alors $a^2 = b^2$.

Si $a^2 = b^2$, alors $a = b$ ou $a = -b$.

Une utilisation possible de ces constatations :

Si deux nombres sont de même signe et si leurs carrés sont égaux, alors ces deux nombres sont égaux.

Ceci se traduit par :

Si $a^2 = b^2$ et si a et b sont de même signe, alors $a = b$.

EXERCICES D'APPLICATION

Tous les exercices de cette partie se font sans calculatrice.

FRACTIONS

1 | ★ | 45 min | ▸ P. 33

Simplifier. On donnera le résultat avec une fraction irréductible.

$A=\dfrac{21}{49}+\dfrac{44}{77}$; $B=\dfrac{2}{-3}\times\dfrac{5}{7}\times\dfrac{15}{14}\times\dfrac{28}{25}$;

$C=\dfrac{5}{3}-\dfrac{16}{45}\times\dfrac{35}{8}$; $D=\dfrac{3}{7}-\dfrac{5}{7}\times\left(5-\dfrac{4}{5}\right)$;

$E=\dfrac{3}{\dfrac{4}{5}}$; $F=\dfrac{\dfrac{3}{4}}{5}$;

$G=\dfrac{5+\dfrac{3}{4}-\dfrac{1}{3}}{5-\dfrac{3}{4}+\dfrac{1}{3}}$; $H=\dfrac{4}{5}-\dfrac{12}{25}\times\dfrac{30}{2}\times\dfrac{-14}{9}$;

$I=\dfrac{\dfrac{3}{4}}{\dfrac{-5}{7}}$; $J=\dfrac{-21}{8}\times\dfrac{28}{-15}$.

PUISSANCES

2 | ★ | 5 min | ▸ P. 33

Écrire sous la forme $3^n\times 7^m$ le nombre :

$$21^{-3}\times(-3^{-5})^{-2}\times\left(\frac{7}{3}\right)^{-5},$$

avec $n\in\mathbb{Z}$ et $m\in\mathbb{Z}$.

3 | ★ | 5 min | ▸ P. 34

Simplifier :

$$\frac{0{,}000\ 02^2}{(0{,}02)^4}.$$

On donnera le résultat avec une fraction irréductible, puis avec une écriture scientifique.

Racines carrées

4

★ | 5 min | ▸ p. 34

Soit a un nombre réel strictement positif. Simplifier les expressions suivantes :

$$\frac{a}{\sqrt{a}}\ ;\ (\sqrt{a})^4\ ;\ \frac{\sqrt{a^5}-a\sqrt{a}}{a\sqrt{a^3}}.$$

5

★ | 30 min | ▸ p. 34

Simplifier :

$A=\sqrt{4}+\sqrt{9}+\sqrt{16}$;

$B=1-\sqrt{2}-3\sqrt{2}-5-(3-7\sqrt{2})$;

$C=\sqrt{3}\times\sqrt{5}\times\sqrt{2}$;

$D=\sqrt{72}-5\sqrt{8}+3\sqrt{98}-4\sqrt{128}$;

$E=\sqrt{27}\times\sqrt{12}$;

$F=(\sqrt{6}+2)(\sqrt{3}-\sqrt{2})$;

$G=\dfrac{3\sqrt{5}+\sqrt{20}}{\sqrt{45}\left(2-\dfrac{5}{6}\right)}$;

$H=\dfrac{5\sqrt{2}+\sqrt{32}}{3\sqrt{2}}$;

$I=[(3-\sqrt{8})(3+\sqrt{8})]^{50\,000}$;

$J=\dfrac{7\sqrt{3}-\sqrt{27}}{-\sqrt{3}}$.

6

★ | 45 min | ▸ p. 35

Écrire les nombres suivants sans radical au dénominateur :

$A=\dfrac{5}{\sqrt{7}}$;

$B=\dfrac{-6}{\sqrt{12}}$;

$C=\dfrac{3}{7\sqrt{5}}$;

$D=\dfrac{\sqrt{5}+5}{\sqrt{5}}$;

$E=\dfrac{-4}{1-\sqrt{2}}$;

$F=\dfrac{2}{\sqrt{3}-2}$;

$G=\dfrac{\sqrt{3}-1}{\sqrt{3}+1}$;

$H=\dfrac{2\sqrt{3}}{3-\sqrt{3}}$;

$I=\dfrac{2}{\sqrt{10}-2\sqrt{3}}$;

$J=\dfrac{14}{4\sqrt{8}}+\dfrac{\sqrt{2}}{8}$;

$K=\dfrac{\sqrt{3}-5}{1-\sqrt{3}}$.

Puissances

7 | ★★ | 60 min | ▸ p. 37

Simplifier. On donnera le résultat avec un entier ou une fraction irréductible.

$A = 2^{-5} \times 2^8 \times 2$; $B = (2^0)^{2\,005} + (2^{2\,005})^0$;

$C = (2^3 \times 2^{-4})^2 \times (3^2)^3 \times 3^{-5}$; $D = \dfrac{3^{-2} \times 27}{(3^2)^3 \times 3^{-1}}$;

$E = \dfrac{25^2 \times 3^4}{15^3}$; $F = \dfrac{14^2 \times (-3)^3}{21^2 \times 4^3}$;

$G = \dfrac{(-49)^3 \times 15^2}{3^3 \times (-5)^3 \times 7^4}$; $H = \dfrac{3^5 \times 2^{-8}}{6^7 \times 4^{-6}}$;

$I = \dfrac{0{,}000\,03^2}{6 \times 10^{-9}}$; $J = \dfrac{0{,}04^3 \times 0{,}64^2}{0{,}12^3 \times 0{,}48^2}$;

$K = \dfrac{0{,}4^4 \times 10^3}{2^5}$; $L = \dfrac{60^{12} \times 9^{-3} \times 5^{-9}}{3 \times 24^8}$.

Exercices d'entraînement

Fractions

8 | ★★ | 10 min | ▸ p. 36

a. Montrer que, pour tout $x \in \mathbb{R}^*$, $\dfrac{1}{x(x+1)} = \dfrac{1}{x} - \dfrac{1}{x+1}$.

b. En déduire la valeur exacte de la somme :

$$S = \frac{1}{1 \times 2} + \frac{1}{2 \times 3} + \frac{1}{3 \times 4} + \frac{1}{4 \times 5} + \cdots + \frac{1}{999 \times 1\,000}.$$

Puissances

9 | ★★ | 5 min | ▸ p. 37

a. Combien vaut 2^{10} ? En remplaçant 2^{10} par 10^3, donner un ordre de grandeur de $2^{2\,005}$.

b. Quelle est la puissance de 10 la plus proche de 5^{10} ? En déduire un ordre de grandeur de 5^{99}.

10
★★ | 5 min | ▸ P. 37

Le plus grand nombre premier connu (en avril 2005) est $2^{24\ 036\ 583} - 1$.
En utilisant l'approximation $2^{10} \approx 10^3$, estimer le nombre de chiffres de ce nombre.

11
★★ | 5 min | ▸ P. 37

On pose $S = 1 + 2 + 4 + 8 + 16 + \cdots + 2^{1\ 000}$.
Exprimer $2S$ en fonction de S. En déduire une expression de S.

Racines carrées

12
★★ | 15 min | ▸ P. 37

Simplifier :

$A = \sqrt{(4-\sqrt{3})^2}$;

$B = \sqrt{(2-\sqrt{5})^2}$;

$C = \sqrt{(11-5\sqrt{2})^2} + \dfrac{15}{\sqrt{2}}$;

$D = \sqrt{(1-\sqrt{3})^2} - \sqrt{(5-2\sqrt{3})^2}$;

$E = \sqrt{(2-\sqrt{2})^2} - \sqrt{(1-\sqrt{2})^2}$.

13
★★ | 5 min | ▸ P. 38

Soit $A = \dfrac{\sqrt{2}}{4-\sqrt{2}} - \dfrac{3\sqrt{2}+8}{4+\sqrt{2}}$.
A est-il un nombre rationnel ?

14
★★ | 10 min | ▸ P. 38

Montrer que pour tout $n \in \mathbb{N}$, $\sqrt{n+1} - \sqrt{n}$ est l'inverse de $\sqrt{n+1} + \sqrt{n}$.
En déduire l'inverse de $\sqrt{7} + \sqrt{6}$.

15
★★★ | 15 min | ▸ P. 39

Soit $A = 111\ 111\ 111\ 111 - 222\ 222$.
Calculer $\sqrt{A}$.

Contrôle

16 QCM

★★ 10 points, 30 min ▸ p. 39

Pour chacune des questions, une et une seule proposition est exacte.

1. $2^6 + 2^5 + 2^4 + 2^3 + 2^2 + 2^1 = \ldots$:

a. 2^{21} **b.** 2^{720} **c.** $2 \times (2^6 - 1)$ **d.** 12^{21}

2. $2^7 \times 4^5 \times 8^4 = \ldots$:

a. 2^{29} **b.** 2^{16} **c.** 64^{16} **d.** 8^{39}

3. $\dfrac{1}{\sqrt{2}-1} - \dfrac{1}{\sqrt{2}+1} = \ldots$:

a. $\sqrt{2}$ **b.** 2 **c.** -1 **d.** -2

4. $\left(1+\frac{1}{2}\right) \times \left(1+\frac{1}{3}\right) \times \left(1+\frac{1}{4}\right) \times \ldots \times \left(1+\frac{1}{99}\right) = \ldots$:

a. 50 **b.** 100 **c.** $\dfrac{100}{9}$ **d.** $\dfrac{1\,000}{99}$

5. $[(1-\sqrt{2})(1+\sqrt{2})]^{154\,283} = \ldots$:

a. $154\,283$ **b.** 1 **c.** $-154\,283$ **d.** -1

6. $\sqrt{(1+\sqrt{3})^2} - \sqrt{(1-\sqrt{3})^2} = \ldots$:

a. 2 **b.** $2\sqrt{3}$ **c.** $4\sqrt{3}$ **d.** $2+2\sqrt{3}$

7. En écrivant $10^{-7} \times (-2^{-6})^{-4} \times \left(\dfrac{2}{5}\right)^{-4}$ sous la forme $2^n \times 5^m$, où m et n sont des entiers relatifs, on obtient :

a. $2^{-21} \times 5^{-3}$ **b.** $2^{13} \times 5^{-3}$ **c.** $2^{-13} \times 5^{-11}$ **d.** $2^{-35} \times 5^{-3}$

Par la suite, a et b désignent des réels strictement positifs.

8. $\dfrac{(a^7 a^{-3})^2}{a^{-4}} = \ldots$:

a. a^4 **b.** a^{10} **c.** a^{12} **d.** a^{20}

9. Le carré de $(a\sqrt{b}) \times (b\sqrt{a})$ est :

a. a^3b^3 **b.** $(ab)^2$ **c.** $a^2b + ab^2$ **d.** $(ab)(a+b)^2$

10. $(a^2b^8)^{-1}$ est le carré de :

a. $-(ab)^4$ **b.** $\dfrac{1}{(ab)^4}$ **c.** $\dfrac{1}{ab^4}$ **d.** ab^{-4}

CORRIGÉS

1 $A = \frac{21}{49} + \frac{44}{77} = \frac{3 \times 7}{7 \times 7} + \frac{4 \times 11}{7 \times 11} = \frac{3}{7} + \frac{4}{7} = \frac{7}{7} = 1$.

$B = \frac{2}{-3} \times \frac{5}{7} \times \frac{15}{14} \times \frac{28}{25} = -\frac{2 \times 5 \times 5 \times 3 \times 4 \times 7}{3 \times 7 \times 2 \times 7 \times 5 \times 5} = -\frac{4}{7}$.

$C = \frac{5}{3} - \frac{16}{45} \times \frac{35}{8} = \frac{5}{3} - \frac{2 \times 7}{9} = \frac{15}{9} - \frac{14}{9} = \frac{1}{9}$.

$D = \frac{3}{7} - \frac{5}{7} \times \left(5 - \frac{4}{5}\right) = \frac{3}{7} - \frac{5}{7} \times \frac{21}{5} = \frac{3}{7} - \frac{21}{7} = -\frac{18}{7}$.

$E = \frac{3}{\frac{4}{5}} = 3 \times \frac{5}{4} = \frac{15}{4}$.

$F = \frac{\frac{3}{4}}{5} = \frac{3}{4} \times \frac{1}{5} = \frac{3}{20}$.

$G = \frac{5 + \frac{3}{4} - \frac{1}{3}}{5 - \frac{3}{4} + \frac{1}{3}} = \frac{\frac{60}{12} + \frac{9}{12} - \frac{4}{12}}{\frac{60}{12} - \frac{9}{12} + \frac{4}{12}} = \frac{\frac{65}{12}}{\frac{55}{12}} = \frac{65}{55} = \frac{13}{11}$.

$H = \frac{4}{5} - \frac{12}{25} \times \frac{30}{2} \times \frac{-14}{9}$

$= \frac{4}{5} + \frac{2 \times 2 \times 3}{5 \times 5} \times \frac{5 \times 2 \times 3}{2} \times \frac{2 \times 7}{3 \times 3} = \frac{4}{5} + \frac{56}{5} = \frac{60}{5} = 12$.

$I = \frac{\frac{3}{4}}{\frac{-5}{7}} = -\frac{3}{4} \times \frac{7}{5} = -\frac{21}{20}$.

$J = \frac{-21}{8} \times \frac{28}{-15} = \frac{3 \times 7}{2^3} \times \frac{2^2 \times 7}{5 \times 3} = \frac{7}{2} \times \frac{7}{5} = \frac{49}{10}$.

2 $21^{-3} \times (-3^{-5})^{-2} \times \left(\frac{7}{3}\right)^{-5} = (3 \times 7)^{-3} \times 3^{10} \times \frac{7^{-5}}{3^{-5}}$

$= \frac{3^{-3} \times 7^{-3} \times 3^{10} \times 7^{-5}}{3^{-5}}$

$= 3^{12} \times 7^{-8}$.

3 $\dfrac{0{,}000\ 02^2}{(0{,}02)^4} = \dfrac{(2 \times 10^{-5})^2}{(2 \times 10^{-2})^4}$

$= \dfrac{2^2 \times 10^{-10}}{2^4 \times 10^{-8}}$

$= \dfrac{1}{4} \times 10^{-2} = \dfrac{1}{4} \times \dfrac{1}{100}.$

$= \dfrac{1}{400}.$

Pour l'écriture scientifique :

$\dfrac{0{,}000\ 02^2}{(0{,}02)^4} = \dfrac{1}{4} \times 10^{-2} = 0{,}25 \times 10^{-2} = 2{,}5 \times 10^{-3}.$

4 $\dfrac{a}{\sqrt{a}} = \dfrac{a\sqrt{a}}{\sqrt{a} \times \sqrt{a}} = \dfrac{a\sqrt{a}}{a} = \sqrt{a}.$

$(\sqrt{a})^4 = (\sqrt{a})^2 \times (\sqrt{a})^2 = a \times a = a^2.$

$\dfrac{\sqrt{a^5} - a\sqrt{a}}{a\sqrt{a^3}} = \dfrac{\sqrt{a^4 \times a} - a\sqrt{a}}{a \times \sqrt{a^2 \times a}} = \dfrac{a^2\sqrt{a} - a\sqrt{a}}{a \times a\sqrt{a}} = \dfrac{a\sqrt{a}(a-1)}{a \times a\sqrt{a}} = \dfrac{a-1}{a}.$

5 $A = \sqrt{4} + \sqrt{9} + \sqrt{16} = 2 + 3 + 4 = 9.$

$B = 1 - \sqrt{2} - 3\sqrt{2} - 5 - (3 - 7\sqrt{2}) = 1 - \sqrt{2} - 3\sqrt{2} - 5 - 3 + 7\sqrt{2}$

$= -7 + 3\sqrt{2}.$

$C = \sqrt{3} \times \sqrt{5} \times \sqrt{2} = \sqrt{30}.$

$D = \sqrt{72} - 5\sqrt{8} + 3\sqrt{98} - 4\sqrt{128}$

$= \sqrt{36 \times 2} - 5\sqrt{4 \times 2} + 3\sqrt{49 \times 2} - 4\sqrt{64 \times 2}$

$= 6\sqrt{2} - 10\sqrt{2} + 21\sqrt{2} - 32\sqrt{2} = -15\sqrt{2}.$

$E = \sqrt{27} \times \sqrt{12} = \sqrt{9 \times 3} \times \sqrt{4 \times 3} = 3\sqrt{3} \times 2\sqrt{3} = 6 \times 3 = 18.$

$F = (\sqrt{6} + 2)(\sqrt{3} - \sqrt{2}) = \sqrt{18} - \sqrt{12} + 2\sqrt{3} - 2\sqrt{2}$

$= 3\sqrt{2} - 2\sqrt{3} + 2\sqrt{3} - 2\sqrt{2} = \sqrt{2}.$

$G = \dfrac{3\sqrt{5} + \sqrt{20}}{\sqrt{45}\left(2 - \dfrac{5}{6}\right)} = \dfrac{3\sqrt{5} + 2\sqrt{5}}{3\sqrt{5} \times \dfrac{7}{6}} = \dfrac{5\sqrt{5}}{3\sqrt{5} \times \dfrac{7}{6}} = \dfrac{5}{3 \times \dfrac{7}{6}} = \dfrac{5}{\dfrac{7}{2}} = 5 \times \dfrac{2}{7} = \dfrac{10}{7}.$

$H = \dfrac{5\sqrt{2} + \sqrt{32}}{3\sqrt{2}} = \dfrac{5\sqrt{2} + 4\sqrt{2}}{3\sqrt{2}} = \dfrac{9\sqrt{2}}{3\sqrt{2}} = 3.$

$I = [(3 - \sqrt{8})(3 + \sqrt{8})]^{50\ 000} = [3^2 - (\sqrt{8})^2]^{50\ 000}$

$= (9 - 8)^{50\ 000} = 1^{50\ 000} = 1.$

$J = \dfrac{7\sqrt{3} - \sqrt{27}}{-\sqrt{3}} = \dfrac{7\sqrt{3} - 3\sqrt{3}}{-\sqrt{3}} = \dfrac{4\sqrt{3}}{-\sqrt{3}} = -4.$

6 $A = \frac{5}{\sqrt{7}} = \frac{5 \times \sqrt{7}}{\sqrt{7} \times \sqrt{7}} = \frac{5\sqrt{7}}{7}$.

$B = \frac{-6}{\sqrt{12}} = -\frac{6 \times \sqrt{12}}{\sqrt{12} \times \sqrt{12}} = -\frac{6 \times 2\sqrt{3}}{12} = -\sqrt{3}$.

$C = \frac{3}{7\sqrt{5}} = \frac{3\sqrt{5}}{7 \times 5} = \frac{3\sqrt{5}}{35}$.

$D = \frac{\sqrt{5} + 5}{\sqrt{5}} = \frac{\sqrt{5}}{\sqrt{5}} + \frac{5}{\sqrt{5}} = 1 + \frac{5\sqrt{5}}{5} = 1 + \sqrt{5}$.

$E = \frac{-4}{1 - \sqrt{2}} = \frac{-4(1 + \sqrt{2})}{(1 - \sqrt{2})(1 + \sqrt{2})} = \frac{-4(1 + \sqrt{2})}{1^2 - (\sqrt{2})^2} = \frac{-4(1 + \sqrt{2})}{1 - 2}$

$= \frac{-4(1 + \sqrt{2})}{-1} = 4(1 + \sqrt{2})$.

$F = \frac{2}{\sqrt{3} - 2} = \frac{2(\sqrt{3} + 2)}{(\sqrt{3} - 2)(\sqrt{3} + 2)} = \frac{2(\sqrt{3} + 2)}{3 - 4} = \frac{2(\sqrt{3} + 2)}{-1} = -2(\sqrt{3} + 2)$.

$G = \frac{\sqrt{3} - 1}{\sqrt{3} + 1} = \frac{(\sqrt{3} - 1)(\sqrt{3} - 1)}{(\sqrt{3} + 1)(\sqrt{3} - 1)} = \frac{3 + 1 - 2\sqrt{3}}{3 - 1} = \frac{4 - 2\sqrt{3}}{2} = 2 - \sqrt{3}$.

$H = \frac{2\sqrt{3}}{3 - \sqrt{3}} = \frac{2\sqrt{3}(3 + \sqrt{3})}{(3 - \sqrt{3})(3 + \sqrt{3})} = \frac{6\sqrt{3} + 6}{9 - 3} = \frac{6(\sqrt{3} + 1)}{6} = \sqrt{3} + 1$.

$I = \frac{2}{\sqrt{10} - 2\sqrt{3}} = \frac{2(\sqrt{10} + 2\sqrt{3})}{(\sqrt{10} - 2\sqrt{3})(\sqrt{10} + 2\sqrt{3})} = \frac{2(\sqrt{10} + 2\sqrt{3})}{10 - 12}$

$= \frac{2(\sqrt{10} + 2\sqrt{3})}{-2} = -\sqrt{10} - 2\sqrt{3}$.

$J = \frac{14}{4\sqrt{8}} + \frac{\sqrt{2}}{8} = \frac{7}{2 \times 2\sqrt{2}} + \frac{\sqrt{2}}{8} = \frac{7\sqrt{2}}{8} + \frac{\sqrt{2}}{8} = \frac{8\sqrt{2}}{8} = \sqrt{2}$.

$K = \frac{\sqrt{3} - 5}{1 - \sqrt{3}} = \frac{(\sqrt{3} - 5)(1 + \sqrt{3})}{(1 - \sqrt{3})(1 + \sqrt{3})} = \frac{\sqrt{3} + 3 - 5 - 5\sqrt{3}}{1 - 3} = \frac{-2 - 4\sqrt{3}}{-2}$

$= \frac{-2(1 + 2\sqrt{3})}{-2} = 1 + 2\sqrt{3}$.

7 $A = 2^{-5} \times 2^8 \times 2 = 2^{-5+8+1} = 2^4$.

$B = (2^0)^{2\,005} + (2^{2\,005})^0 = 2^0 + 2^0 = 1 + 1 = 2$.

$C = (2^3 \times 2^{-4})^2 \times (3^2)^3 \times 3^{-5}$

$= 2^6 \times 2^{-8} \times 3^6 \times 3^{-5} = 2^{-2} \times 3^1 = \frac{1}{4} \times 3 = \frac{3}{4}$.

$D = \frac{3^{-2} \times 27}{(3^2)^3 \times 3^{-1}} = \frac{3^{-2} \times 3^3}{3^6 \times 3^{-1}} = \frac{3^1}{3^5} = 3^{-4} = \frac{1}{3^4} = \frac{1}{81}$.

$E = \frac{25^2 \times 3^4}{15^3} = \frac{(5^2)^2 \times 3^4}{15^3} = \frac{5^4 \times 3^4}{15^3} = \frac{15^4}{15^3} = 15$.

$F = \frac{14^2 \times (-3)^3}{21^2 \times 4^3} = \frac{(2 \times 7)^2 \times (-3)^3}{(3 \times 7)^2 \times (2^2)^3} = \frac{2^2 \times 7^2 \times (-3)^3}{3^2 \times 7^2 \times (2^2)^3}$

$= -\frac{2^2 \times 3^3}{3^2 \times 2^6} = -\frac{3^1}{2^4} = -\frac{3}{16}$.

$G = \frac{(-49)^3 \times 15^2}{3^3 \times (-5)^3 \times 7^4} = \frac{-(7^2)^3 \times (3 \times 5)^2}{3^3 \times (-5)^3 \times 7^4} = \frac{7^6 \times 3^2 \times 5^2}{3^3 \times 5^3 \times 7^4} = \frac{7^2}{3^1 \times 5^1} = \frac{49}{15}$.

$H = \frac{3^5 \times 2^{-8}}{6^7 \times 4^{-6}} = \frac{3^5 \times 2^{-8}}{(2 \times 3)^7 \times (2^2)^{-6}} = \frac{3^5 \times 2^{-8}}{2^7 \times 3^7 \times 2^{-12}}$

$= \frac{3^5 \times 2^{-8}}{2^{-5} \times 3^7} = 3^{-2} \times 2^{-3} = \frac{1}{9} \times \frac{1}{8} = \frac{1}{72}$.

$I = \frac{0{,}000\,03^2}{6 \times 10^{-9}} = \frac{(3 \times 10^{-5})^2}{6 \times 10^{-9}} = \frac{3^2 \times 10^{-10}}{3 \times 2 \times 10^{-9}} = \frac{3 \times 10^{-1}}{2}$

$= \frac{3}{2 \times 10} = \frac{3}{20}$.

$J = \frac{0{,}04^3 \times 0{,}64^2}{0{,}12^3 \times 0{,}48^2} = \frac{0{,}04^3}{0{,}12^3} \times \frac{0{,}64^2}{0{,}48^2} = \left(\frac{0{,}04}{0{,}12}\right)^3 \times \left(\frac{0{,}64}{0{,}48}\right)^2$

$= \left(\frac{1}{3}\right)^3 \left(\frac{4}{3}\right)^2 = \frac{4^2}{3^5} = \frac{16}{243}$.

$K = \frac{(0{,}4)^4 \times 10^3}{2^5} = \frac{(4 \times 10^{-1})^4 \times 10^3}{2^5} = \frac{4^4 \times 10^{-4} \times 10^3}{2^5} = \frac{2^8 \times 10^{-1}}{2^5}$

$= 2^3 \times 10^{-1} = \frac{8}{10} = \frac{4}{5}$.

$L = \frac{60^{12} \times 9^{-3} \times 5^{-9}}{3 \times 24^8} = \frac{(2^2 \times 3 \times 5)^{12} \times (3^2)^{-3} \times 5^{-9}}{3 \times (2^3 \times 3)^8}$

$= \frac{2^{24} \times 3^{12} \times 5^{12} \times 3^{-6} \times 5^{-9}}{3 \times 2^{24} \times 3^8} = \frac{3^6 \times 5^3}{3^9} = \frac{5^3}{3^3} = \frac{125}{27}$.

8 **a.** Pour tout $x \in \mathbb{R}^*$:

$$\frac{1}{x} - \frac{1}{x+1} = \frac{x+1}{x(x+1)} - \frac{x}{x(x+1)} = \frac{x+1-x}{x(x+1)} = \frac{1}{x(x+1)}.$$

b. $$S = \frac{1}{1\times 2} + \frac{1}{2\times 3} + \frac{1}{3\times 4} + \frac{1}{4\times 5} + \ldots + \frac{1}{999\times 1\,000}$$

$$= \frac{1}{1} - \frac{1}{2} + \frac{1}{2} - \frac{1}{3} + \frac{1}{3} - \frac{1}{4} + \frac{1}{4} - \frac{1}{5} + \ldots + \frac{1}{999} - \frac{1}{1\,000}$$

$$= 1 - \frac{1}{1\,000}$$

$$= \frac{999}{1\,000}.$$

9 **a.** On a $2^{10} = 1\,024 \approx 10^3$, d'où :

$$2^{2\,005} = 2^{10\times 200+5} = (2^{10})^{200} \times 2^5.$$

En utilisant $2^{10} \approx 10^3$, on obtient :

$$32 \times (10^3)^{200} = 3{,}2 \times 10 \times 10^{600} = 3{,}2 \times 10^{601}.$$

Ainsi, un ordre de grandeur de $2^{2\,005}$ est 10^{601}.

b. On a $5^{10} \approx 10^7$.

$5^{99} = (5^{10})^{10} \times 5^{-1} = 2 \times 10^{-1} \times (5^{10})^{10}$

(car $5^{-1} = \frac{1}{5} = 0{,}2 = 2 \times 10^{-1}$).

En utilisant $5^{10} \approx 10^7$, on obtient :

$$2 \times 10^{-1} \times (5^{10})^{10} \approx 2 \times 10^{-1} \times (10^7)^{10} = 2 \times 10^{69}.$$

Ainsi, un ordre de grandeur de 5^{99} est 10^{69}.

10 On a $2^{24\,036\,583} = 2^{2\,403\,658\times 10+3} = (2^{10})^{2\,403\,658} \times 8$.

Comme $2^{10} \approx 10^3$, il vient :

$$(2^{10})^{2\,403\,658} \times 8 \approx 8 \times (10^3)^{2\,403\,658} \approx 8 \times 10^{7\,210\,974} \approx 10^{7\,210\,975}.$$

Le nombre approximatif de chiffres de ce nombre est 7 210 975.

11 On a $2S = 2 + 4 + 8 + 16 + \cdots + 2^{1\,000} + 2^{1\,001} = 2^{1\,001} + S - 1$.

Par conséquent :

$$2S = 2^{1\,001} + S - 1 \Leftrightarrow 2S - S = 2^{1\,001} - 1 \Leftrightarrow S = 2^{1\,001} - 1.$$

12 **!** **Pour simplifier $\sqrt{a^2}$, on commence par chercher le signe de a.**

- $4 - \sqrt{3} > 0$, donc $A = \sqrt{(4-\sqrt{3})^2} = 4 - \sqrt{3}$.
- $2 - \sqrt{5} < 0$, donc $B = \sqrt{(2-\sqrt{5})^2} = -(2-\sqrt{5}) = -2 + \sqrt{5}$.

• $11-5\sqrt{2}>0$, donc :

$$C=\sqrt{(11-5\sqrt{2})^2}+\frac{15}{\sqrt{2}}$$
$$=11-5\sqrt{2}+\frac{15\sqrt{2}}{2}$$
$$=11-\frac{10\sqrt{2}}{2}+\frac{15\sqrt{2}}{2}$$
$$=11+\frac{5\sqrt{2}}{2}.$$

• $1-\sqrt{3}<0$ et $5-2\sqrt{3}>0$,

donc $D=\sqrt{(1-\sqrt{3})^2}-\sqrt{(5-2\sqrt{3})^2}$
$$=-(1-\sqrt{3})-(5-2\sqrt{3})$$
$$=-1+\sqrt{3}-5+2\sqrt{3}$$
$$=-6+3\sqrt{3}.$$

• D'une part, on a : $2-\sqrt{2}>0$, donc $\sqrt{(2-\sqrt{2})^2}=2-\sqrt{2}$.

D'autre part, on a : $1-\sqrt{2}<0$, donc $\sqrt{(1-\sqrt{2})^2}=-(1-\sqrt{2})$.
Par conséquent :

$$E=\sqrt{(2-\sqrt{2})^2}-\sqrt{(1-\sqrt{2})^2}=(2-\sqrt{2})+(1-\sqrt{2})=3-2\sqrt{2}.$$

13 $A=\dfrac{\sqrt{2}(4+\sqrt{2})}{(4-\sqrt{2})(4+\sqrt{2})}-\dfrac{(3\sqrt{2}+8)(4-\sqrt{2})}{(4+\sqrt{2})(4-\sqrt{2})}$

$$=\frac{4\sqrt{2}+2-(12\sqrt{2}+32-6-8\sqrt{2})}{14}=\frac{-24}{14}=-\frac{12}{7}.$$

A est bien un nombre rationnel.

14 Pour tout $n\in\mathbb{N}$:

$$(\sqrt{n+1}-\sqrt{n})(\sqrt{n+1}+\sqrt{n})=(\sqrt{n+1})^2-(\sqrt{n})^2=n+1-n=1.$$

On en déduit que $\sqrt{n+1}-\sqrt{n}=\dfrac{1}{\sqrt{n+1}+\sqrt{n}}$, ce qui signifie que l'inverse de $\sqrt{n+1}+\sqrt{n}$ est le nombre $\sqrt{n+1}-\sqrt{n}$.
Avec $n=6$, l'inverse de $\sqrt{7}+\sqrt{6}$ est donc $\sqrt{7}-\sqrt{6}$.

15 $A = 111\ 111\ 111\ 111 - 222\ 222$
$= 111\ 111 \times 1\ 000\ 000 + 111\ 111 - 222\ 222$
$= 111\ 111 \times 1\ 000\ 000 - 111\ 111$
$= 111\ 111(1\ 000\ 000 - 1)$
$= 111\ 111 \times 999\ 999$
$= 111\ 111 \times 9 \times 111\ 111$
$= 3^2 \times 111\ 111^2$
$= 333\ 333^2$.

Par conséquent, $\sqrt{A} = 333\ 333$.

16 1. Réponse **c.** :
$2^6 + 2^5 + 2^4 + 2^3 + 2^2 + 2^1 = 64 + 32 + 16 + 8 + 4 + 2 = 126$
et $2 \times (2^6 - 1) = 2 \times (64 - 1) = 126$.
2. Réponse **a.** : $2^7 \times 4^5 \times 8^4 = 2^7 \times (2^2)^5 \times (2^3)^4 = 2^7 \times 2^{10} \times 2^{12} = 2^{29}$.
3. Réponse **b.** :

$$\frac{1}{\sqrt{2}-1} - \frac{1}{\sqrt{2}+1} = \frac{\sqrt{2}+1}{(\sqrt{2}-1)(\sqrt{2}+1)} - \frac{\sqrt{2}-1}{(\sqrt{2}-1)(\sqrt{2}+1)} = \frac{2}{2-1} = 2.$$

4. Réponse **a.** :

$$\left(1+\frac{1}{2}\right)\times\left(1+\frac{1}{3}\right)\times\left(1+\frac{1}{4}\right)\times \ldots \times\left(1+\frac{1}{99}\right) = \frac{3}{2}\times\frac{4}{3}\times\frac{5}{4}\times \ldots \times\frac{100}{99}$$
$$= \frac{100}{2} = 50.$$

5. Réponse **d.** :

$$[(1-\sqrt{2})(1+\sqrt{2})]^{154\ 283} = (1-2)^{154\ 283} = (-1)^{154\ 283} = -1.$$

6. Réponse **a.** : $\sqrt{(1+\sqrt{3})^2} - \sqrt{(1-\sqrt{3})^2} = (1+\sqrt{3}) - (-1+\sqrt{3})$
$= 1 + \sqrt{3} + 1 - \sqrt{3} = 2$.

7. Réponse **b.** :

$$10^{-7} \times (-2^{-6})^{-4} \times \left(\frac{2}{5}\right)^{-4} = (2\times 5)^{-7} \times 2^{24} \times \frac{2^{-4}}{5^{-4}}.$$
$$= \frac{2^{-7}\times 5^{-7}\times 2^{24}\times 2^{-4}}{5^{-4}} = 2^{13}\times 5^{-3}.$$

8. Réponse **c.** : $\dfrac{(a^7a^{-3})^2}{a^{-4}} = \dfrac{(a^4)^2}{a^{-4}} = \dfrac{a^8}{a^{-4}} = a^{12}$.

9. Réponse **c.** : $(a\sqrt{b} \times b\sqrt{a})^2 = a^2 \times b \times b^2 \times a = a^3b^3$.

10. Réponse **c.** : $(a^2b^8)^{-1} = \dfrac{1}{a^2b^8} = \dfrac{1}{(ab^4)^2} = \left(\dfrac{1}{ab^4}\right)^2$.

3 Ordre et valeur absolue

I INÉGALITÉS

Dans tout ce qui suit, *a*, *b*, *c* et *d* sont des nombres réels quelconques.

Ajouter ou soustraire un nombre aux deux membres d'une inégalité

Avec l'addition : si $a < b$, alors $a + c < b + c$.

Avec la soustraction : si $a < b$, alors $a - c < b - c$.

Multiplier ou diviser les membres d'une inégalité par un nombre non nul

Avec la multiplication :

- si $a < b$ et $c > 0$, alors $ac < bc$;
- si $a < b$ et $c < 0$, alors $ac > bc$.

Avec la division :

- si $a < b$ et $c > 0$, alors $\frac{a}{c} < \frac{b}{c}$;
- si $a < b$ et $c < 0$, alors $\frac{a}{c} > \frac{b}{c}$.

Ajouter des inégalités membre à membre

Si $a < b$ et $c < d$, alors $a + c < b + d$.

On peut donc ajouter membre à membre les inégalités de même sens.

> **!** **Attention : on ne peut pas soustraire des inégalités membre à membre. Par exemple, on a $15 < 18$ et $12 < 17$, mais la soustraction membre à membre donnerait une inégalité fausse puisque $15 - 12$ n'est pas inférieur à $18 - 17$.**

Multiplier des inégalités membre à membre

Si $0 < a < b$ et $0 < c < d$, alors $ac < bd$.

Si $a < b < 0$ et $c < d < 0$, alors $ac > bd$.

On peut donc multiplier membre à membre les inégalités (de même sens) si tous les nombres sont de mêmes signes.

> **!** **Attention : on ne peut pas diviser des inégalités membre à membre. Par exemple, on a $15 < 18$ et $5 < 9$, mais la division membre à membre donnerait une inégalité fausse puisque $\frac{15}{5}$ n'est pas inférieur à $\frac{18}{9}$.**

Avec les carrés

• 1er cas : si a et b sont positifs
Si $a < b$, alors $a^2 < b^2$.
Réciproquement : si $a^2 < b^2$, alors $a < b$.
Deux nombres positifs et leurs carrés sont rangés dans le même ordre.

• 2e cas : si a et b sont négatifs
Si $a < b$, alors $a^2 > b^2$.
Réciproquement : si $a^2 > b^2$, alors $a < b$.
Deux nombres négatifs et leurs carrés sont rangés dans l'ordre contraire.

Avec les racines carrées

Soit a et b deux nombres réels positifs.
Si $a < b$, alors $\sqrt{a} < \sqrt{b}$.
Réciproquement : si $\sqrt{a} < \sqrt{b}$, alors $a < b$.
Deux nombres positifs et leurs racines carrées sont rangés dans le même ordre.

Avec les inverses

Soit a et b deux nombres réels non nuls, de même signe.

Si $a < b$, alors $\frac{1}{a} > \frac{1}{b}$.

Réciproquement : si $\frac{1}{a} > \frac{1}{b}$, alors $a < b$.

Deux nombres de même signe et leurs inverses sont rangés dans l'ordre contraire.

II COMPARAISON DE x, x^2, ET x^3

Si $0 < x < 1$, alors on a : $x^3 < x^2 < x$.
Si $x > 1$, alors on a : $x < x^2 < x^3$.

III ENCADREMENTS

Une double inégalité traduit un encadrement.
Exemple : $2 < x < 3$ se lit : « x est strictement compris entre 2 et 3 », et traduit un encadrement de x.

IV INTERVALLES DE ℝ

1. Définition, vocabulaire

L'ensemble de tous les nombres réels compris entre a et b, tels que $a \leqslant x \leqslant b$, est l'intervalle $[a\,;b]$.
On dit que a et b sont les bornes de l'intervalle et que le nombre $b-a$ est la longueur de l'intervalle.
Un intervalle de la forme $[a-r\,;a+r]$ est un intervalle centré en a et de rayon r.
Un intervalle est un ensemble infini de nombres réels. On ne confondra pas l'intervalle $[a\,;b]$ et l'ensemble $\{a\,;b\}$ formé des deux seuls éléments a et b.

2. Les différents types d'intervalles

Intervalle	Remarques	Ensemble des réels x tels que :
$[a\,;b]$	Intervalle fermé	$a \leqslant x \leqslant b$
$]a\,;b[$	Intervalle ouvert	$a < x < b$
$[a\,;b[$	Intervalle fermé en a, ouvert en b	$a \leqslant x < b$
$]a\,;b]$	Intervalle ouvert en a, fermé en b	$a < x \leqslant b$
$[a\,;+\infty[$	Avec $+\infty$ ou $-\infty$, le crochet est toujours ouvert	$x \geqslant a$
$]a\,;+\infty[$		$x > a$
$]-\infty\,;a[$		$x < a$
$]-\infty\,;a]$		$x \leqslant a$
$]-\infty\,;+\infty[$		$x \in \mathbb{R}$

3. Intersection et réunion d'intervalles

L'intersection $I \cap J$ de deux intervalles I et J est l'ensemble des réels qui appartiennent à I **et** à J.
La réunion $I \cup J$ de deux intervalles I et J est l'ensemble des réels qui appartiennent à I **ou** à J.

V VALEUR ABSOLUE

1. Distance entre deux réels

La distance entre deux nombres réels a et b est $a - b$ si $a \geqslant b$ ou $b - a$ si $a \leqslant b$.

Cette distance se note $|a - b|$ et se lit « valeur absolue de a moins b ».

Propriété : $|a - b| = |b - a|$.

2. Valeur absolue d'un réel

La distance de a à 0 s'écrit $|a - 0| = |a|$. On lit ce nombre « valeur absolue de a ».

- Si $a \geqslant 0$, $|a| = a$.
- Si $a \leqslant 0$, $|a| = -a$.

3. Résolution d'une équation du type $|x| = k$

- Si $k > 0$, alors l'équation $|x| = k$ a deux solutions dans $\mathbb{R}$: k et $-k$.
- Si $k < 0$, alors l'équation $|x| = k$ n'a pas de solution dans $\mathbb{R}$.
- L'équation $|x| = 0$ a une solution dans $\mathbb{R}$: 0.

4. Valeur absolue et intervalles

Soit a un réel positif non nul.

L'ensemble des nombres réels tels que $|x| \leqslant a$ est l'intervalle $[-a\,;\,a]$.

L'ensemble des nombres réels tels que $|x| \geqslant a$ est l'intervalle : $]-\infty\,;\,-a] \cup [a\,;\,+\infty[$.

EXERCICES D'APPLICATION

INÉGALITÉS, COMPARAISONS

1 | ★ | 15 min | ▸ P. 53

a. Comparer $4\sqrt{10}$ et $9\sqrt{2}$.
b. Comparer $\sqrt{24}+\sqrt{10}$ et $\sqrt{26}+\sqrt{8}$.
c. Comparer les nombres $\sqrt{5}-2$ et $\sqrt{9-3\sqrt{5}}$.

2 | ★ | 5 min | ▸ P. 53

a. Développer et réduire : $(\sqrt{2}-1)^2$.
b. En déduire la comparaison des nombres $3-2\sqrt{2}$ et $\sqrt{2}-1$.

3 | ★★ | 15 min | ▸ P. 54

a. Montrer que $0<2-\sqrt{2}<1$.
b. Ranger par ordre croissant les nombres :
$a=\sqrt{2}+2$; $b=(\sqrt{2}-2)^2$; $c=\sqrt{2}-2$;
$d=2-\sqrt{2}$; $e=(\sqrt{2}+2)^2$; $f=(2-\sqrt{2})^3$.

4 | ★★ | 10 min | ▸ P. 54

Soit a et b deux réels strictement positifs. Démontrer que $\frac{a}{b}+\frac{b}{a}\geqslant 2$.

5 | ★★ | 10 min | ▸ P. 54

Soit $n\in\mathbb{N}$. Comparer, en justifiant soigneusement, les deux nombres :

$$\frac{n+6}{n+3} \text{ et } \frac{n+4}{n+2}.$$

ENCADREMENTS

6 | ★ | 15 min | ▸ P. 55

Soit x et y deux nombres réels tels que $1\leqslant x\leqslant 4$ et $5\leqslant y\leqslant 7$.

Encadrer $x+y$, $x-y$, xy, x^2, $-5y$, $\sqrt{\frac{x}{3}+\frac{y}{2}}$ et $\frac{x}{y}$.

7 ★ | 10 min | ▸P. 55

Soit x et y deux nombres réels tels que $-6 \leqslant x \leqslant -3$ et $-2 \leqslant y \leqslant -1$.
Encadrer $x+y$, $x-y$, xy, x^2, $-5y$ et $\frac{x}{y}$.

8 ★★ | 10 min | ▸P. 55

Soit x et y deux nombres réels tels que $-\frac{4}{3} \leqslant x \leqslant -\frac{6}{5}$ et $\frac{1}{4} \leqslant y \leqslant \frac{1}{3}$.

Encadrer $x-y$, xy et $\frac{x}{y}$.

9 ★★ | 1 min | ▸P. 56

Soit x un nombre réel tel que $-2 < x < 3$.
Encadrer x^2.

Intervalles

10 ★ | 2 min | ▸P. 56

Écrire les intervalles de $\mathbb{R}$ auxquels appartient x dans les cas suivants :
a. $-2 \leqslant x < 1$; **b.** $x < 1$; **c.** $-4 \leqslant x$;
d. $-1 < x < 1$; **e.** $x > 8$.

11 ★ | 3 min | ▸P. 56

Écrire avec des valeurs absolues :
a. $x \in \,]-6\,;6[$;
b. $x \in [-4\,;4]$;
c. $x \in \,]-\infty\,;5] \cup [5\,;+\infty[$.

12 ★ | 2 min | ▸P. 56

I est un intervalle ouvert, centré en 0, et de rayon 3. Dire si les nombres 1, 0, -2, 3, et 6 appartiennent ou non à I.

13 ★★ | 5 min | ▸P. 56

Soit l'intervalle $I = [-20\,;10]$.
a. Quel est son centre ? son rayon ?
b. Écrire avec des valeurs absolues : $x \in [-20\,;10]$.

14 | ★ | 10 min | ▶ P. 56

Dans chaque cas, déterminer l'intersection $I \cap J$ et la réunion $I \cup J$ des intervalles suivants :

a. $I = [-4 ; 1]$ et $J = [-8 ; 2]$;
b. $I =]0 ; +\infty[$ et $J = [-7 ; 0]$;
c. $I = [0 ; +\infty[$ et $J =]-\infty ; -5]$;
d. $I = \mathbb{R}_+^*$ et $J = \mathbb{R}_-^*$;
e. $I = [-3 ; 1[$ et $J = [0 ; 1]$;
f. $I =]0 ; 2]$ et $J =]-1 ; 1[$.

VALEUR ABSOLUE

15 | ★ | 5 min | ▶ P. 56

Calculer :

$A = |-5{,}2|$; $B = |-5-12|$; $C = |-7| + |7| - |-11|$;
$D = |9 - 7\sqrt{2}|$; $E = |4\pi - 10|$; $F = 5|-\pi + 6| - 4|1 - \pi|$.

16 | ★★ | 10 min | ▶ P. 57

Résoudre dans $\mathbb{R}$ les équations :

a. $|x| = 18$;
b. $|x| = -2$;
c. $|3x - 2| = 4$;
d. $|x + 10| = |5 - x|$.

17 | ★ | 10 min | ▶ P. 57

Résoudre dans $\mathbb{R}$ les inéquations :

a. $|x| > -1$;
b. $|x| > 0$;
c. $|x| < 0$;
d. $|x| \leqslant 7$;
e. $|x| < -10$;
f. $-2 \leqslant |x| \leqslant 5$;
g. $9 \leqslant |x| < 11$.

18 | ★★ | 15 min | ▶ P. 57

Résoudre dans $\mathbb{R}$ les inéquations :

a. $|x - 2| < 1$;
b. $|x - 2| \geqslant 1$;
c. $|7 - 2x| \leqslant 4$;
d. $3 < |3x - 1| \leqslant 8$.

19 | ★★ | 10 min | ▶ P. 58

1. Le nombre a est un réel quelconque. En utilisant la notation de la valeur absolue, simplifier :

a. $\sqrt{a^2}$;
b. $\sqrt{(3-2a)^2}$.

2. Ici, $a \in \mathbb{R}^*$. Simplifier $\dfrac{a}{|a|}$, puis $\dfrac{|a|\sqrt{2a^2}}{a^2}$.

Exercices d'entraînement

20

★★ | 10 min | ▸ P. 58

Montrer que les nombres $x = \dfrac{1-\sqrt{3}}{\sqrt{2}}$ et $y = -\sqrt{2-\sqrt{3}}$ sont égaux.

21

★★ | 10 min | ▸ P. 58

On considère deux nombres réels strictement positifs a et b.

a. Montrer que $\dfrac{a+b}{4} \geqslant \dfrac{ab}{a+b}$.

b. Dans quels cas y a-t-il égalité ?

22

★ | 10 min | ▸ P. 59

On considère une boule creuse de rayon intérieur r et de rayon extérieur R.
On donne (en cm) $1{,}8 \leqslant r \leqslant 2{,}2$, et on utilisera $3{,}1 < \pi < 3{,}2$.

a. Déterminer un encadrement du volume intérieur V de cette boule creuse (en cm^3, avec deux décimales).

b. On donne aussi $R = 7{,}5$ cm à 1 mm près. Écrire un encadrement de R (en mm).

c. Déterminer un encadrement de l'épaisseur de la coque de cette boule creuse (en mm).

23

★★ | 5 min | ▸ P. 59

Soit x un nombre réel non nul. $B = \dfrac{x+|x|}{2x}$. Prouver que $B \in \{0\,;\,1\}$.

24

★★★ | 20 min | ▸ P. 59

1. **a.** Simplifier $|x-4|$ sans barres de valeur absolue, en distinguant les cas $x \leqslant 4$ et $x \geqslant 4$.

b. Faire de même avec $|2x-10|$, puis avec $|-4x+12|$.

2. Soit $A = |x-4| + |2x-10| + |-4x+12|$.

a. Calculer A si $x = 6$.

b. Exprimer A en fonction de x, sans barres de valeurs absolues, dans les quatre cas suivants :

• $x \in \,]-\infty\,;\,3]$; • $x \in [3\,;\,4]$; • $x \in [4\,;\,5]$; • $x \in [5\,;\,+\infty[$.

c. Trouver les valeurs de x telles que $A = 20$.

CONTRÔLE

25 VRAI OU FAUX ? ★★ 10 points, 30 min ▶ P. 60

Dire si les affirmations suivantes sont vraies ou fausses.

1. Pour tout $a \in]0\,;1[$, $-a < a^2 < a < \frac{1}{a}$.
2. Un pèse-personne indique la masse à 100 grammes près. Une petite fille veut peser son chat : elle le prend dans ses bras, monte sur la balance et lit : $M = 31{,}6$ kg.
Puis, elle se pèse seule et lit $M' = 28{,}4$ kg. Alors la masse m du chat, en kg, est encadrée par $3{,}1 \leqslant m \leqslant 3{,}3$.
3. $3 - \sqrt{11} = \sqrt{20 - 6\sqrt{11}}$.
4. On se place sur la droite des réels. Le nombre $|x + 5|$ est la distance entre le point d'abscisse x et le point d'abscisse 5.
5. L'équation $|x| = 4$ admet deux solutions dans $\mathbb{R}$ qui sont 4 et -4.
6. Soit x un nombre réel tel que $-2 < x < 3$. Alors $4 < x^2 < 9$.
7. Soit x et y deux nombres réels tels que $2 < x < 5$ et $-4 < y < -3$. Alors $-15 < xy < -8$.
8. $3|-\sqrt{2} + 4| - 2|\sqrt{2} - 3| = -5\sqrt{2} + 18$.
9. $|x + 3| = 5 \Leftrightarrow x = 2$ ou $x = -2$.
10. $|x + 5| \leqslant 9 \Leftrightarrow x \in [-14\,;4]$.

Contrôle

26 QCM

★ 5 points, 10 min ▸P. 61

Pour chacune des questions, une et une seule proposition est exacte.

1. L'intersection des intervalles $]-1\ ;5[$ et $]4\ ;+\infty[$ est :

a. $[-1\ ;+\infty[$ b. $]4\ ;5[$ c. $]-1\ ;4]$ d. $[4\ ;+\infty[$

2. La réunion des intervalles $]-\infty\ ;0[$ et $]-2\ ;0]$ est :

a. $\mathbb{R}^-$ b. $\mathbb{R}^*_-$ c. $\{0\}$ d. $]-2\ ;0[$

3. L'intervalle ouvert centré en -2, de longueur 8 est :

a. $]-10\ ;6[$ b. $]-2\ ;6[$ c. $]6\ ;10[$ d. $]-6\ ;2[$

4. L'ensemble des solutions de l'inéquation $|x|>4$ est :

a. $]4\ ;+\infty[$ b. $]-\infty\ ;-4[\cup]4\ ;+\infty[$ c. $]-4\ ;4[$ d. $]0\ ;4[$

5. $x\in\ ]1{,}9\ ;2{,}1[$ équivaut à :

a. $|x|<0{,}2$ b. $|x-2|<0{,}1$ c. $|x-2|<0{,}2$ d. $|x|-2<0{,}1$

27

★ 2 points, 5 min ▸P. 61

Simplifier les nombres $A=\left|1-3\sqrt{2}\right|$ et $B=|-5-4-3-2-1|$.

28

★★ 5 points, 15 min ▸P. 61

Résoudre dans $\mathbb{R}$ les équations ou inéquations suivantes :

a. $|x|=|-3|$ b. $|3-5x|=7$ c. $|4-2x|=|3x-1|$

d. $|x+4|\geqslant 2$ e. $|5{,}5-x|\leqslant 1{,}1$

29

★★ 4 points, 10 min ▸P. 61

Soit $2<x<3$ et $-4<y<-3$.

Déterminer un encadrement de $x+y$, $x-y$, xy, et $\dfrac{x}{y}$.

30

★★ 2 points, 10 min ▸P. 61

a. Montrer que $\dfrac{\sqrt{17}}{4}>1$.

b. Ranger par ordre croissant les trois nombres $a=\dfrac{\sqrt{17}}{4}$, $b=\dfrac{17}{16}$, et $c=\dfrac{4}{\sqrt{17}}$.

31

★★ 2 points, 5 min ▸P. 62

Comparer les nombres $\sqrt{3}-1$ et $\sqrt{4-\sqrt{3}}$.

Contrôle

32 | ★ | 2 points, 5 min | ▶ p. 62

Comparer les nombres $C = \sqrt{21} + \sqrt{10}$ et $D = \sqrt{6} + \sqrt{35}$.

33 | ★★ | 2 points, 5 min | ▶ p. 62

Montrer que, pour tout $x \in \,]0\,;1[$, $x^2 < x$.

34 | ★★ | 3 points, 10 min | ▶ p. 62

a. Montrer que $0 < \dfrac{\sqrt{3}}{2} < 1$.

b. Ranger par ordre croissant les quatre nombres $\dfrac{\sqrt{3}}{2}$, $\dfrac{3}{4}$, $\dfrac{3\sqrt{3}}{8}$, et $\dfrac{2}{\sqrt{3}}$.

35 | ★★ | 3 points, 10 min | ▶ p. 63

On considère une couronne formée de deux cercles concentriques de rayons r et R (en cm) tels que : $2{,}1 \leqslant r \leqslant 2{,}2$ et $2{,}8 \leqslant R \leqslant 2{,}9$.
On utilisera $3{,}14 < \pi < 3{,}15$
et on donnera les résultats sans arrondir.

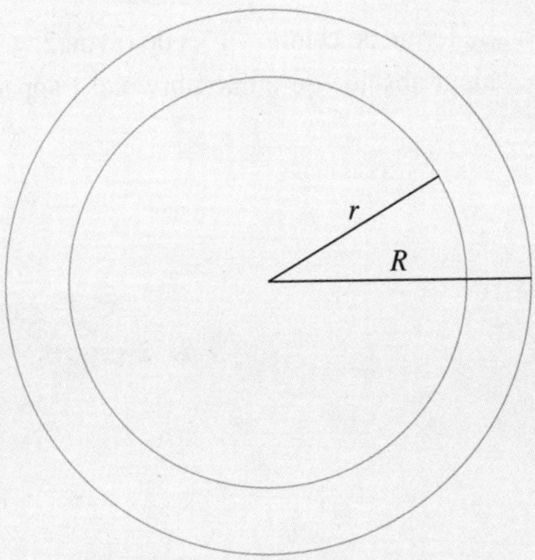

a. Déterminer un encadrement du périmètre P du grand cercle.

b. Déterminer un encadrement de l'aire $\mathcal{A}$ de la couronne.

36

★★ 3 points, 10 min ▶ P. 63

On considère un nombre réel a strictement positif.

a. Montrer que $a + \frac{1}{a} \geqslant 2$.

b. Dans quel(s) cas y a-t-il égalité ?

c. L'inégalité est-elle toujours vraie si a est strictement négatif ?

37

★★ 2 points, 5 min ▶ P. 63

Simplifier $A = 6|-\sqrt{2} + 4| - 5|4\sqrt{2} - 11|$.

38

★★ 2 points, 5 min ▶ P. 64

Résoudre l'équation $|7 - 4x| = |2x + 10|$.

39

★ 3 points, 5 min ▶ P. 64

Les quatre questions sont indépendantes.

1. Soit x un nombre réel.
Écrire avec un intervalle l'inégalité $-8 \leqslant x$.

2. Écrire un intervalle ouvert de longueur 7 dont une borne est 13.

3. Avec $I =]-\infty\ ;\ 1]$ et $J =]0\ ;\ +\infty[$, écrire la réunion $I \cup J$ et l'intersection $I \cap J$.

4. **a.** Écrire l'intervalle fermé de centre -1 et de rayon 2.
b. Écrire avec une valeur absolue qu'un nombre réel x appartient à cet intervalle.

Corrigés

1 **a.** $(4\sqrt{10})^2 = 16 \times 10$
$= 160$
et $(9\sqrt{2})^2 = 81 \times 2$
$= 162$.
Comme $160 < 162$, on a donc $(4\sqrt{10})^2 < (9\sqrt{2})^2$.
Or, $4\sqrt{10}$ et $9\sqrt{2}$ sont deux nombres positifs et on sait que deux nombres positifs et leurs carrés sont rangés dans le même ordre.
On en déduit que $4\sqrt{10} < 9\sqrt{2}$.

b. $(\sqrt{24} + \sqrt{10})^2 = 24 + 2 \times \sqrt{24} \times \sqrt{10} + 10 = 34 + 2\sqrt{240}$
et $(\sqrt{26} + \sqrt{8})^2 = 26 + 2 \times \sqrt{26} \times \sqrt{8} + 8 = 34 + 2\sqrt{208}$.
Comme $208 < 240$, on en déduit que $\sqrt{208} < \sqrt{240}$,
puis que $2\sqrt{208} < 2\sqrt{240}$, et enfin $34 + 2\sqrt{208} < 34 + 2\sqrt{240}$.
Par conséquent, on a $(\sqrt{26} + \sqrt{8})^2 < (\sqrt{24} + \sqrt{10})^2$.
Or, $\sqrt{24} + \sqrt{10}$ et $\sqrt{26} + \sqrt{8}$ sont deux nombres positifs et on sait que deux nombres positifs et leurs carrés sont rangés dans le même ordre.
On en déduit que $\sqrt{26} + \sqrt{8} < \sqrt{24} + \sqrt{10}$.

c. $(\sqrt{5} - 2)^2 = 5 - 2 \times \sqrt{5} \times 2 + 4 = 9 - 4\sqrt{5}$ et
$(\sqrt{9 - 3\sqrt{5}})^2 = 9 - 3\sqrt{5}$.
Comme $3 < 4$, on en déduit que :

$$3\sqrt{5} < 4\sqrt{5}\text{, puis } -4\sqrt{5} < -3\sqrt{5}\text{, et enfin } 9 - 4\sqrt{5} < 9 - 3\sqrt{5}.$$

Par conséquent, on a $(\sqrt{5} - 2)^2 < (\sqrt{9 - 3\sqrt{5}})^2$.
Or, $\sqrt{5} - 2$ et $\sqrt{9 - 3\sqrt{5}}$ sont deux nombres positifs et l'on sait que deux nombres positifs et leurs carrés sont rangés dans le même ordre.
On en déduit que $\sqrt{5} - 2 < \sqrt{9 - 3\sqrt{5}}$.

2 **a.** $(\sqrt{2} - 1)^2 = (\sqrt{2})^2 - 2 \times \sqrt{2} \times 1 + 1^2$
$= 2 - 2\sqrt{2} + 1 = 3 - 2\sqrt{2}$.

b. D'après la question **a.**, on doit donc comparer les nombres $\sqrt{2} - 1$ et $(\sqrt{2} - 1)^2$. Comme le nombre $\sqrt{2} - 1$ est compris entre 0 et 1, on en déduit que $(\sqrt{2} - 1)^2 < \sqrt{2} - 1$.
D'où la réponse : $3 - 2\sqrt{2} < \sqrt{2} - 1$.

3 **a.** Comme on a $1 < 2 < 4$, on en déduit que $\sqrt{1} < \sqrt{2} < \sqrt{4}$, c'est-à-dire $1 < \sqrt{2} < 2$.

Ensuite, on en déduit un encadrement de $-\sqrt{2}$:

$$-2 < -\sqrt{2} < -1.$$

Enfin, en ajoutant 2 à chaque membre, on obtient :

$$-2 + 2 < -\sqrt{2} + 2 < -1 + 2, \text{ soit } 0 < 2 - \sqrt{2} < 1.$$

b. Comme $1 < \sqrt{2} < 2$, on a $c = \sqrt{2} - 2 < 0$, et c'est le seul nombre négatif de cette liste.

Notons aussi que $b = (\sqrt{2} - 2)^2 = (2 - \sqrt{2})^2$.

D'après la question **a.**, on a $0 < 2 - \sqrt{2} < 1$, d'où :

$$(2 - \sqrt{2})^3 < (2 - \sqrt{2})^2 < 2 - \sqrt{2}, \text{ c'est-à-dire } f < b < d.$$

Le nombre $a = \sqrt{2} + 2$ est supérieur à 1, donc :

$$\sqrt{2} + 2 < (\sqrt{2} + 2)^2, \text{ c'est-à-dire } a < e.$$

Finalement, on a $c < f < b < d < a < e$.

4 $\frac{a}{b} + \frac{b}{a} - 2 = \frac{a^2}{ab} + \frac{b^2}{ab} - \frac{2ab}{ab} = \frac{a^2 + b^2 - 2ab}{ab} = \frac{(a-b)^2}{ab}$.

Le numérateur est un carré, donc toujours positif.

Le dénominateur est le produit de deux nombres strictement positifs, donc il est strictement positif.

On a donc $\frac{(a-b)^2}{ab} \geqslant 0$.

Par conséquent, comme $\frac{a}{b} + \frac{b}{a} - 2 \geqslant 0$, on en déduit que $\frac{a}{b} + \frac{b}{a} \geqslant 2$.

5 Effectuons la soustraction des deux nombres. Pour tout $n \in \mathbb{N}$:

$$\frac{n+6}{n+3} - \frac{n+4}{n+2} = \frac{(n+6)(n+2)}{(n+3)(n+2)} - \frac{(n+4)(n+3)}{(n+2)(n+3)}$$

$$= \frac{(n^2 + 6n + 2n + 12) - (n^2 + 4n + 3n + 12)}{(n+3)(n+2)}$$

$$= \frac{n}{(n+3)(n+2)}.$$

Les trois termes qui composent cette dernière fraction sont tous trois positifs, donc $\frac{n+6}{n+3} - \frac{n+4}{n+2} \geqslant 0$.

On en déduit que, pour tout $n \in \mathbb{N}$, $\frac{n+6}{n+3} \geqslant \frac{n+4}{n+2}$.

6 $5+1 \leqslant x+y \leqslant 7+4$, c'est-à-dire : $6 \leqslant x+y \leqslant 11$.
On a $-7 \leqslant -y \leqslant -5$, d'où $1+(-7) \leqslant x+(-y) \leqslant 4+(-5)$, c'est-à-dire :
$$-6 \leqslant x-y \leqslant -1.$$
$1 \times 5 \leqslant xy \leqslant 4 \times 7$, c'est-à-dire :
$$5 \leqslant xy \leqslant 28.$$
$1^2 \leqslant x^2 \leqslant 4^2$, d'où :
$$1 \leqslant x^2 \leqslant 16.$$
$-5 \times 7 \leqslant -5y \leqslant -5 \times 5$, d'où :
$$-35 \leqslant -5y \leqslant -25.$$
$\frac{1}{3} \leqslant \frac{x}{3} \leqslant \frac{4}{3}$ et $\frac{5}{2} \leqslant \frac{y}{2} \leqslant \frac{7}{2}$, d'où :
$$\frac{1}{3}+\frac{5}{2} \leqslant \frac{x}{3}+\frac{y}{2} \leqslant \frac{4}{3}+\frac{7}{2}, \text{ c'est-à-dire } \frac{17}{6} \leqslant \frac{x}{3}+\frac{y}{2} \leqslant \frac{29}{6}.$$
On en déduit : $\sqrt{\frac{17}{6}} \leqslant \sqrt{\frac{x}{3}+\frac{y}{2}} \leqslant \sqrt{\frac{29}{6}}$.

$\frac{1}{7} \leqslant \frac{1}{y} \leqslant \frac{1}{5}$, d'où $1 \times \frac{1}{7} \leqslant x \times \frac{1}{y} \leqslant 4 \times \frac{1}{5}$, c'est-à-dire : $\frac{1}{7} \leqslant \frac{x}{y} \leqslant \frac{4}{5}$.

7 $-6-2 \leqslant x+y \leqslant -3-1$, c'est-à-dire :
$$-8 \leqslant x+y \leqslant -4.$$
$1 \leqslant -y \leqslant 2$, d'où $-6+1 \leqslant x+(-y) \leqslant -3+2$, c'est-à-dire :
$$-5 \leqslant x-y \leqslant -1.$$
$(-3) \times (-1) \leqslant xy \leqslant (-6) \times (-2)$, c'est-à-dire :
$$3 \leqslant xy \leqslant 12.$$
$(-3)^2 \leqslant x^2 \leqslant (-6)^2$, d'où :
$$9 \leqslant x^2 \leqslant 36.$$
$-5 \times (-1) \leqslant -5y \leqslant -5 \times (-2)$, d'où :
$$5 \leqslant -5y \leqslant 10.$$
$\frac{1}{-1} \leqslant \frac{1}{y} \leqslant \frac{1}{-2}$, d'où $-3 \times \left(-\frac{1}{2}\right) \leqslant x \times \frac{1}{y} \leqslant -6 \times (-1)$, c'est-à-dire :
$$\frac{3}{2} \leqslant \frac{x}{y} \leqslant 6.$$

8 On a $-\frac{1}{3} \leqslant -y \leqslant -\frac{1}{4}$, d'où :

$-\frac{4}{3}-\frac{1}{3} \leqslant x+(-y) \leqslant -\frac{6}{5}-\frac{1}{4}$, c'est-à-dire $-\frac{5}{3} \leqslant x-y \leqslant -\frac{29}{20}$.

On a $\frac{6}{5} \leqslant -x \leqslant \frac{4}{3}$ et $\frac{1}{4} \leqslant y \leqslant \frac{1}{3}$, d'où $\frac{6}{5} \times \frac{1}{4} \leqslant -xy \leqslant \frac{4}{3} \times \frac{1}{3}$, c'est-à-dire :

$\frac{3}{10} \leqslant -xy \leqslant \frac{4}{9}$.

Finalement, $-\frac{4}{9} \leqslant xy \leqslant -\frac{3}{10}$.

On a $\frac{6}{5} \leqslant -x \leqslant \frac{4}{3}$ et $3 \leqslant \frac{1}{y} \leqslant 4$, d'où $\frac{6}{5} \times 3 \leqslant (-x) \times \frac{1}{y} \leqslant \frac{4}{3} \times 4$,

c'est-à-dire : $\frac{18}{5} \leqslant -\frac{x}{y} \leqslant \frac{16}{3}$.

Finalement : $-\frac{16}{3} \leqslant \frac{x}{y} \leqslant -\frac{18}{5}$.

9 Comme x peut être égal à 0, la plus petite valeur de x^2 est 0. On a donc :

$$0 \leqslant x^2 < 9.$$

10 **a.** $x \in [-2\,;\,1[$; **b.** $x \in \,]-\infty\,;\,1[$; **c.** $x \in [-4\,;\,+\infty[$;
d. $x \in \,]-1\,;\,1[$; **e.** $x \in \,]8\,;\,+\infty[$.

11 **a.** $|x| < 6$. **b.** $|x| \leqslant 4$. **c.** $|x| \geqslant 5$.

12 I est donc l'intervalle $]-3\,;\,3[$.
Les nombres -2 ; 0 ; 1 appartiennent à cet intervalle.
Les nombres 3 et 6 n'y appartiennent pas.

13 **a.** Le centre est -5, le rayon est 15.
En effet, $\mathrm{I} = [-5-15\,;\,-5+15]$.
b. La distance entre un nombre x de cet intervalle et le nombre -5 est inférieure à 15, donc $|x-(-5)| \leqslant 15$, c'est-à-dire :

$$|x+5| \leqslant 15.$$

14 **a.** $\mathrm{I} \cap \mathrm{J} = [-4\,;\,1]$ et $\mathrm{I} \cup \mathrm{J} = [-8\,;\,2]$.
b. $\mathrm{I} \cap \mathrm{J} = \varnothing$ et $\mathrm{I} \cup \mathrm{J} = [-7\,;\,+\infty[$.
c. $\mathrm{I} \cap \mathrm{J} = \varnothing$ et $\mathrm{I} \cup \mathrm{J} = \,]-\infty\,;\,-5] \cup [0\,;\,+\infty[$.
d. $\mathrm{I} \cap \mathrm{J} = \varnothing$ et $\mathrm{I} \cup \mathrm{J} = \mathbb{R}^*$.
e. $\mathrm{I} \cap \mathrm{J} = [0\,;\,1[$ et $\mathrm{I} \cup \mathrm{J} = [-3\,;\,1]$.
f. $\mathrm{I} \cap \mathrm{J} = \,]0\,;\,1[$ et $\mathrm{I} \cup \mathrm{J} = \,]-1\,;\,2]$.

15 • $A = |-5{,}2| = 5{,}2$.
• $B = |-5-12| = |-17| = 17$.
• $C = |-7| + |7| - |-11| = 7 + 7 - 11 = 3$.
• Comme $9 - 7\sqrt{2} < 0$, on a :
$D = |9 - 7\sqrt{2}| = -(9 - 7\sqrt{2}) = -9 + 7\sqrt{2}$.

• Comme $4\pi - 10 > 0$, on a :
$E = |4\pi - 10| = 4\pi - 10$.
• Puisque $-\pi + 6 > 0$, on a $|-\pi + 6| = -\pi + 6$. Et puisque $1 - \pi < 0$, on a $|1 - \pi| = -(1 - \pi) = -1 + \pi$. Par conséquent :

$$\begin{aligned} F &= 5|-\pi + 6| - 4|1 - \pi| \\ &= 5 \times (-\pi + 6) - 4 \times (-1 + \pi) \\ &= -5\pi + 30 + 4 - 4\pi = 34 - 9\pi. \end{aligned}$$

16 **a.** $x = 18$ ou $x = -18$.
b. Pas de solution.
c. $3x - 2 = 4$ ou $3x - 2 = -4$, c'est-à-dire $3x = 6$ ou $3x = -2$, soit finalement $x = 2$ ou $x = -\dfrac{2}{3}$.
d. $x + 10 = 5 - x$ ou $x + 10 = -5 + x$.
La deuxième équation n'a pas de solution.
On obtient avec la première équation $2x = -5$, soit finalement : $x = -\dfrac{5}{2}$.

17 **a.** Cette inéquation est vérifiée pour tout $x \in \mathbb{R}$.
b. Cette inéquation est vérifiée pour tout $x \in \mathbb{R}^*$.
c. Cette inéquation n'a pas de solution.
d. $x \in [-7 ; 7]$.
e. Cette inéquation n'a pas de solution.
f. $x \in [-5 ; 5]$.
g. $x \in]-11 ; -9] \cup [9 ; 11[$.

18 **a.** $|x - 2| < 1$, donc $x - 2 \in]-1 ; 1[$, c'est-à-dire $-1 < x - 2 < 1$.
On a donc $1 < x < 3$, c'est-à-dire $x \in]1 ; 3[$.
b. De même, $x \in]-\infty ; 1] \cup [3 ; +\infty[$.
c. On a $-4 \leqslant 7 - 2x \leqslant 4$, donc $-4 - 7 \leqslant -2x \leqslant 4 - 7$, c'est-à-dire $-11 \leqslant -2x \leqslant -3$. On a alors $3 \leqslant 2x \leqslant 11$, d'où finalement $\dfrac{3}{2} \leqslant x \leqslant \dfrac{11}{2}$.

Avec des intervalles, on écrit $x \in \left[\dfrac{3}{2} ; \dfrac{11}{2}\right]$.

d. On obtient successivement :

$$\begin{array}{lll} 3 < 3x - 1 \leqslant 8 & \text{ou} & -8 \leqslant 3x - 1 < -3 \\ 4 < 3x \leqslant 9 & \text{ou} & -7 \leqslant 3x < -2 \\ \dfrac{4}{3} < x \leqslant 3 & \text{ou} & -\dfrac{7}{3} \leqslant x < -\dfrac{2}{3}. \end{array}$$

Avec des intervalles, cela donne $x \in \left[-\dfrac{7}{3} ; -\dfrac{2}{3}\right[\cup \left]\dfrac{4}{3} ; 3\right]$.

19 1. **a.** $\sqrt{a^2} = |a| = \begin{cases} a & \text{si } a \geqslant 0 \\ -a & \text{si } a \leqslant 0 \end{cases}$.

b. On a $3 - 2a \geqslant 0$ pour $a \leqslant \dfrac{3}{2}$ et $3 - 2a \leqslant 0$ pour $a \geqslant \dfrac{3}{2}$.

Par conséquent, $\sqrt{(3-2a)^2} = |3 - 2a| = \begin{cases} 3 - 2a & \text{si } a \leqslant \dfrac{3}{2} \\ -3 + 2a & \text{si } a \geqslant \dfrac{3}{2} \end{cases}$.

2. On a $|a| = \begin{cases} a & \text{si } a > 0 \\ -a & \text{si } a < 0 \end{cases}$, d'où $\dfrac{a}{|a|} = \begin{cases} 1 & \text{si } a > 0 \\ -1 & \text{si } a < 0 \end{cases}$.

$\dfrac{|a|\sqrt{2a^2}}{a^2} = \dfrac{|a|\sqrt{2}\sqrt{a^2}}{a^2} = \dfrac{|a|\sqrt{2}|a|}{a^2} = \sqrt{2}$, puisque $|a|^2 = a^2$.

20 Remarquons tout de suite que les deux nombres sont négatifs.

On a d'une part $x^2 = \left(\dfrac{1-\sqrt{3}}{\sqrt{2}}\right)^2 = \dfrac{1+3-2\sqrt{3}}{2} = \dfrac{4-2\sqrt{3}}{2} = 2 - \sqrt{3}$, et

d'autre part, $y^2 = \left(-\sqrt{2-\sqrt{3}}\right)^2 = 2 - \sqrt{3}$.

On constate que $x^2 = y^2$. Comme x et y sont tous deux de même signe, on en déduit que $x = y$.

21 **a.** Pour démontrer cette inégalité, effectuons la différence des deux membres :

$$\begin{aligned} \frac{a+b}{4} - \frac{ab}{a+b} &= \frac{(a+b)^2}{4(a+b)} - \frac{4ab}{4(a+b)} \\ &= \frac{(a+b)^2 - 4ab}{4(a+b)} \\ &= \frac{a^2 + 2ab + b^2 - 4ab}{4(a+b)} \\ &= \frac{a^2 - 2ab + b^2}{4(a+b)} \\ &= \frac{(a-b)^2}{4(a+b)}. \end{aligned}$$

Comme a et b sont strictement positifs, il en est de même pour $a + b$.

Le numérateur est un carré, il est donc positif. Par conséquent, on a $\dfrac{(a-b)^2}{4(a+b)} \geqslant 0$, c'est-à-dire $\dfrac{a+b}{4} - \dfrac{ab}{a+b} \geqslant 0$.

On en déduit finalement que :

$$\frac{a+b}{4} \geqslant \frac{ab}{a+b}.$$

b. L'égalité se produit dès lors que la différence calculée ci-avant est nulle.

Or, $\dfrac{(a-b)^2}{4(a+b)}=0$ lorsque $a=b$.

Ainsi, on a $\dfrac{a+b}{4}=\dfrac{ab}{a+b}$ si, et seulement si, $a=b$.

22 **a.** Rappelons que le volume d'une sphère de rayon r est $\dfrac{4}{3}\pi r^3$.

Comme $1{,}8 \leqslant r \leqslant 2{,}2$, on a :

$$1{,}8^3 \leqslant r^3 \leqslant 2{,}2^3\text{, c'est-à-dire } 5{,}832 \leqslant r^3 \leqslant 10{,}648.$$

On obtient finalement :

$\dfrac{4}{3}\times 3{,}1\times 5{,}832 \leqslant \dfrac{4}{3}\pi r^3 \leqslant \dfrac{4}{3}\times 3{,}2\times 10{,}648$, soit $24{,}11 \leqslant V \leqslant 45{,}44$

(en cm^3, avec deux décimales)

b. Comme $R=7{,}5$ cm à 1 mm près, on obtient l'encadrement (en mm) :

$$74 \leqslant R \leqslant 76.$$

c. L'épaisseur de la coque est la différence des rayons $R-r$.

Or, $1{,}8 \leqslant r \leqslant 2{,}2$, soit en millimètres $18 \leqslant r \leqslant 22$.

On a donc $-22 \leqslant -r \leqslant -18$, puis $74+(-22) \leqslant R+(-r) \leqslant 76+(-18)$,

c'est-à-dire : $52 \leqslant R-r \leqslant 58$.

23 Rappelons que $|x| = \begin{cases} x & \text{si } x>0 \\ -x & \text{si } x<0 \end{cases}$. Par conséquent :

$$x+|x| = \begin{cases} 2x & \text{si } x>0 \\ 0 & \text{si } x<0 \end{cases}.$$

En divisant par $2x$, il vient :

$$\frac{x+|x|}{2x} = \begin{cases} 1 & \text{si } x>0 \\ 0 & \text{si } x<0 \end{cases}.$$

On a donc bien $B \in \{0\,;\,1\}$.

24 1. **a.** $|x-4| = \begin{cases} x-4 & \text{si } x \geqslant 4 \\ -x+4 & \text{si } x \leqslant 4 \end{cases}$

b. $|2x-10| = \begin{cases} 2x-10 & \text{si } x \geqslant 5 \\ -2x+10 & \text{si } x \leqslant 5 \end{cases}$

et $|-4x+12| = \begin{cases} -4x+12 & \text{si } x \leqslant 3 \\ 4x-12 & \text{si } x \geqslant 3 \end{cases}$.

2. **a.** Si $x = 6$, alors $A = |6-4| + |12-10| + |-24+12|$
$= |2| + |2| + |-12| = 2 + 2 + 12 = 16$.

b. Si $x \in \left]-\infty\,;\,3\right]$, alors $A = |x-4| + |2x-10| + |-4x+12|$
$= -x + 4 - 2x + 10 - 4x + 12$
$= -7x + 26$.

Si $x \in [3\,;\,4]$, alors $A = |x-4| + |2x-10| + |-4x+12|$
$= -x + 4 - 2x + 10 + 4x - 12 = x + 2$.

Si $x \in [4\,;\,5]$, alors $A = |x-4| + |2x-10| + |-4x+12|$
$= x - 4 - 2x + 10 + 4x - 12 = 3x - 6$.

Si $x \in \left[5\,;\,+\infty\right[$, alors $A = |x-4| + |2x-10| + |-4x+12|$
$= x - 4 + 2x - 10 + 4x - 12 = 7x - 26$.

• Si $x \in \left]-\infty\,;\,3\right]$: on a $-7x + 26 = 20$ lorsque $-7x = -6$, c'est-à-dire $x = \frac{6}{7}$.

Ce nombre est bien dans $\left]-\infty\,;\,3\right]$, donc il convient.

• Si $x \in [3\,;\,4]$: on a $x + 2 = 20$ lorsque $x = 18$. Ce nombre n'est pas dans $[3\,;\,4]$, donc il ne convient pas.

• Si $x \in [4\,;\,5]$: on a $3x - 6 = 20$ lorsque $3x = 26$, c'est-à-dire $x = \frac{26}{3}$. Ce nombre n'est pas dans $[4\,;\,5]$, donc il ne convient pas.

• Si $x \in \left[5\,;\,+\infty\right[$: on a $7x - 26 = 20$ lorsque $7x = 46$, c'est-à-dire : $x = \frac{46}{7}$. Ce nombre est bien dans $\left[5\,;\,+\infty\right[$, donc il convient.

En conclusion, les deux seules valeurs de x telles que $A = 20$ sont $\frac{6}{7}$ et $\frac{46}{7}$.

25 1. **Vrai**. Si $a \in \left]0\,;\,1\right[$, alors $-a < 0$, alors que a^2, a et $\frac{1}{a}$ sont positifs. De plus, pour tout $a \in \left]0\,;\,1\right[$, on a :

$$a^2 < a < 1 \text{, alors que } \frac{1}{a} > 1.$$

2. **Faux**. On a $31{,}5 \leqslant M \leqslant 31{,}7$ et $28{,}3 \leqslant M' = 28{,}5$, d'où $-28{,}5 \leqslant M' = -28{,}3$ et finalement $31{,}5 - 28{,}5 \leqslant M - M' \leqslant 31{,}7 - 28{,}3$, soit $3 < m < 3{,}4$.

3. **Faux**. Le premier nombre est négatif, puisque $3 < \sqrt{11}$, alors que le second est positif.

4. **Faux**. On a $|x+5| = |x-(-5)|$, c'est la distance entre le point d'abscisse x et le point d'abscisse -5.

5. **Vrai**. Voir résultat du cours pour l'équation $|x| = a$ avec a positif.

6. **Faux**. On sait que $-2 < x < 3$, donc x peut être égal à 0. Ainsi, $0 \leqslant x^2 < 9$.

7. **Faux**. On a $2 < x < 5$ et $3 < -y < 4$, d'où $2 \times 3 < x \times (-y) < 5 \times 4$, soit $6 < -xy < 20$. On en déduit que $-20 < xy < -6$.

8. **Faux**. $3|-\sqrt{2}+4|-2|\sqrt{2}-3| = 3(-\sqrt{2}+4)-2(-\sqrt{2}+3) = -\sqrt{2}+6$.
9. **Faux**. $|x+3| = 5 \Leftrightarrow x+3=5$ ou $x+3=-5 \Leftrightarrow x=2$ ou $x=-8$.
10. **Vrai**. $|x+5| \leqslant 9 \Leftrightarrow -9 \leqslant x+5 \leqslant 9 \Leftrightarrow -9-5 \leqslant x \leqslant 9-5$
$\Leftrightarrow x \in [-14\ ;\ 4]$.

26 1. Réponse **b.** : $]4\ ;\ 5[$.
2. Réponse **a.** : $\mathbb{R}^-$.
3. Réponse **d.** : $]-6\ ;\ 2[$.
4. Réponse **b.** : $]-\infty\ ;\ -4[\ \cup\ ]4\ ;\ +\infty[$.
5. Réponse **b.** : $x \in\ ]1{,}9\ ;\ 2{,}1[$ signifie que la distance entre x et 2 est strictement inférieure à 0,1.

27 $A = |1-3\sqrt{2}| = -1+3\sqrt{2}$, car $1-3\sqrt{2} < 0$.
$B = |-5-4-3-2-1| = |-15| = 15$.

28 **a.** $|x| = |-3| \Leftrightarrow |x| = 3 \Leftrightarrow x=-3$ ou $x=3$.
b. $|3-5x| = 7 \Leftrightarrow 3-5x=-7$ ou $3-5x=7 \Leftrightarrow -5x=-10$
ou $-5x=4 \Leftrightarrow x=2$ ou $x=-\dfrac{4}{5}$.
c. $|4-2x| = |3x-1| \Leftrightarrow 4-2x=3x-1$
ou $4-2x=-3x+1 \Leftrightarrow -5x=-5$ ou $x=-3 \Leftrightarrow x=1$ ou $x=-3$.
d. $|x+4| \geqslant 2 \Leftrightarrow x+4 \leqslant -2$ ou $x+4 \geqslant 2 \Leftrightarrow x \leqslant -6$
ou $x \geqslant -2 \Leftrightarrow x \in\ ]-\infty\ ;\ -6] \cup [-2\ ;\ +\infty[$.
e. $|5{,}5-x| < 1{,}1 \Leftrightarrow -1{,}1 < 5{,}5-x < 1{,}1 \Leftrightarrow -6{,}6 < -x < -4{,}4$
$\Leftrightarrow 4{,}4 < x < 6{,}6 \Leftrightarrow x \in\ ]4{,}4\ ;\ 6{,}6[$.

29 • $2+(-4) < x+y < 3+(-3)$, d'où $-2 < x+y < 0$.
• $3 < -y < 4$, donc $2+3 < x+(-y) < 3+4$, soit $5 < x-y < 7$.
• $3 < -y < 4$, donc $2\times 3 < x\times(-y) < 3\times 4$, soit $6 < -xy < 12$, et finalement $-12 < xy < -6$.
• $3 < -y < 4$, donc $\dfrac{1}{4} < \dfrac{1}{-y} < \dfrac{1}{3}$, d'où $2\times\dfrac{1}{4} < x\times\dfrac{1}{-y} < 3\times\dfrac{1}{3}$, soit $\dfrac{1}{2} < -\dfrac{x}{y} < 1$, et finalement $-1 < \dfrac{x}{y} < -\dfrac{1}{2}$.

30 **a.** $17 > 16$, donc $\sqrt{17} > \sqrt{16}$, c'est-à-dire $\sqrt{17} > 4$.
On en déduit que $\dfrac{\sqrt{17}}{4} > 1$.

b. Tout d'abord, on constate que $a^2 = \left(\dfrac{\sqrt{17}}{4}\right)^2 = \dfrac{17}{16} = b$ et $c = \dfrac{1}{a}$.

Étant donné que $a > 1$, on a $\frac{1}{a} < 1$. De plus, on a $a < a^2$. On en déduit que $\frac{1}{a} < a < a^2$, soit $c < a < b$.

31 Notons $a = \sqrt{3} - 1$ et $b = \sqrt{4 - \sqrt{3}}$.
On a $a^2 = (\sqrt{3} - 1)^2 = 3 + 1 - 2\sqrt{3} = 4 - 2\sqrt{3}$
et $b^2 = (\sqrt{4 - \sqrt{3}})^2 = 4 - \sqrt{3}$.
On peut commencer par $\sqrt{3} < 2\sqrt{3}$ qui implique $-2\sqrt{3} < -\sqrt{3}$, d'où $4 - 2\sqrt{3} < 4 - \sqrt{3}$.
On a donc $a^2 < b^2$. Comme a et b sont tous deux positifs, ils sont rangés dans le même ordre que leurs carrés, et on conclut : $a < b$ ou encore $\sqrt{3} - 1 < \sqrt{4 - \sqrt{3}}$.

32 On a
$$C^2 = (\sqrt{21} + \sqrt{10})^2 = 21 + 2 \times \sqrt{21} \times \sqrt{10} + 10 = 31 + 2\sqrt{210}$$
et $D^2 = (\sqrt{6} + \sqrt{35})^2 = 6 + 2 \times \sqrt{6} \times \sqrt{35} + 35 = 41 + 2\sqrt{210}$.
Comme $31 < 41$, on en déduit que :
$$31 + 2\sqrt{210} < 41 + 2\sqrt{210}, \text{ c'est-à-dire } C^2 < D^2.$$
Or, C et D sont deux nombres positifs et l'on sait que deux nombres positifs et leurs carrés sont rangés dans le même ordre.
On en déduit que $C < D$.

33 Tout d'abord, on factorise : $x^2 - x = x(x - 1)$.
Comme $x \in \,]0\,;\,1[$, on a x strictement positif, et $x - 1$ strictement négatif.
Le produit des deux est donc strictement négatif. On a donc :
$x^2 - x < 0$, c'est-à-dire $x^2 < x$, pour tout $x \in \,]0\,;\,1[$.

34 **a.** Le carré de $\frac{\sqrt{3}}{2}$ est $\frac{3}{4}$. On sait que des nombres positifs et leurs racines carrées sont rangés dans le même ordre.
Comme $0 < \frac{3}{4} < 1$, on peut écrire $\sqrt{0} < \sqrt{\frac{3}{4}} < \sqrt{1}$, d'où $0 < \frac{\sqrt{3}}{2} < 1$.

b. On remarque que le troisième nombre est $\frac{3\sqrt{3}}{8} = \frac{3}{4} \times \frac{\sqrt{3}}{2} = \left(\frac{\sqrt{3}}{2}\right)^3$. De plus, le deuxième nombre est le carré de $\frac{\sqrt{3}}{2}$.

Or, puisque $0 < \frac{\sqrt{3}}{2} < 1$, on a :

$$\left(\frac{\sqrt{3}}{2}\right)^3 < \left(\frac{\sqrt{3}}{2}\right)^2 < \frac{\sqrt{3}}{2}, \text{ c'est-à-dire } \frac{3\sqrt{3}}{8} < \frac{3}{4} < \frac{\sqrt{3}}{2}.$$

Pour le quatrième nombre, il s'agit de l'inverse de $\frac{\sqrt{3}}{2}$. Ce nombre est supérieur à 1, contrairement aux trois autres. Finalement, on obtient :

$$\frac{3\sqrt{3}}{8} < \frac{3}{4} < \frac{\sqrt{3}}{2} < \frac{2}{\sqrt{3}}.$$

35 **a.** On a $P = 2\pi R$.
Avec les encadrements $3{,}14 < \pi < 3{,}15$ et $2{,}8 \leqslant R \leqslant 2{,}9$, on en déduit :

$$2 \times 3{,}14 \times 2{,}8 < 2\pi R < 2 \times 3{,}15 \times 2{,}9,$$

c'est-à-dire $17{,}584 < 2\pi R < 18{,}27$.
Les nombres obtenus s'expriment en cm.
b. On a $\mathcal{A} = \pi R^2 - \pi r^2 = \pi(R^2 - r^2)$.
Avec l'encadrement $2{,}8 \leqslant R \leqslant 2{,}9$, on en déduit :

$$(2{,}8)^2 \leqslant R^2 \leqslant (2{,}9)^2, \text{ c'est-à-dire } 7{,}84 \leqslant R^2 \leqslant 8{,}41.$$

Avec l'encadrement $2{,}1 \leqslant r \leqslant 2{,}2$, on en déduit :

$$(2{,}1)^2 \leqslant r^2 \leqslant (2{,}2)^2, \text{ c'est-à-dire } 4{,}41 \leqslant r^2 \leqslant 4{,}84.$$

On en déduit que $-4{,}84 \leqslant -r^2 \leqslant -4{,}41$, d'où :

$$7{,}84 - 4{,}84 \leqslant R^2 - r^2 \leqslant 8{,}41 - 4{,}41, \text{ c'est-à-dire } 3 \leqslant R^2 - r^2 \leqslant 4.$$

Avec l'encadrement $3{,}14 < \pi < 3{,}15$, on conclut :

$$3 \times 3{,}14 < \pi(R^2 - r^2) < 4 \times 3{,}15, \text{ soit } 9{,}42 < \mathcal{A} < 12{,}6.$$

Les nombres obtenus s'expriment en cm^2.

36 **a.** On a $a + \frac{1}{a} - 2 = \frac{a^2}{a} + \frac{1}{a} - \frac{2a}{a} = \frac{a^2 - 2a + 1}{a} = \frac{(a-1)^2}{a}$.
Le numérateur est un carré, le dénominateur est un nombre strictement positif. Le quotient est donc toujours positif. Cela signifie que pour tout nombre a strictement positif, on a $a + \frac{1}{a} - 2 \geqslant 0$. Par conséquent, $a + \frac{1}{a} \geqslant 2$.

b. Il y a égalité dès lors que $\frac{(a-1)^2}{a} = 0$, c'est-à-dire $a = 1$.

c. Si a est strictement négatif, $\frac{(a-1)^2}{a}$ est négatif, donc l'inégalité n'est plus vraie.

37 Puisque $-\sqrt{2} + 4 > 0$, on a $|-\sqrt{2} + 4| = -\sqrt{2} + 4$.
Et puisque $4\sqrt{2} - 11 < 0$, on a $|4\sqrt{2} - 11| = -(4\sqrt{2} - 11) = -4\sqrt{2} + 11$.

Par conséquent :

$$A = 6|-\sqrt{2}+4| - 5|4\sqrt{2}-11|$$
$$= 6(-\sqrt{2}+4) - 5(-4\sqrt{2}+11)$$
$$= -6\sqrt{2} + 24 + 20\sqrt{2} - 55$$
$$= 14\sqrt{2} - 31 .$$

38 On obtient successivement :

$$7 - 4x = 2x + 10 \quad \text{ou} \quad 7 - 4x = -2x - 10$$
$$\Leftrightarrow -6x = 3 \quad \text{ou} \quad -2x = -17$$
$$\Leftrightarrow x = -\frac{1}{2} \quad \text{ou} \quad x = \frac{17}{2} .$$

39 1. L'inégalité $-8 \leqslant x$ s'écrit $x \in [-8 ; +\infty[$.

2. Un intervalle ouvert de longueur 7 dont une borne est 13 est $]13 ; 20[$. (une autre possibilité est $]6 ; 13[$).

3. $I \cup J =]-\infty ; +\infty[$ et $I \cap J =]0 ; 1]$.

4. **a.** L'intervalle fermé de centre -1 et de rayon 2 est $[-3 ; 1]$.

b. On a $x \in [-3 ; 1]$, ou encore $x \in [-1-2 ; -1+2]$.

Cela signifie que la distance entre les nombres x et (-1) est inférieure ou égale à 2. Cela s'écrit :

$$|x-(-1)| \leqslant 2 \text{, c'est-à-dire } |x+1| \leqslant 2 .$$

4

Calculs algébriques

I ÉQUATIONS

On peut à chaque membre d'une équation ajouter ou retrancher un même nombre.

On peut aussi multiplier ou diviser par un même nombre, **si celui-ci n'est pas nul**.

En effectuant ces manipulations, on obtient des équations différentes, mais qui ont les mêmes solutions. On dit qu'elles sont équivalentes.

Entre deux équations équivalentes, on peut utiliser le symbole $\Leftrightarrow$.

1. Équations produits

Théorème

Un produit de facteurs est nul si, et seulement si, l'un des facteurs au moins est nul.

En d'autres termes, avec a et b deux réels quelconques :

$$ab = 0 \Leftrightarrow a = 0 \text{ ou } b = 0.$$

2. Équations quotients

Théorème

Un quotient est nul si, et seulement si, le numérateur est nul et le dénominateur n'est pas nul.

En d'autres termes, avec a et b deux réels quelconques :

$$\frac{a}{b} = 0 \Leftrightarrow a = 0 \text{ et } b \neq 0.$$

3. Produit en croix

Un produit en croix est possible dès lors que l'on est présence d'une égalité de deux fractions.

Théorème

Soit a, b, c et d quatre nombres réels quelconques tels que $b \neq 0$ et $d \neq 0$.

$$\frac{a}{b} = \frac{c}{d} \Leftrightarrow ad = bc.$$

II INÉQUATIONS

1. Signe de $ax + b$

Si $a \neq 0$, le nombre $ax + b$ s'annule en $-\dfrac{b}{a}$.

1er cas : $a > 0$

Si $x \in \left]-\infty\ ;\ -\dfrac{b}{a}\right[$, alors $ax + b \leqslant 0$.

Si $x \in \left[-\dfrac{b}{a}\ ;\ +\infty\right[$, alors $ax + b \geqslant 0$.

2e cas : $a < 0$

Si $x \in \left]-\infty\ ;\ -\dfrac{b}{a}\right[$, alors $ax + b \geqslant 0$.

Si $x \in \left[-\dfrac{b}{a}\ ;\ +\infty\right[$, alors $ax + b \leqslant 0$.

2. Tableau de signes

À chaque fois qu'une expression se présente sous la forme factorisée :

$$(ax + b)(a'x + b') \text{ ou } \frac{ax + b}{a'x + b'},$$

il est possible d'utiliser les résultats ci-dessus pour chacun des termes, et de rassembler les résultats dans un tableau, de façon à appliquer la règle des signes.

Remarques pour remplir un tableau de signes

- Préciser les éventuelles valeurs interdites avant de faire le tableau.
- Ranger les valeurs de la première ligne dans l'ordre croissant.
- Ne pas oublier les 0 dans le tableau.
- Utiliser une double-barre dans le tableau pour indiquer les valeurs interdites.
- Donner une conclusion claire après le tableau.

EXERCICES D'APPLICATION

CALCUL LITTÉRAL

1
★ | 10 min | ▸ P. 74

Développer et réduire les expressions suivantes :

a. $-5(4x-7)$

b. $(-4x-3)(5x-1)$

c. $(x+3)(-x+2)(5x-1)$

d. $-3(2-7x)(3x-2)$

2
★ | 10 min | ▸ P. 74

Développer les expressions suivantes :

a. $(x-2)^2$ **b.** $(3x+1)^2$ **c.** $(4x-7)^2$

d. $(5-2x)^2$ **e.** $(x-4)(x+4)$ **f.** $(5x-2)(5x+2)$

g. $(1-4x^2)(1+4x^2)$

RÉSOLUTION D'ÉQUATIONS

3
★ | 10 min | ▸ P. 74

Résoudre dans $\mathbb{R}$:

a. $x^2+x-8=(x-1)(x+7)$ **b.** $4(x+5)(x-2)=4x^2$

4
★ | 5 min | ▸ P. 74

Résoudre dans $\mathbb{R}$:

a. $(3x-2)(2x+5)=0$ **b.** $-5(1-5x)(x+2)^2=0$

5
★ | 5 min | ▸ P. 75

Résoudre dans $\mathbb{R}$:

a. $\dfrac{3x-2}{x+4}=0$ **b.** $\dfrac{x^2-100}{2x-1}=0$

c. $\dfrac{2x+1}{4x+1}=\dfrac{x+3}{2x-5}$ **d.** $x-1=\dfrac{1}{x+1}$

6 | ★ | 10 min | ▸ P. 75

Résoudre dans $\mathbb{R}$:

a. $(x-4)(3-2x) = (x-4)^2$ **b.** $2x(3x-1)-(5x+1)(3x-1)=0$

7 | ★ | 10 min | ▸ P. 75

Résoudre dans $\mathbb{R}$:

a. $x(x-2) = (x-1)^2$ **b.** $4(x+1) = (x+2)^2 - x^2$

ÉTUDE DE SIGNES

8 | ★ | 5 min | ▸ P. 76

Préciser le signe de :

a. $4x-7$ **b.** $-3x-5$ **c.** $-5(1+2x)^2$ **d.** x^2+5

9 | ★ | 20 min | ▸ P. 76

Étudier le signe des expressions suivantes :

$A(x) = (6x-1)(4x+3)$

$B(x) = -4(-3x+1)(-x-7)$

$C(x) = \dfrac{2x}{5-x}$

$D(x) = -4\,\dfrac{3-5x}{2-x}$

$E(x) = -5x^2(x-4)$

10 | ★ | 5 min | ▸ P. 78

Compléter le tableau de signes suivant en remplissant la première colonne. (Plusieurs réponses sont possibles.)

x	$-\infty$		1		4		$+\infty$
		+	|	−	|	−	
		−	|	−	|	+	
		−	|	+	|	−	

11

★ | 5 min | ▶ P. 78

Utiliser la conclusion donnée après ce tableau pour retrouver les éléments manquants (plusieurs réponses sont possibles) :

x	$-\infty$	0	2	$+\infty$
	$-$			
$A(x)$		||		

Ainsi, d'après ce tableau :

- si $x \in \,]-\infty\,;0[\,\cup\,]2\,;+\infty[$, alors $A(x) < 0$;
- si $x \in \,]0\,;2]$, alors $A(x) \geqslant 0$.

Résolution d'inéquations

12

★ | 5 min | ▶ P. 78

Résoudre les inéquations suivantes dans $\mathbb{R}$:

a. $(x-1)^2 \geqslant 0$ **b.** $(x-1)^2 > 0$

c. $(x-1)^2 \leqslant 0$ **d.** $(x-1)^2 < 0$

13

★ | 10 min | ▶ P. 78

Résoudre les inéquations suivantes dans $\mathbb{R}$:

a. $4x(x-2) > (2x-1)^2$ **b.** $(x-1)(-3x+15) > 0$

c. $-2(3-x)(-x+6) \leqslant 0$ **d.** $(6-x)(5-x) \leqslant 30$

EXERCICES D'ENTRAÎNEMENT

CALCUL LITTÉRAL

14
★★ | 30 min | ▸ P. 79

Factoriser les expressions suivantes :

a. $4x^2 + 6x$

b. $12x^4 - 16x^2 + 20x$

c. $(x + 1)(1 - 4x) + (x + 1)(2x - 3)$

d. $4(x + 1) + (x + 1)^2$

e. $(x + 1)^2 - 7(x + 1)(2x - 3)$

f. $4x(x + 3) - 2x^2(x + 3)$

g. $-(x - 4)^2 + (3 - x)(4 - x) - 5x(2x - 8)$

15
★★ | 15 min | ▸ P. 80

Mettre au même dénominateur les expressions suivantes :

a. $\frac{1}{x} + \frac{1}{x+1}$ **b.** $\frac{x}{x+3} - \frac{x-1}{x-4}$ **c.** $\frac{3}{x^2-1} + \frac{2}{x-1} - \frac{1}{x+1}$

16
★★ | 15 min | ▸ P. 80

Factoriser les expressions suivantes :

a. $9x^2 - 1$ **b.** $49 - 100x^2$ **c.** $(2x - 1)^2 - 16$

d. $(2x - 1)^2 - 16x^2$ **e.** $(2x - 1)^2 - (x - 4)^2$ **f.** $9(2x - 1)^2 - \frac{1}{16}(x - 4)^2$

RÉSOLUTION D'INÉQUATIONS

17
★★ | 10 min | ▸ P. 80

Résoudre les inéquations suivantes dans $\mathbb{R}$:

a. $\frac{3x-2}{x(-x+4)} \leqslant 0$ **b.** $\frac{-3x^2}{1+5x} \geqslant 0$

18
★★ | 15 min | ▸ P. 81

Résoudre les systèmes d'inéquations :

a. $\begin{cases} 3x + 1 < 25 \\ -8x \leqslant 4 \end{cases}$ **b.** $\begin{cases} -5 < 2x + 3 < 13 \\ -7x \geqslant 0 \end{cases}$

Contrôle

19 QCM

★ 6 points, 10 min ▸ P. 82

Pour chacune des questions, une seule proposition est exacte.

1. $100\,001^2 - 99\,999^2 = ...$:

a. 4. **b.** 8 000. **c.** 100 000. **d.** 400 000.

2. L'équation $x^4 = 81$ admet dans $\mathbb{R}$:

a. 0 solution.
b. une solution.
c. deux solutions.
d. quatre solutions.

3. L'inéquation $-5x < 0$ équivaut à :

a. $x < 5$. **b.** $x < \frac{1}{5}$. **c.** $x > -\frac{1}{5}$. **d.** $x > 0$.

4. Si $A(x) = 5(x^2 + 9)(2x + 1)^2$, alors :

a. pour tout $x \in \mathbb{R}$, $A(x) > 0$.
b. pour tout $x \in \mathbb{R}$, $A(x) \geqslant 0$.
c. $A(x)$ change de signe en -3 et en 3.
d. $A(x)$ change de signe en $-\frac{1}{2}$.

5. L'équation $\frac{2x-8}{x-6} = 0$ admet dans $\mathbb{R}$:

a. 0 solution. **b.** une solution : 2.
c. une solution : 4. **d.** deux solutions : 4 et 6.

6. $x^2 \leqslant 1\,000^2$ équivaut à :

a. $x \leqslant 1\,000$. **b.** $x \in [-1\,000 \,;\, 1\,000]$.
c. $x \in [0 \,;\, 1\,000]$. **d.** $x > 1\,000$.

20

★★ 2 points, 5 min ▸ P. 82

Résoudre dans $\mathbb{R}$ l'équation : $\frac{1}{x+1} - \frac{1}{x+4} = \frac{3}{x}$.

21

★ 2 points, 5 min ▸ P. 82

Résoudre dans $\mathbb{R}$ l'inéquation : $x(2x + 1) > 3x(1 - 3x)$.

22 Vrai ou Faux ? | ★ | 5 points, 5 min | ▸ p. 82

Dire si les affirmations suivantes sont vraies ou fausses.

1. $2x+4$ est positif sur $\mathbb{R}$.
2. $x^4 - y^4 = (x-y)(x+y)(x^2+y^2)$.
3. $x(x+2) < 2(x+2)$ équivaut à $x < 2$.
4. Pour tout $x \in \mathbb{R}\backslash\{-1\,;\,0\}$, $\dfrac{x+1}{x} - \dfrac{x}{x+1} = \dfrac{2x+1}{x(x+1)}$.
5. L'arrondi à l'unité du carré est égal au carré de l'arrondi à l'unité.

23 | ★ | 1 point, 5 min | ▸ p. 83

Résoudre dans $\mathbb{R}$ l'équation : $-3(x^2+2)(x-4)^2 = 0$.

24 | ★★ | 4 points, 10 min | ▸ p. 83

Résoudre dans $\mathbb{R}$ les inéquations :

a. $4 \leqslant \dfrac{7-2x}{3x} \leqslant 11$. **b.** $4x^3 < x$.

Contrôle

25

★★ 10 points, 30 min ▸ P. 83

Résoudre dans ℝ les équations suivantes :

a. $3(x+10)(8-3x)=4(8-3x)$

b. $4x^2-x+(4x-1)^2=2(1-4x)$

c. $(x-3)^2=\frac{4}{25}(2x-7)^2$

d. $\frac{8x(1-4x)}{4-5x}=0$

e. $\frac{3}{4x}=\frac{4x}{3}$.

26

★ 2 points, 5 min ▸ P. 84

Étudier le signe de $A(x)=\frac{-2x^2(-3x+5)}{x+2}$.

27

★★ 2 points, 5 min ▸ P. 85

Voici la conclusion d'une étude de signe :

Si $x \in \left]-\infty\,;-2\right] \cup \left[\frac{1}{4}\,;+\infty\right[$, alors $A(x) \geqslant 0$.

Si $x \in \left[-2\,;\frac{1}{4}\right]$, alors $A(x) \leqslant 0$.

Sachant que $A(x)$ est sous la forme $(ax+b)(a'x+b')$, proposer, en justifiant la réponse, une expression possible pour $A(x)$.

28

★★ 6 points, 15 min ▸ P. 85

Résoudre dans ℝ les inéquations suivantes :

a. $\frac{5-4x}{3x-5} \leqslant 2$

b. $\frac{x}{8} > \frac{8}{x}$

c. $-2(6-5x)(2x+7)<0$.

CORRIGÉS

1 **a.** $-5(4x-7)=-20x+35$.

b. $(-4x-3)(5x-1)=-20x^2+4x-15x+3$.
$=-20x^2-11x+3$.

c. $(x+3)(-x+2)(5x-1)=(-x^2+2x-3x+6)(5x-1)$
$=(-x^2-x+6)(5x-1)$
$=-5x^3+x^2-5x^2+x+30x-6$
$=-5x^3-4x^2+31x-6$.

d. $-3(2-7x)(3x-2)=-3(6x-4-21x^2+14x)$
$=-3(-21x^2+20x-4)$
$=63x^2-60x+12$.

2 **a.** $(x-2)^2=x^2-4x+4$.

b. $(3x+1)^2=9x^2+6x+1$.

c. $(4x-7)^2=16x^2-56x+49$.

d. $(5-2x)^2=4x^2-20x+25$

e. $(x-4)(x+4)=x^2-16$.

f. $(5x-2)(5x+2)=25x^2-4$.

g. $(1-4x^2)(1+4x^2)=1-16x^4$.

3 **a.** $x^2+x-8=(x-1)(x+7) \Leftrightarrow x^2+x-8=x^2-x+7x-7$
$\Leftrightarrow x-8=6x-7$
$\Leftrightarrow x-6x=-7+8$
$\Leftrightarrow -5x=1 \Leftrightarrow x=-\dfrac{1}{5}$.

b. $4(x+5)(x-2)=4x^2 \Leftrightarrow 4(x^2+5x-2x-10)=4x^2$
$\Leftrightarrow 4(x^2+3x-10)=4x^2$
$\Leftrightarrow x^2+3x-10=x^2$
$\Leftrightarrow 3x-10=0$
$\Leftrightarrow x=\dfrac{10}{3}$.

4 **a.** $(3x-2)(2x+5)=0 \Leftrightarrow 3x-2=0$ ou $2x+5=0$
$\Leftrightarrow x=\dfrac{2}{3}$ ou $x=-\dfrac{5}{2}$.

b. $-5(1-5x)(x+2)^2=0 \Leftrightarrow 1-5x=0$ ou $x+2=0$
$\Leftrightarrow x=\dfrac{1}{5}$ ou $x=-2$.

5 **a.** Valeur interdite : -4.

$$\frac{3x-2}{x+4}=0 \Leftrightarrow 3x-2=0$$
$$\Leftrightarrow x=\frac{2}{3}.$$

b. Valeur interdite : $\frac{1}{2}$.

$$\frac{x^2-100}{2x-1}=0 \Leftrightarrow x^2-100=0 \Leftrightarrow x^2=100 \Leftrightarrow x=10 \text{ ou } x=-10.$$

c. Valeurs interdites : $-\frac{1}{4}$ et $\frac{5}{2}$.

$$\frac{2x+1}{4x+1}=\frac{x+3}{2x-5} \Leftrightarrow (2x+1)(2x-5)=(4x+1)(x+3)$$
$$\Leftrightarrow 4x^2-10x+2x-5=4x^2+12x+x+3$$
$$\Leftrightarrow -8x-5=13x+3$$
$$\Leftrightarrow -21x=8$$
$$\Leftrightarrow x=-\frac{8}{21}.$$

d. Valeur interdite : -1.

$$x-1=\frac{1}{x+1} \Leftrightarrow (x-1)(x+1)=1 \Leftrightarrow x^2-1=1 \Leftrightarrow x^2=2$$
$$\Leftrightarrow x=\sqrt{2} \text{ ou } x=-\sqrt{2}.$$

6 **a.** $(x-4)(3-2x)=(x-4)^2 \Leftrightarrow (x-4)(3-2x)-(x-4)^2=0$
$$\Leftrightarrow (x-4)[(3-2x)-(x-4)]=0$$
$$\Leftrightarrow (x-4)(3-2x-x+4)=0$$
$$\Leftrightarrow (x-4)(-3x+7)=0$$
$$\Leftrightarrow x-4=0 \text{ ou } -3x+7=0$$
$$\Leftrightarrow x=4 \text{ ou } x=\frac{7}{3}.$$

b. $2x(3x-1)-(5x+1)(3x-1)=0 \Leftrightarrow (3x-1)[2x-(5x+1)]=0$
$$\Leftrightarrow (3x-1)(2x-5x-1)=0$$
$$\Leftrightarrow (3x-1)(-3x-1)=0$$
$$\Leftrightarrow 3x-1=0 \text{ ou } -3x-1=0$$
$$\Leftrightarrow x=\frac{1}{3} \text{ ou } x=-\frac{1}{3}.$$

7 **a.** $x(x-2)=(x-1)^2 \Leftrightarrow x^2-2x=x^2-2x+1 \Leftrightarrow 0=1$.
Cette équation n'a pas de solution.
b. $4(x+1)=(x+2)^2-x^2 \Leftrightarrow 4x+4=x^2+4x+4-x^2 \Leftrightarrow 0=0$.
Tout nombre réel est solution de cette équation.

8 **a.** $4x-7$ s'annule en $\frac{7}{4}$.

Si $x \leqslant \frac{7}{4}$, alors $4x-7 \leqslant 0$. Si $x \geqslant \frac{7}{4}$, alors $4x-7 \geqslant 0$.

b. $-3x-5$ s'annule en $-\frac{5}{3}$.

Si $x \leqslant -\frac{5}{3}$, alors $-3x-5 \geqslant 0$. Si $x \geqslant -\frac{5}{3}$, alors $-3x-5 \leqslant 0$.

c. $-5(1+2x)^2$ est le produit d'un nombre négatif par un carré, qui est toujours positif. Donc pour tout $x \in \mathbb{R}$, $-5(1+2x)^2 \leqslant 0$.

d. x^2+5 est la somme d'un carré, toujours positif, et d'un nombre positif. Par conséquent, pour tout $x \in \mathbb{R}$, $x^2+5>0$.

9 **a.**

x	$-\infty$		$-\frac{3}{4}$		$\frac{1}{6}$		$+\infty$
$6x-1$		$-$	|	$-$	0	$+$	
$4x+3$		$-$	0	$+$	|	$+$	
$A(x)$		$+$	0	$-$	0	$+$	

Conclusion : si $x \in \left]-\infty\,;-\frac{3}{4}\right] \cup \left[\frac{1}{6}\,;+\infty\right[$, alors $A(x) \geqslant 0$.

Si $x \in \left[-\frac{3}{4}\,;\frac{1}{6}\right]$, alors $A(x) \leqslant 0$.

b. $B(x) = -4(-3x+1)(-x-7) = 4(3x-1)(-x-7)$

x	$-\infty$		-7		$\frac{1}{3}$		$+\infty$
$4(3x-1)$		$-$	|	$-$	0	$+$	
$-x-7$		$+$	0	$-$	|	$-$	
$B(x)$		$-$	0	$+$	0	$-$	

Conclusion : si $x \in]-\infty\,;-7] \cup \left[\frac{1}{3}\,;+\infty\right[$, alors $B(x) \leqslant 0$.

Si $x \in \left[-7\,;\frac{1}{3}\right]$, alors $B(x) \geqslant 0$.

c. Valeur interdite : 5.

x	$-\infty$		0		5		$+\infty$
$2x$		$-$	0	$+$	|	$+$	
$5-x$		$+$	|	$+$	0	$-$	
$C(x)$		$-$	0	$+$	||	$-$	

Conclusion : si $x \in \,]-\infty\,;\,0] \cup \,]5\,;\,+\infty[$, alors $C(x) \leqslant 0$.
Si $x \in [0\,;\,5[$, alors $C(x) \geqslant 0$.
d. Valeur interdite : 2.

$D(x) = -4\,\dfrac{3-5x}{2-x} = \dfrac{4(-3+5x)}{2-x}$

x	$-\infty$		$\frac{3}{5}$		2		$+\infty$
$4(-3+5x)$		$-$	0	$+$	|	$+$	
$2-x$		$+$	|	$+$	0	$-$	
$D(x)$		$-$	0	$+$	||	$-$	

Conclusion : si $x \in \left]-\infty\,;\,\dfrac{3}{5}\right] \cup \,]2\,;\,+\infty[$, alors $D(x) \leqslant 0$.

Si $x \in \left[\dfrac{3}{5}\,;\,2\right[$, alors $D(x) \geqslant 0$.

x	$-\infty$		0		4		$+\infty$
$-5x^2$		$-$	0	$-$	|	$-$	
$x-4$		$-$	|	$-$	0	$+$	
$E(x)$		$+$	0	$+$	0	$-$	

Conclusion : si $x \in \,]-\infty\,;\,4]$, alors $E(x) \geqslant 0$. Si $x \in [4\,;\,+\infty[$, alors $E(x) \leqslant 0$.

10

x	$-\infty$		1		4		$+\infty$
$-x+1$		+	0	−	|	−	
$x-4$		−	|	−	0	+	
$(-x+1)(x-4)$		−	0	+	0	−	

11

x	$-\infty$		0		2		$+\infty$
$-x+2$		+	|	+	0	−	
x		−	0	+	|	+	
$A(x)=\dfrac{2-x}{x}$		−	||	+	0	−	

12 **a.** Un carré est toujours positif. Cette inéquation est vérifiée pour tout $x \in \mathbb{R}$.

b. Cette inéquation est vérifiée pour tout $x \in \mathbb{R}$, sauf 1. L'ensemble des solutions est $]-\infty\,;1[\cup]1\,;+\infty[$.

c. Cette inéquation n'est vérifiée que par un seul réel, le nombre 1.

d. Cette inéquation n'est vérifiée par aucun réel.

13 **a.**
$$\begin{aligned} 4x(x-2) > (2x-1)^2 &\Leftrightarrow 4x^2-8x > 4x^2-4x+1 \\ &\Leftrightarrow -8x > -4x+1 \\ &\Leftrightarrow -4x > 1 \\ &\Leftrightarrow x < -\frac{1}{4}. \end{aligned}$$

Les solutions de cette inéquation sont les réels de l'intervalle $\left]-\infty\,;-\frac{1}{4}\right[$.

b.

x	$-\infty$		1		5		$+\infty$
$x-1$		−	0	+	|	+	
$-3x+15$		+	|	+	0	−	
$(x-1)(-3x+15)$		−	0	+	0	−	

Conclusion : $(x-1)(-3x+15) > 0 \Leftrightarrow x \in]1\,;5[$.

c.
$$\begin{aligned} -2(3-x)(-x+6) \leqslant 0 &\Leftrightarrow 2(3-x)(x-6) \leqslant 0 \\ &\Leftrightarrow 2(x-3)(x-6) \geqslant 0 \end{aligned}$$

x	$-\infty$		3		6		$+\infty$
$2(x-3)$		$-$	0	$+$	|	$+$	
$x-6$		$-$	|	$-$	0	$+$	
$2(x-3)(x-6)$		$+$	0	$-$	0	$+$	

Conclusion :
$2(x-3)(x-6) \geqslant 0 \Leftrightarrow x \in]-\infty\,;3] \cup [6\,;+\infty[$.

d. $(6-x)(5-x) \leqslant 30 \Leftrightarrow 30-6x-5x+x^2 \leqslant 30$
$\Leftrightarrow -11x+x^2 \leqslant 0$
$\Leftrightarrow x(x-11) \leqslant 0$

x	$-\infty$		0		11		$+\infty$
x		$-$	0	$+$	|	$+$	
$x-11$		$-$	|	$-$	0	$+$	
$x(x-11)$		$+$	0	$-$	0	$+$	

Conclusion :
$x(x-11) \leqslant 0 \Leftrightarrow x \in [0\,;11]$.

14 **a.** $4x^2+6x=2x(2x+3)$.

b. $12x^4-16x^2+20x=4x(3x^3-4x+5)$.

c. $(x+1)(1-4x)+(x+1)(2x-3)=(x+1)(1-4x+2x-3)$
$=(x+1)(-2-2x)$
$=-2(x+1)(1+x)$
$=-2(x+1)^2$.

d. $4(x+1)+(x+1)^2=(x+1)(4+x+1)=(x+1)(x+5)$
$=(x+1)(x+5)$.

e. $(x+1)^2-7(x+1)(2x-3)=(x+1)[(x+1)-7(2x-3)]$
$=(x+1)(x+1-14x+21)$
$=(x+1)(-13x+22)$.

f. $4x(x+3)-2x^2(x+3)=(x+3)(4x-2x^2)=2x(x+3)(2-x)$
$=2x(x+3)(2-x)$.

g. $-(x-4)^2+(3-x)(4-x)-5x(2x-8)$
$=-(x-4)^2-(3-x)(x-4)-10x(x-4)$
$=(x-4)[-(x-4)-(3-x)-10x]$
$=(x-4)(-x+4-3+x-10x)$
$=(x-4)(1-10x)$.

15 **a.** $\frac{1}{x} + \frac{1}{x+1} = \frac{x+1}{x(x+1)} + \frac{x}{x(x+1)}$

$$= \frac{2x+1}{x(x+1)}.$$

b. $\frac{x}{x+3} - \frac{x-1}{x-4} = \frac{x(x-4)}{(x+3)(x-4)} - \frac{(x+3)(x-1)}{(x+3)(x-4)}$

$$= \frac{x^2-4x-(x^2-x+3x-3)}{(x+3)(x-4)}$$

$$= \frac{x^2-4x-x^2+x-3x+3}{(x+3)(x-4)} = \frac{-6x+3}{(x+3)(x-4)}.$$

c.

$$\frac{3}{x^2-1} + \frac{2}{x-1} - \frac{1}{x+1} = \frac{3}{(x-1)(x+1)} + \frac{2(x+1)}{(x-1)(x+1)} - \frac{(x-1)}{(x-1)(x+1)}$$

$$= \frac{3+2x+2-x+1}{(x-1)(x+1)} = \frac{x+6}{(x-1)(x+1)}.$$

16 **a.** $9x^2 - 1 = (3x-1)(3x+1)$

b. $49 - 100x^2 = (7-10x)(7+10x)$.

c. $(2x-1)^2 - 16 = (2x-1-4)(2x-1+4) = (2x-5)(2x+3)$.

d. $(2x-1)^2 - 16x^2 = (2x-1-4x)(2x-1+4x) = (-2x-1)(6x-1)$.

e. $(2x-1)^2 - (x-4)^2 = [(2x-1)-(x-4)][(2x-1)+(x-4)]$

$$= (2x-1-x+4)(2x-1+x-4)$$

$$= (x+3)(3x-5).$$

f. $9(2x-1)^2 - \frac{1}{16}(x-4)^2 = [3(2x-1)]^2 - \left[\frac{1}{4}(x-4)\right]^2$

$$= (6x-3)^2 - \left(\frac{1}{4}x-1\right)^2$$

$$= \left[(6x-3) - \left(\frac{1}{4}x-1\right)\right]\left[(6x-3) + \left(\frac{1}{4}x-1\right)\right]$$

$$= \left(6x-3-\frac{1}{4}x+1\right)\left(6x-3+\frac{1}{4}x-1\right)$$

$$= \left(\frac{23}{4}x-2\right)\left(\frac{25}{4}x-4\right)$$

$$= \frac{1}{16}(23x-8)(25x-16).$$

17 **a.** $\frac{3x-2}{x(-x+4)} \leqslant 0$.

Valeurs interdites : 0 et 4.

x	$-\infty$		0		$\frac{2}{3}$		4		$+\infty$
$3x-2$		$-$		$-$	0	$+$		$+$	
x		$-$	0	$+$		$+$		$+$	
$-x+4$		$+$		$+$		$+$	0	$-$	
$\dfrac{3x-2}{x(-x+4)}$		$+$	‖	$-$	0	$+$	‖	$-$	

Conclusion :

$$\frac{3x-2}{x(-x+4)} \leqslant 0 \Leftrightarrow x \in \left]0\,;\frac{2}{3}\right] \cup \left]4\,;+\infty\right[.$$

b. Valeur interdite : $-\frac{1}{5}$.

$$\frac{-3x^2}{1+5x} \geqslant 0 \Leftrightarrow \frac{3x^2}{1+5x} \leqslant 0$$

x	$-\infty$		$-\frac{1}{5}$		0		$+\infty$
$3x^2$		$+$		$+$	0	$+$	
$1+5x$		$-$	0	$+$		$+$	
$\dfrac{3x^2}{1+5x}$		$-$	‖	$+$	0	$+$	

Conclusion : $\dfrac{3x^2}{1+5x} \leqslant 0 \Leftrightarrow x \in \left]-\infty\,;-\frac{1}{5}\right] \cup \{0\}$.

18 **a.** $\begin{cases} 3x+1<25 \\ -8x \leqslant 4 \end{cases} \Leftrightarrow \begin{cases} 3x<24 \\ x \geqslant -\frac{1}{2} \end{cases} \Leftrightarrow \begin{cases} x<8 \\ x \geqslant -\frac{1}{2} \end{cases}$

Les nombres réels vérifiant les deux inégalités sont dans l'intervalle $\left[-\frac{1}{2}\,;8\right[$.

b. $\begin{cases} -5<2x+3<13 \\ -7x \geqslant 0 \end{cases} \Leftrightarrow \begin{cases} -5-3<2x<13-3 \\ x \leqslant 0 \end{cases}$

$\Leftrightarrow \begin{cases} -8<2x<10 \\ x \leqslant 0 \end{cases} \Leftrightarrow \begin{cases} -4<x<5 \\ x \leqslant 0 \end{cases}$

Les nombres réels vérifiant les deux inégalités sont dans l'intervalle $]-4\,;0]$.

19 1. Réponse **d.**

$$100\,001^2 - 99\,999^2 = (100\,000 + 1)^2 - (100\,000 - 1)^2 = 2 \times 200\,000 = 400\,000\,.$$

2. Réponse **c.** $x^4 = 81 \Leftrightarrow x^2 = 9 \Leftrightarrow x = -3$ ou $x = 3$.

3. Réponse **d.** $-5x < 0 \Leftrightarrow x > \dfrac{0}{-5} \Leftrightarrow x > 0$.

4. Réponse **b.** $5(x^2+9) > 0$ et $(2x+1)^2 \geqslant 0$.

5. Réponse **c.** $\dfrac{2x-8}{x-6} = 0 \Leftrightarrow 2x - 8 = 0$ et $x \neq 6 \Leftrightarrow x = 4$.

6. Réponse **b.** $x^2 \leqslant 1\,000^2 \Leftrightarrow x \in [-1\,000\,;\,1\,000]$.

20 Pour tout $x \in \mathbb{R}\backslash\{-4\,;-1\,;0\}$:

$$\frac{1}{x+1} - \frac{1}{x+4} = \frac{3}{x} \Leftrightarrow \frac{x+4}{(x+1)(x+4)} - \frac{x+1}{(x+1)(x+4)} = \frac{3}{x}$$

$$\Leftrightarrow \frac{3}{(x+1)(x+4)} = \frac{3}{x} \Leftrightarrow (x+1)(x+4) = x$$

et $(x+1)(x+4) = x \Leftrightarrow x^2 + x + 4x + 4 = x \Leftrightarrow x^2 + 4x + 4 = 0$

$$\Leftrightarrow (x+2)^2 = 0 \Leftrightarrow x = -2$$

21 Pour tout $x \in \mathbb{R}$:

$$x(2x+1) > 3x(1-3x) \Leftrightarrow x(2x+1) - 3x(1-3x) > 0$$

$$\Leftrightarrow x(2x+1-3+9x) > 0 \Leftrightarrow x(11x-2) > 0\,.$$

x	$-\infty$	0	$\frac{2}{11}$	$+\infty$
x	$-$	$+$	$+$	
$11x-2$	$-$	$-$	$+$	
$x(11x-2)$	$+$	$-$	$+$	

Conclusion : $x(11x-2) > 0 \Leftrightarrow x \in]-\infty\,;0[\cup \left]\dfrac{2}{11}\,;+\infty\right[$.

22 1. **Faux.** $2x + 4 \geqslant 0 \Leftrightarrow 2x \geqslant -4 \Leftrightarrow x \geqslant -2$.

2. **Vrai.** $x^4 - y^4 = (x^2 - y^2)(x^2 + y^2) = (x-y)(x+y)(x^2+y^2)$.

3. **Faux.** $x(x+2) < 2(x+2) \Leftrightarrow x(x+2) - 2(x+2) < 0$
$\Leftrightarrow (x-2)(x+2) < 0$.

Un tableau de signes montre alors que cela équivaut à $x \in]-2\,;2[$.

4. **Vrai.** Pour $x \in \mathbb{R}\backslash\{-1\,;0\}$:

$$\frac{x+1}{x} - \frac{x}{x+1} = \frac{(x+1)(x+1) - x^2}{x(x+1)} = \frac{(x+1)^2 - x^2}{x(x+1)} = \frac{2x+1}{x(x+1)}\,.$$

5. **Faux.** Il suffit de trouver un contre-exemple pour prouver que cette affirmation est fausse. Prenons $x = 9{,}8$ que l'on arrondit à l'unité à $x = 10$.
On a $x^2 = 96{,}04$, que l'on arrondit à l'unité à $x^2 \approx 96$.
Ainsi, le carré de l'arrondi (100) est différent de l'arrondi du carré.

23 $-3(x^2+2)(x-4)^2 = 0 \Leftrightarrow (x-4)^2 = 0$ car $-3(x^2+2) \neq 0$ pour tout x.
Et $(x-4)^2 = 0 \Leftrightarrow x-4 = 0 \Leftrightarrow x = 4$. L'équation admet une seule solution.

24 **a.** $4 \leqslant \dfrac{7-2x}{3x} \leqslant 11 \Leftrightarrow 12 \leqslant \dfrac{7-2x}{x} \leqslant 33 \Leftrightarrow 12 \leqslant \dfrac{7}{x} - 2 \leqslant 33$

$$\Leftrightarrow 14 \leqslant \frac{7}{x} \leqslant 35 \Leftrightarrow 2 \leqslant \frac{1}{x} \leqslant 5 \Leftrightarrow \frac{1}{5} \leqslant x \leqslant \frac{1}{2}.$$

b. $4x^3 < x \Leftrightarrow 4x^3 - x < 0 \Leftrightarrow x(4x^2-1) < 0 \Leftrightarrow x(2x-1)(2x+1) < 0$

x	$-\infty$		$-\frac{1}{2}$		0		$\frac{1}{2}$		$+\infty$
x		$-$	|	$-$	0	$+$	|	$+$	
$2x-1$		$-$	|	$-$	|	$-$	0	$+$	
$2x+1$		$-$	0	$+$	|	$+$	|	$+$	
$x(2x-1)(2x+1)$		$-$	0	$+$	0	$-$	0	$+$	

Conclusion : $x(2x-1)(2x+1) < 0 \Leftrightarrow x \in \left]-\infty\,;-\frac{1}{2}\right[\cup \left]0\,;\frac{1}{2}\right[$.

25 **a.**

$$\begin{aligned}3(x+10)(8-3x) = 4(8-3x) &\Leftrightarrow 3(x+10)(8-3x) - 4(8-3x) = 0\\ &\Leftrightarrow (8-3x)[3(x+10)-4] = 0\\ &\Leftrightarrow (8-3x)(3x+26) = 0\\ &\Leftrightarrow 8-3x = 0 \text{ ou } 3x+26 = 0\\ &\Leftrightarrow x = \frac{8}{3} \text{ ou } x = -\frac{26}{3}.\end{aligned}$$

b.

$$\begin{aligned}4x^2 - x + (4x-1)^2 = 2(1-4x) &\Leftrightarrow x(4x-1) + (4x-1)^2 - 2(1-4x) = 0\\ &\Leftrightarrow x(4x-1) + (4x-1)^2 + 2(4x-1) = 0\\ &\Leftrightarrow (4x-1)[x + (4x-1) + 2] = 0\\ &\Leftrightarrow (4x-1)(5x+1) = 0\\ &\Leftrightarrow 4x-1 = 0 \text{ ou } 5x+1 = 0\\ &\Leftrightarrow x = \frac{1}{4} \text{ ou } x = -\frac{1}{5}.\end{aligned}$$

c. $(x-3)^2 = \frac{4}{25}(2x-7)^2 \Leftrightarrow (x-3)^2 - \left(\frac{2}{5}(2x-7)\right)^2 = 0$

$$\Leftrightarrow \left[(x-3) - \frac{2}{5}(2x-7)\right]\left[(x-3) + \frac{2}{5}(2x-7)\right] = 0$$

$$\Leftrightarrow \left(x - 3 - \frac{4}{5}x + \frac{14}{5}\right)\left(x - 3 + \frac{4}{5}x - \frac{14}{5}\right) = 0$$

$$\Leftrightarrow \left(\frac{1}{5}x - \frac{1}{5}\right)\left(\frac{9}{5}x - \frac{29}{5}\right) = 0$$

$$\Leftrightarrow (x-1)(9x-29) = 0$$

$$\Leftrightarrow x - 1 = 0 \text{ ou } 9x - 29 = 0$$

$$\Leftrightarrow x = 1 \text{ ou } x = \frac{29}{9}.$$

d. L'équation est définie si, et seulement si, $4 - 5x \neq 0$, c'est-à-dire $x \neq \frac{4}{5}$.

$$\frac{8x(1-4x)}{4-5x} = 0 \Leftrightarrow 8x(1-4x) = 0$$

$$\Leftrightarrow 8x = 0 \text{ ou } 1 - 4x = 0$$

$$\Leftrightarrow x = 0 \text{ ou } x = \frac{1}{4}.$$

e. L'équation est définie si, et seulement si, $4x \neq 0$, c'est-à-dire si $x \neq 0$.

$$\frac{3}{4x} = \frac{4x}{3} \Leftrightarrow 16x^2 = 9 \Leftrightarrow x^2 = \frac{9}{16} \Leftrightarrow x = \frac{3}{4} \text{ ou } x = -\frac{3}{4}.$$

26 Valeur interdite : -2.

x	$-\infty$		-2		0		$\frac{5}{3}$		$+\infty$
$-2x^2$		$-$		$-$	0	$-$		$-$	
$-3x+5$		$+$		$+$		$+$	0	$-$	
$x+2$		$-$	0	$+$		$+$		$+$	
$\frac{-2x^2(-3x+5)}{x+2}$		$+$	$\Vert$	$-$	0	$-$	0	$+$	

Conclusion :

Si $x \in \left]-\infty\,;-2\right[\cup \left[\frac{5}{3}\,;+\infty\right[$, alors $A(x) \geqslant 0$.

Si $x \in \left]-2\,;\frac{5}{3}\right]$, alors $A(x) \leqslant 0$.

27 Supposons que $ax+b$ s'annule en -2 et $a'x+b'$ s'annule en $\frac{1}{4}$.

Comme on obtient $A(x) \leqslant 0$ pour $x \in \left[-2\ ;\ \frac{1}{4}\right]$, alors les signes de $ax+b$ et de $a'x+b'$ sont différents dans cette colonne.
On peut envisager la situation suivante :

x	$-\infty$		-2		$\frac{1}{4}$		$+\infty$
$ax+b$		$-$	0	$+$	|	$+$	
$a'x+b'$		$-$	|	$-$	0	$+$	
$(ax+b)(a'x+b')$		$+$	0	$-$	0	$+$	

Dans ce cas, on aurait $a>0$ et $a'>0$. Une possibilité pour $A(x)$ est donc $A(x)=(x+2)\left(x-\frac{1}{4}\right)$.

28 **a.** Le nombre $\frac{5}{3}$ est une valeur interdite.

$$\frac{5-4x}{3x-5} \leqslant 2 \Leftrightarrow \frac{5-4x}{3x-5}-2 \leqslant 0$$

$$\Leftrightarrow \frac{5-4x}{3x-5}-\frac{2(3x-5)}{3x-5} \leqslant 0$$

$$\Leftrightarrow \frac{5-4x-6x+10}{3x-5} \leqslant 0$$

$$\Leftrightarrow \frac{-10x+15}{3x-5} \leqslant 0$$

$$\Leftrightarrow \frac{-2x+3}{3x-5} \leqslant 0.$$

x	$-\infty$		$\frac{3}{2}$		$\frac{5}{3}$		$+\infty$
$-2x+3$		$+$	0	$-$	|	$-$	
$3x-5$		$-$	|	$-$	0	$+$	
$\frac{-2x+3}{3x-5}$		$-$	0	$+$	||	$-$	

L'ensemble des solutions de l'inéquation $\frac{5-4x}{3x-5} \leqslant 2$ est $\left]-\infty\ ;\ \frac{3}{2}\right] \cup \left]\frac{5}{3}\ ;\ +\infty\right[$.

b. Le nombre 0 est une valeur interdite.

$$\frac{x}{8} > \frac{8}{x} \Leftrightarrow \frac{x}{8} - \frac{8}{x} > 0 \Leftrightarrow \frac{x^2 - 8^2}{8x} > 0 \Leftrightarrow \frac{(x-8)(x+8)}{8x} > 0$$

x	$-\infty$		-8		0		8		$+\infty$
$x-8$		$-$	|	$-$	|	$-$	0	$+$	
$x+8$		$-$	0	$+$	|	$+$	|	$+$	
$8x$		$-$	|	$-$	0	$+$	|	$+$	
$\frac{(x-8)(x+8)}{8x}$		$-$	0	$+$	||	$-$	0	$+$	

L'ensemble des solutions de l'inéquation $\frac{x}{8} > \frac{8}{x}$ est $]-8\,;0[\, \cup\,]8\,;+\infty[$.

c. $-2(6-5x)(2x+7) < 0 \Leftrightarrow (6-5x)(2x+7) > 0$

x	$-\infty$		$-\frac{7}{2}$		$\frac{6}{5}$		$+\infty$
$6-5x$		$+$	|	$+$	0	$-$	
$2x+7$		$-$	0	$+$	|	$+$	
$(6-5x)(2x+7)$		$-$	0	$+$	0	$-$	

L'ensemble des solutions de l'inéquation $-2(6-5x)(2x+7) < 0$ est $\left]-\frac{7}{2}\,;\frac{6}{5}\right[$.

5 Généralités sur les fonctions

I DÉFINITIONS

Soit D un intervalle ou une réunion d'intervalles de $\mathbb{R}$.

On définit une fonction f de D vers $\mathbb{R}$, si à chaque nombre réel x de l'ensemble D, on peut associer un unique réel noté $f(x)$.

Cette association se note :

$$f : x \mapsto f(x).$$

Dans ces conditions, le nombre $f(x)$ est appelé image de x par f.

II DOMAINE DE DÉFINITION

L'ensemble D, que l'on peut aussi noter D_f, est appelé ensemble de définition (ou domaine de définition) de la fonction f.

Il s'agit de l'ensemble des nombres qui ont une image par f.

III REPRÉSENTATION GRAPHIQUE

On se place dans le plan muni d'un repère orthogonal $(O ; \vec{i}, \vec{j})$.

On appelle représentation graphique de f sur l'ensemble D_f l'ensemble des points de coordonnées $(x ; f(x))$, où $x \in D_f$. On peut noter cet ensemble $\mathscr{C}_f$, et on l'appelle aussi courbe représentative de f.

L'équation $y = f(x)$ est vérifiée par les coordonnées de tous les points de la représentation graphique de f.

On dira donc que cette équation est l'équation de la courbe $\mathscr{C}_f$.

IV SENS DE VARIATION

Soit f définie sur un intervalle I.

- On dit que f est **croissante** sur I si, pour tous réels a et b de I tels que $a < b$, on a $f(a) \leqslant f(b)$.
- On dit que f est **strictement croissante** sur I si, pour tous réels a et b de I tels que $a < b$, on a $f(a) < f(b)$.
- On dit que f est **décroissante** sur I si, pour tous réels a et b de I tels que $a < b$, on a $f(a) \geqslant f(b)$.

■ On dit que f est **strictement décroissante** sur I si, pour tous réels a et b de I tels que $a < b$, on a $f(a) > f(b)$.

■ On dit que f est **constante** sur I si, pour tous réels a et b de I tels que $a < b$, on a $f(a) = f(b)$.

V MINIMUM ET MAXIMUM

Soit f définie sur un intervalle I.

■ On dit que f admet un maximum en a sur I, lorsque pour tout $x \in \mathrm{I}$, $f(x) \leqslant f(a)$.

■ On dit que f admet un minimum en a sur I, lorsque pour tout $x \in \mathrm{I}$, $f(x) \geqslant f(a)$.

VI PARITÉ D'UNE FONCTION

Un sous-ensemble A de $\mathbb{R}$ est symétrique par rapport à 0 si, pour tout nombre réel $x \in A$, $-x \in A$.

■ On dit qu'une fonction f, définie sur D_f, est **paire** lorsque :

• D_f est symétrique par rapport à 0 ;

• pour tout $x \in D_f$, $f(-x) = f(x)$.

La courbe représentative d'une fonction paire est symétrique par rapport à l'axe des ordonnées.

■ On dit qu'une fonction f, définie sur D_f, est **impaire** lorsque :

• D_f est symétrique par rapport à 0 ;

• pour tout $x \in D_f$, $f(-x) = -f(x)$.

La courbe représentative d'une fonction impaire est symétrique par rapport au point O.

EXERCICES D'APPLICATION

IMAGES, LECTURES GRAPHIQUES

1 VRAI OU FAUX ? | ★ | 5 min | ▶P. 99

On sait que $f(2) = -1$.

a. 2 a pour image -1.
b. -1 a pour image 2.
c. 2 est l'image de -1.
d. -1 est l'image de 2.
e. L'équation $f(x) = -1$ a pour solution 2.
f. 2 est une solution de l'équation $f(x) = -1$.
g. Le point M de coordonnées $(2 ; -1)$ est sur la courbe représentant *f*.
h. Le point de la courbe d'ordonnée 2 a pour abscisse -1.
i. Le point de la courbe d'abscisse 2 a pour ordonnée -1.

2 VRAI OU FAUX ? | ★ | 5 min | ▶P. 99

Le graphique ci-dessous représente une fonction *f* sur l'intervalle $[-1 ; 3]$.

a. -1 a pour image 1.
b. -2 est l'image de 1.
c. 3 a pour image 5.
d. -1 a pour image -7.
e. -7 est l'image de 0.
f. 1 a deux images.
g. Tout nombre compris entre -1 et 3 a une seule image.
h. Si $x \in [0 ; 2]$, alors son image est élément de $[-2 ; 0]$.

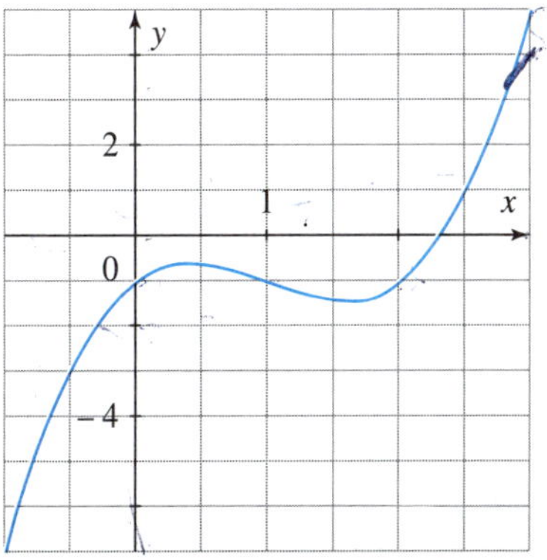

3 | ★ | 10 min | ▶P. 99

Soit *f* la fonction définie sur $\mathbb{R}$ par $f(x) = \dfrac{2x}{x^2 + 1}$ représentée par la courbe $\mathscr{C}_f$.

a. Calculer l'image de 3 par *f*.
b. Le point $A(1 ; 1)$ appartient-il à $\mathscr{C}_f$?
Même question avec le point $B(2 ; 7)$.
c. Résoudre dans $\mathbb{R}$ l'inéquation $f(x) \leqslant 1$.

4 ★ 5 min ▶ P. 99

La courbe ci-contre est la représentation graphique d'une fonction f définie sur $[-4\ ;\ 4]$.

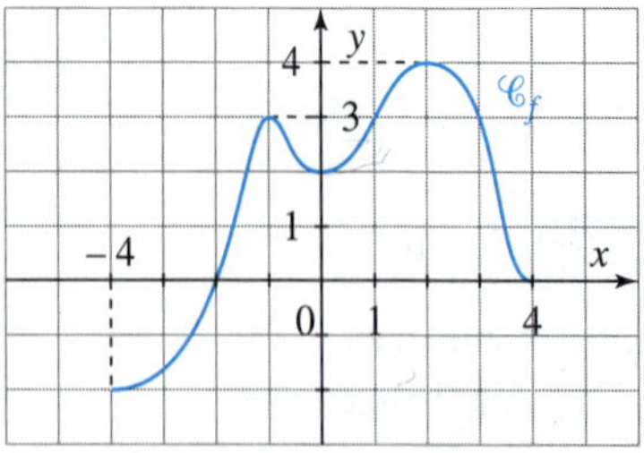

a. Quelle est l'image de 1 par f ?

b. Résoudre dans $[-4\ ;\ 4]$ les équations $f(x) = 0$ et $f(x) = -3$.

c. Résoudre dans $[-4\ ;\ 4]$ les inéquations $f(x) < 0$ et $f(x) \geqslant 2$.

Sens de variation

5 ★ 5 min ▶ P. 99

Dresser le tableau des variations de la fonction représentée dans l'exercice 4 ci-dessus.

6 ★ 5 min ▶ P. 100

On considère une fonction f dont voici le tableau des variations :

x	-6		-1		3		8
f	5	↘	-2	↗	3	↘	0

a. Quel est l'ensemble de définition de f ?

b. Quel est le maximum de f sur $[-6\ ;\ 8]$? Quel est le minimum de f sur $[-6\ ;\ 8]$?

c. Donner le nombre de solutions des équations $f(x) = 0$, $f(x) = 3{,}5$ et $f(x) = 8$ dans l'intervalle $[-6\ ;\ 8]$?

7 ★ 5 min ▶ P. 100

Dans chaque cas, construire une courbe qui pourrait représenter une fonction f.

• **Courbe 1 :** f est définie sur $[-4\ ;\ 6]$, croissante sur $[-4\ ;\ 0]$, décroissante sur $[0\ ;\ 3]$, et croissante sur $[3\ ;\ 6]$. De plus, $f(-3) = -2$, $f(0) = 2$ et $f(3) = -1$.

• **Courbe 2 :** f est définie sur $[-4\ ;\ 2]$, est croissante et positive sur $[-4\ ;\ -1]$, s'annule deux fois sur $[-1\ ;\ 2]$, et admet un minimum égal à -2 sur $[-1\ ;\ 2]$.

8
★ | 10 min | ▶ P. 100

a. Montrer que la fonction $f : x \mapsto (x+1)^2 - 1$ est croissante sur l'intervalle $[-1\,;+\infty[$.

b. Montrer que la fonction $f : x \mapsto \dfrac{1}{x+7}$ est décroissante sur l'intervalle $[-7\,;+\infty[$.

Parité

9
★★ | 5 min | ▶ P. 100

On suppose qu'une fonction f est définie sur $\mathbb{R}$, impaire, croissante sur $[0\,;7]$, décroissante sur $[7\,;+\infty[$, et telle que $f(7)=4$.
Préciser les valeurs de $f(0)$ et $f(-7)$, puis dresser le tableau des variations de la fonction f.

10
★ | 5 min | ▶ P. 101

a. La fonction représentée est paire, définie sur $[-3\,;3]$.
Compléter cette courbe.

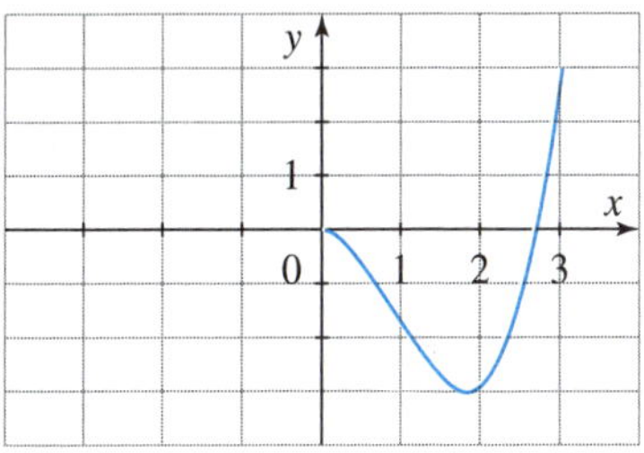

b. La fonction représentée est impaire, définie sur $[-3\,;3]$.
Compléter cette courbe.

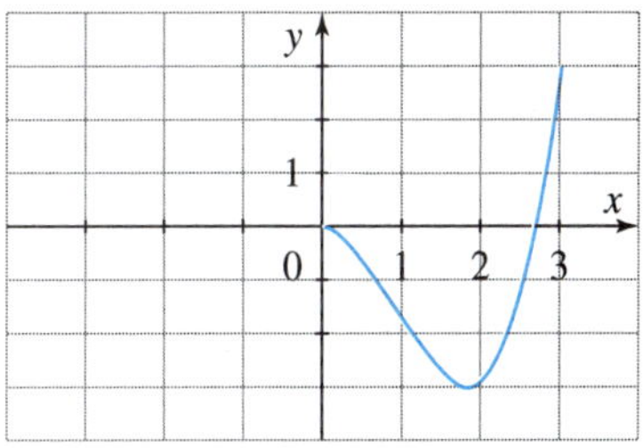

11
★★ | 5 min | ▶ P. 101

Dire si les affirmations sont vraies ou fausses en justifiant la réponse.
a. Si f est impaire et définie en 0, alors $f(0)=0$.
b. Si f est paire et définie en 0, alors $f(0)=0$.
c. Si f est paire, définie sur $\mathbb{R}$, et si pour tout $x \geqslant 0$, $f(x)>0$, alors pour tout $x \in \mathrm{P}$, $f(x)>0$.
d. Si f est paire et croissante sur $[0\,;2]$, alors f est croissante sur $[-2\,;0]$.
e. Si f est impaire et décroissante sur $[-3\,;0]$, alors f est croissante sur $[0\,;3]$.
f. Il existe des fonctions affines impaires.
g. Si f est définie sur $[-5\,;5]$, impaire et admet un minimum en 2, alors f admet un minimum en -2.

12

★ | 20 min | ▸ P. 102

Dans chaque cas, déterminer l'ensemble de définition de f, puis étudier la parité de f.

a. $f(x) = x^4 - x^2$

b. $f(x) = x^3 + 5x$

c. $f(x) = \dfrac{x}{x^2 + 1}$

d. $f(x) = (x - 1)^2$

e. $f(x) = \sqrt{4 - x^2}$

f. $f(x) = (x^2 - x - 1)(x^2 + x - 1)$

EXERCICES D'ENTRAÎNEMENT

13

★ | 15 min | ▸ P. 102

On considère la fonction $f : x \mapsto \dfrac{3x+2}{x-4}$, définie sur $]4\,;+\infty[$.

a. Montrer que $f(x) = 3 + \dfrac{14}{x-4}$.

b. Étudier le sens de variation de f sur $]4\,;+\infty[$.

14

★ | 5 min | ▸ P. 103

Soit g une fonction définie sur $I = [-4\,;4]$.

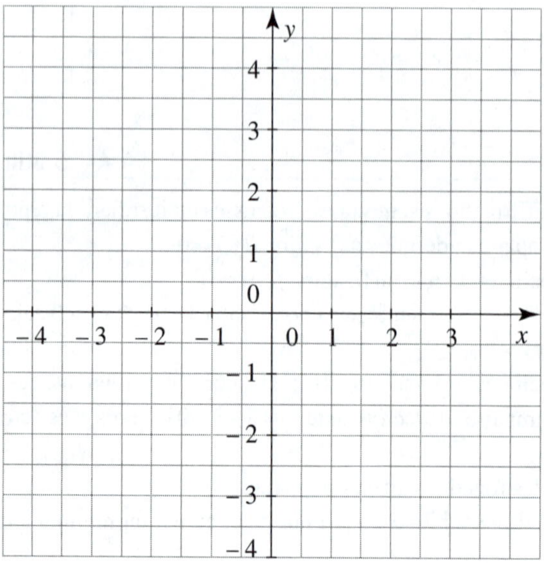

Construire dans le repère ci-dessus une courbe représentant g sachant que :
- Les nombres $-3{,}5$; $-0{,}5$ et 3 ont tous trois 0 comme image par g.
- L'image de 4 par g est 1.
- $g(-4) > -1$.
- La fonction g admet sur I un minimum en 1.

Ce minimum est égal à -3.
- La fonction g admet sur I un maximum en -2.

Ce maximum est égal à 4.
- La courbe coupe l'axe des ordonnées en un point d'ordonnée -2.
- La fonction g est croissante sur $[-4 ; -2]$, décroissante sur $[-2 ; 1]$, et croissante sur $[1 ; 4]$.

15 ★★ | 30 min | ▶ P. 103

Soit f la fonction définie sur $\mathbb{R}$ par :

$$f(x) = \frac{8}{x^2 + 1}.$$

On note $\mathscr{C}_f$ la courbe représentant f dans un repère orthonormal $(O ; \vec{i}, \vec{j})$, l'unité graphique étant 1 cm.

a. Montrer que la fonction f est paire.
Qu'en déduit-on pour la courbe $\mathscr{C}_f$?

b. Étudier le sens de variation de f sur $[0 ; +\infty[$.

c. Dresser le tableau de variations de f sur $\mathbb{R}$.

d. Compléter le tableau de valeurs en donnant des valeurs approchées à 0,01 près :

x	0	1	2	3	4	5
$f(x)$						

e. Construire la courbe $\mathscr{C}_f$ en se limitant à l'intervalle $[-5 ; 5]$.

f. Résoudre graphiquement l'équation $f(x) = 7$ dans l'intervalle $[-5 ; 5]$.

g. Résoudre algébriquement l'équation $f(x) = 7$ dans l'intervalle $[-5 ; 5]$.

16 ★★★ | 30 min | ▶ P. 104

Soit f la fonction définie sur $\mathbb{R}$ par $f(x) = \dfrac{8x}{x^2 + 1}$.

On note $\mathscr{C}_f$ la courbe représentant f dans un repère orthonormal $(O ; \vec{i}, \vec{j})$, l'unité graphique étant 1 cm.

1. Montrer que la fonction f est impaire.
Qu'en déduit-on pour la courbe $\mathscr{C}_f$?

2. **a.** Soit a et b deux réels positifs. Montrer que :

$$f(b)-f(a)=\frac{8(b-a)(1-ab)}{(a^2+1)(b^2+1)}.$$

b. En déduire que f est croissante sur $[0\ ;\ 1]$ et décroissante sur $[1\ ;+\infty[$.

c. Dresser le tableau de variations de f sur $\mathbb{R}$.

3. **a.** Compléter le tableau de valeurs en donnant des valeurs approchées à 0,01 près :

x	0	1	2	3	4	5	6
$f(x)$							

b. Construire la courbe $\mathscr{C}_f$ en se limitant à l'intervalle $[-6\ ;\ 6]$.

Contrôle

17 QCM ★ 5 points, 10 min ▸ P. 105

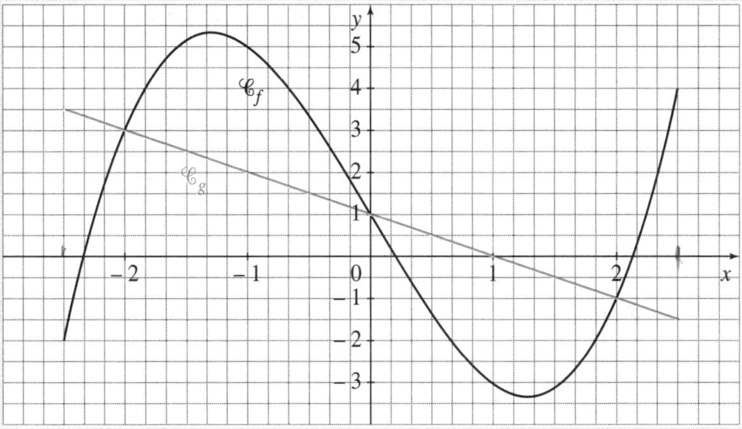

Pour chacune des questions, une seule proposition est exacte.

Soit les fonctions f et g, définies sur $I = \left[-\frac{5}{2}\ ;\ \frac{5}{2}\right]$, représentées ci-dessus, dans un repère orthogonal du plan.

1. $f(-1) = ...$:

a. 0 **b.** 1 **c.** 5 **d.** 0,4

2. L'équation $f(x) = 2$ admet dans I :

a. 0 solution. **b.** une solution. **c.** deux solutions. **d.** trois solutions.

3. Si $x \in [0\ ;\ 1]$, alors $f(x) \in ...$:

a. $[0\ ;\ 1]$ **b.** $[0{,}2\ ;\ 1]$ **c.** $[-2{,}2\ ;\ 2{,}2]$ **d.** $[-3\ ;\ 1]$

4. $f(x) > g(x)$ équivaut à :

a. $x \in]-2\ ;\ 0[\cup]2\ ;\ 2{,}5]$

b. $x \in [-2{,}5\ ;\ -2[\cup]0\ ;\ 2[$

c. $x \in]2\ ;\ 2{,}5]$

d. $x \in]-2\ ;\ 0[$

5. La fonction f est définie sur $\left[-\frac{5}{2}\ ;\ \frac{5}{2}\right]$ par :

a. $f(x) = x^3 + 3x^2 + 1$.

b. $f(x) = x^3 + 3x^2 + x - 1$.

c. $f(x) = x^3 - 5x + 1$.

d. $f(x) = -x^3 - 3x + 1$.

18 ★★ 5 points, 20 min ▶ P. 106

On considère la fonction f définie sur $\mathbb{R}$ par :

$$f(x) = \frac{4x+2}{x^2+2}.$$

1. **a.** Calculer l'image de -1 par f.

b. Déterminer, s'il y en a, les nombres ayant 1 pour image par f.

2. **a.** Montrer que, pour tout $x \in \mathbb{R}$:

$$f(x) - 2 = \frac{-2(x-1)^2}{x^2+2}.$$

b. Prouver que f admet un maximum sur $\mathbb{R}$.

19 VRAI OU FAUX ? ★ 10 points, 10 min ▶ P. 106

Voici le tableau de variations d'une fonction f définie sur $[-4 ; 7]$.

x	-4	2	7
f	0 ↘	-2	↗ 5

Dire si les affirmations suivantes sont vraies ou fausses.

1. $f(0) = -4$.
2. $f(2{,}01) < 0$.
3. $f(-3) > f(-2)$.
4. Si $x \in [-4 ; 2]$, alors $f(x) \in [0 ; -2]$.
5. Pour tout $x \in [-4 ; 2]$, $f(x) \leqslant 0$.
6. L'équation $f(x) = 0$ admet deux solutions dans $[-4 ; 7]$.
7. Le minimum de f sur $[-4 ; 7]$ est 2.

On suppose pour les questions 8. à 10. que $f(4) = 0$.

8. $f(0) < f(6)$.
9. Si $f(x) \in]0 ; 5]$, alors $x \in [2 ; 7]$.
10. $f(x) \leqslant 0 \Leftrightarrow x \in [-4 ; 2]$.

CONTRÔLE

20 | ★★ | 16 points, 50 min | ▶ P. 106

Soit f la fonction définie sur $\mathbb{R}$ par :

$$f(x) = \frac{-x^2 + 2}{x^2 + 4}.$$

On note $\mathscr{C}_f$ la courbe représentant f dans un repère orthogonal $(O ; \vec{i}, \vec{j})$, les unités graphiques étant de 1 cm sur l'axe des abscisses et de 5 cm sur l'axe des ordonnées.

1. Montrer que la fonction f est paire.
Qu'en déduit-on pour la courbe $\mathscr{C}_f$?

2. **a.** Montrer que, pour tout $x \in \mathbb{R}$:

$$f(x) = -1 + \frac{6}{x^2 + 4}.$$

b. Étudier le sens de variation de f sur $[0 ; +\infty[$.

c. Dresser le tableau de variations de f sur $\mathbb{R}$.

3. Résoudre dans $\mathbb{R}$ l'équation $f(x) = 0$.

4. En utilisant le résultat de la question 2. **a.**, montrer que pour tout $x \in \mathbb{R}$, $f(x) > -1$.

5. **a.** Compléter le tableau de valeurs ci-dessous.
(On donnera des valeurs approchées à 0,01 près).

x	0	1	2	3	4
$f(x)$					

b. Construire la courbe $\mathscr{C}_f$ en se limitant à l'intervalle $[-4 ; 4]$.

6. **a.** Résoudre graphiquement dans $[-4 ; 4]$ l'équation :

$$f(x) = 0{,}4.$$

b. Résoudre graphiquement dans $[-4 ; 4]$ l'inéquation :

$$f(x) \geqslant -\frac{1}{4}.$$

21 ★★ 4 points, 5 min ▶ P. 109

Soit g une fonction définie sur $[-6\ ;\ 6]$. Construire ci-dessous une courbe représentant g sachant que :

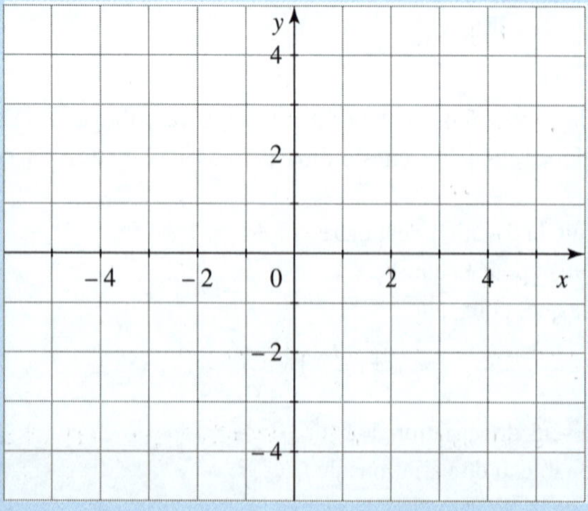

- Les nombres -2 ; 2 et 4 ont 0 comme image par g.
- L'image de 0 par g est -4.
- $g(-6) < 4$ et $g(6) > -2$.
- -4 est l'unique solution dans $[-6\ ;\ 6]$ de l'équation $g(x) = 3$.
- Le maximum de g sur $[0\ ;\ 6]$ est 2, il est atteint en 3.
- La fonction g est décroissante sur $[-6\ ;0]$, croissante sur $[0\ ;3]$, et décroissante sur $[3\ ;\ 6]$.

CORRIGÉS

1 **a.** Vrai. **b.** Faux. **c.** Faux.
d. Vrai. **e.** Vrai. **f.** Vrai.
g. Vrai. **h.** Faux. **i.** Vrai.

2 **a.** Faux. **b.** Faux. **c.** Vrai.
d. Vrai. **e.** Faux. **f.** Faux.
g. Vrai. **h.** Vrai.

3 **a.** $f(3) = \dfrac{2 \times 3}{3^2 + 1} = \dfrac{6}{10} = \dfrac{3}{5}$.

b. $f(1) = \dfrac{2 \times 1}{1^2 + 1} = \dfrac{2}{2} = 1$. Le point A appartient donc à $\mathscr{C}_f$.

$f(2) = \dfrac{2 \times 2}{2^2 + 1} = \dfrac{4}{5}$. Comme $f(2) \neq 7$, le point B n'appartient pas à $\mathscr{C}_f$.

c. $f(x) \leqslant 1 \Leftrightarrow \dfrac{2x}{x^2 + 1} \leqslant 1$.

Comme $x^2 + 1$ est toujours strictement positif, on obtient :
$2x \leqslant x^2 + 1$, qui équivaut à $x^2 - 2x + 1 \geqslant 0$, ou encore $(x - 1)^2 \geqslant 0$.
Cette dernière inégalité étant toujours vérifiée, cela signifie que pour tout $x \in$ P, $f(x) \leqslant 1$.

4 **a.** L'image de 1 par f est 3.
b. Les solutions de l'équation $f(x) = 0$ dans $[-4 ; 4]$ sont -2 et 4.
L'équation $f(x) = -3$ n'a pas de solution dans $[-4 ; 4]$.
c. Les solutions de l'inéquation $f(x) < 0$ dans $[-4 ; 4]$ sont les nombres réels de l'intervalle $[-4 ; -2[$.
Les solutions de l'inéquation $f(x) \geqslant 2$ dans $[-4 ; 4]$ sont les nombres réels de l'intervalle $[-1{,}5 ; 3{,}2]$ (par lecture des bornes de l'intervalle arrondies à 0,1 près).

5

x	-4	-1	0	2	4
f	-2 ↗	3 ↘	2 ↗	4 ↘	0

6 **a.** L'ensemble de définition de f est l'intervalle $[-6\ ;\ 8]$.
b. Le maximum de f sur $[-6\ ;\ 8]$ est 5. Le minimum de f sur $[-6\ ;\ 8]$ est -2.
c. L'équation $f(x)=0$ a trois solutions dans $[-6\ ;\ 8]$.
L'équation $f(x)=3{,}5$ a une solution dans $[-6\ ;\ 8]$.
L'équation $f(x)=8$ n'a pas de solution dans $[-6\ ;\ 8]$.

7 **Courbe 1**

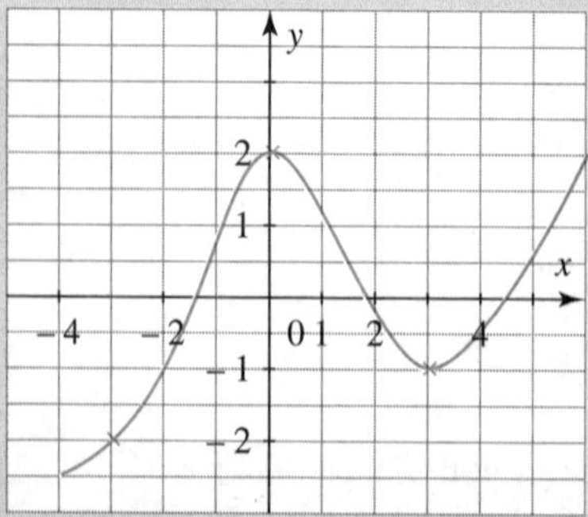

Courbe 2

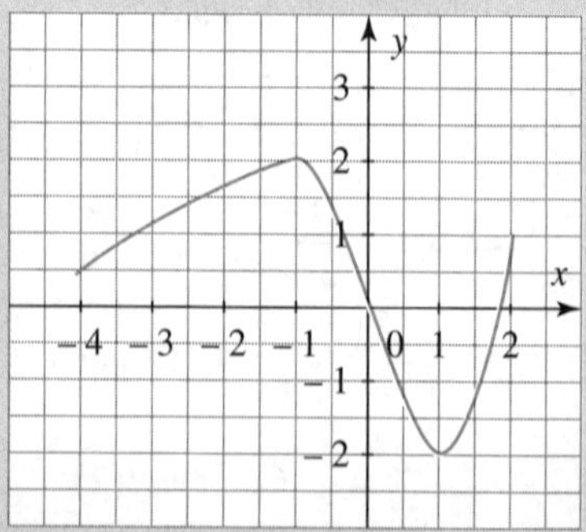

8 **a.** Soit a et b deux nombres réels dans $[-1\ ;\ +\infty[$ tels que $a<b$.
On a donc $a+1<b+1$.
Comme a et b sont dans l'intervalle $[-1\ ;\ +\infty[$, les nombres $a+1$ et $b+1$ sont positifs. Donc $(a+1)^2<(b+1)^2$.
Il vient alors $(a+1)^2-1<(b+1)^2-1$, c'est-à-dire $f(a)<f(b)$.
Par conséquent, la fonction f est croissante sur l'intervalle $[-1\ ;\ +\infty[$.
b. Soit a et b deux nombres réels dans $]-7\ ;\ +\infty[$ tels que $a<b$.
On a donc $a+7<b+7$.
Comme a et b sont dans l'intervalle $]-7\ ;\ +\infty[$, les nombres $a+7$ et $b+7$ sont positifs. Donc $\dfrac{1}{b+7}<\dfrac{1}{a+7}$, c'est-à-dire $f(b)<f(a)$.
Par conséquent, la fonction f est décroissante sur l'intervalle $]-7\ ;\ +\infty[$.

9 On a $f(0)=0$ et $f(-7)=-4$.

x	$-\infty$		-7		7		$+\infty$
f		↘	-4	↗	4	↘	

10 **a.**

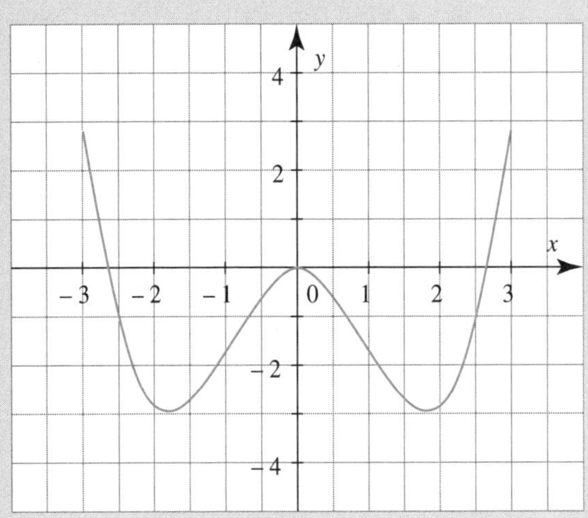

b.

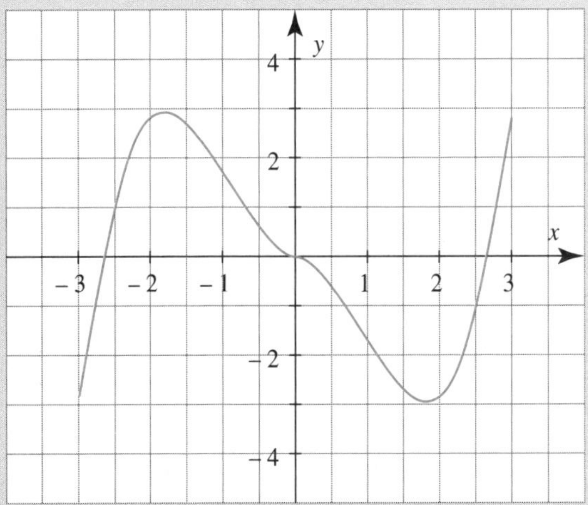

11 **a. Vrai** : on a $f(0) = -f(0)$, d'où $2f(0) = 0$, c'est-à-dire $f(0) = 0$.
b. Faux : la fonction constante $f : x \mapsto 1$ est paire, mais $f(0) = 1$.
c. Vrai : si f est paire, définie sur $\mathbb{R}$, et si pour tout $x \geqslant 0$, $f(x) > 0$, alors pour tout $x \leqslant 0$, $f(x) > 0$.
d. Faux : si f est paire et croissante sur $[0 ; 2]$, alors f est décroissante sur $[-2 ; 0]$.
e. Faux : si f est impaire et décroissante sur $[-3 ; 0]$, alors f est décroissante sur $[0 ; 3]$.
f. Vrai : les fonctions linéaires de la forme $x \mapsto ax$.
g. Faux : si f est définie sur $[-5 ; 5]$, impaire et admet un minimum en 2, alors f admet un maximum en -2.

12 **a.** Le domaine de définition de f est $]-\infty\ ;+\infty[$, il est symétrique par rapport à 0.
De plus, $f(-x)=(-x)^4-(-x)^2=x^4-x^2=f(x)$.
Par conséquent, f est une fonction paire.
b. Le domaine de définition de f est $]-\infty\ ;+\infty[$, il est symétrique par rapport à 0.
De plus, $f(-x)=(-x)^3+5(-x)=-x^3-5x=-(x^3+5x)=-f(x)$.
Par conséquent, f est une fonction impaire.
c. Le dénominateur ne s'annule pas sur $\mathbb{R}$, donc le domaine de définition de f est $]-\infty\ ;+\infty[$, il est symétrique par rapport à 0. De plus :

$$f(-x)=\frac{-x}{(-x)^2+1}=-\frac{x}{x^2+1}=-f(x).$$

Par conséquent, f est une fonction impaire.
d. Le domaine de définition de f est $]-\infty\ ;+\infty[$. On a :

$$f(-x)=(-x-1)^2=(x+1)^2.$$

Comme $f(-x)\neq f(x)$ et $f(-x)\neq -f(x)$, la fonction f n'est ni paire ni impaire.
e. La fonction f est définie si, et seulement si, $4-x^2\geqslant 0$, c'est-à-dire $x^2\leqslant 4$. Le domaine de définition de f est $[-2\ ;2]$, il est symétrique par rapport à 0.
De plus, $f(-x)=\sqrt{4-(-x)^2}=\sqrt{4-x^2}=f(x)$.
Par conséquent, f est une fonction paire.
f. Le domaine de définition de f est $]-\infty\ ;+\infty[$, il est symétrique par rapport à 0. De plus :

$$\begin{aligned}f(-x)&=((-x)^2-(-x)-1)((-x)^2+(-x)-1)\\&=(x^2+x-1)(x^2-x-1)\\&=f(x).\end{aligned}$$

Par conséquent, f est une fonction paire.

13 **a.**

$$\begin{aligned}f(x)&=\frac{3x+2}{x-4}\\&=\frac{3(x-4)+14}{x-4}\\&=3+\frac{14}{x-4}.\end{aligned}$$

b. Soit a et b deux nombres réels dans $]4\ ;+\infty[$ tels que $a<b$.
On a donc $a-4<b-4$.

Comme a et b sont dans l'intervalle $]4\ ;+\infty[$, les nombres $a-4$ et $b-4$ sont positifs. Donc $\frac{1}{b-4}<\frac{1}{a-4}$. Il vient alors :

$$\frac{14}{b-4}<\frac{14}{a-4},\text{ puis } 3+\frac{14}{b-4}<3+\frac{14}{a-4},\text{ c'est-à-dire } f(b)<f(a).$$

Par conséquent, la fonction f est décroissante sur l'intervalle $]4\ ;+\infty[$.

14

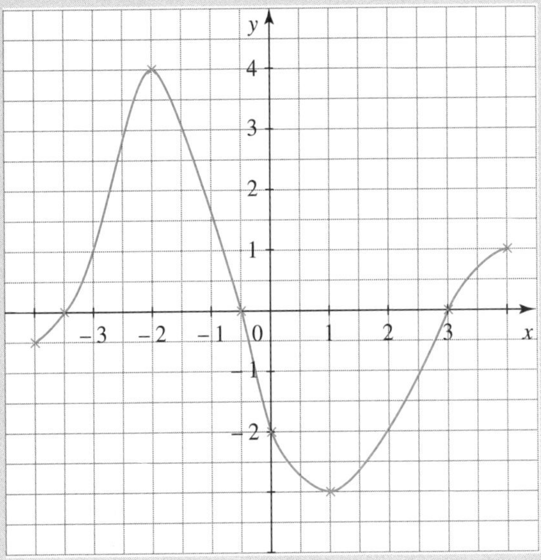

15 **a.** Le domaine de définition de f est $]-\infty\ ;+\infty[$, il est symétrique par rapport à 0.

De plus, $f(-x)=\dfrac{8}{(-x)^2+1}=\dfrac{8}{x^2+1}=f(x)$.

Par conséquent, f est une fonction paire. On en déduit que la courbe $\mathscr{C}_f$ est symétrique par rapport à l'axe des ordonnées.

b. Soit a et b deux nombres réels dans $[0\ ;+\infty[$ tels que $a<b$.

On a donc $a^2<b^2$, d'où $a^2+1<b^2+1$.

Les nombres a^2+1 et b^2+1 sont positifs, donc :

$$\frac{1}{b^2+1}<\frac{1}{a^2+1}.$$

On en déduit :

$$\frac{8}{b^2+1}<\frac{8}{a^2+1}, \text{ c'est-à-dire } f(b)<f(a).$$

Par conséquent, la fonction f est décroissante sur l'intervalle $[0\ ;+\infty[$.

c.

x	$-\infty$	0	$+\infty$
f	↗	8	↘

d.

x	0	1	2	3	4	5
$f(x)$	8	4	1,6	0,8	0,47	0,31

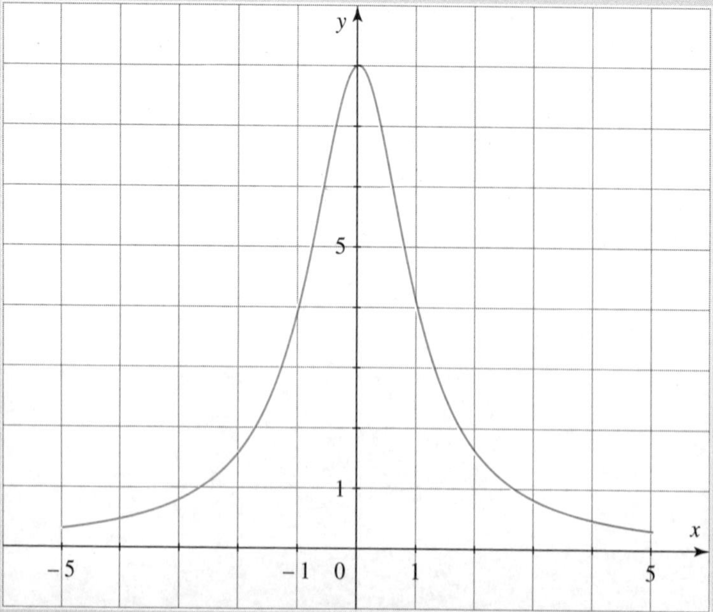

f. L'équation $f(x) = 7$ admet deux solutions dans l'intervalle $[-5\ ;\ 5]$: il s'agit des nombres $-0{,}4$ et $0{,}4$ (valeurs arrondies à 0,1 près).

g. $f(x) = 7 \Leftrightarrow \dfrac{8}{x^2+1} = 7 \Leftrightarrow 8 = 7(x^2+1) \Leftrightarrow 8 = 7x^2+7$

$$\Leftrightarrow 7x^2 = 1 \Leftrightarrow x^2 = \frac{1}{7} \Leftrightarrow x = \frac{\sqrt{7}}{7} \text{ ou } x = -\frac{\sqrt{7}}{7}.$$

16 1. Le domaine de définition de f est $]-\infty\ ;\ +\infty[$, il est symétrique par rapport à 0. De plus, $f(-x) = \dfrac{8(-x)}{(-x)^2+1} = -\dfrac{8x}{x^2+1} = -f(x)$.

Par conséquent, f est une fonction impaire.
On en déduit que la courbe $\mathscr{C}_f$ est symétrique par rapport au point O.

2. **a.** $f(b) - f(a) = \dfrac{8b}{b^2+1} - \dfrac{8a}{a^2+1} = \dfrac{8b(a^2+1)}{(a^2+1)(b^2+1)} - \dfrac{8a(b^2+1)}{(a^2+1)(b^2+1)}$

$$= \frac{8b(a^2+1) - 8a(b^2+1)}{(a^2+1)(b^2+1)}$$

$$= 8\,\frac{ba^2 + b - ab^2 - a}{(a^2+1)(b^2+1)}$$

$$= 8\,\frac{(b-a) - ab(b-a)}{(a^2+1)(b^2+1)}$$

$$= 8\,\frac{(b-a)(1-ab)}{(a^2+1)(b^2+1)}.$$

b. Soit a et b deux nombres réels positifs tels que $a < b$.
D'une part, on a $a^2 + 1 > 0$ et $b^2 + 1 > 0$. D'autre part, on a $b - a > 0$.
• Dans $[0\,;1]$, on a $0 \leqslant ab < 1$, d'où $-1 < -ab \leqslant 0$, puis $0 < 1 - ab \leqslant 1$. On en déduit que $f(b) - f(a) > 0$, c'est-à-dire $f(a) < f(b)$.
Cela signifie que f est croissante sur $[0\,;1]$.
• Dans $[1\,;+\infty[$, on a $ab > 1$, d'où $-ab < 1$, puis $1 - ab < 0$. On en déduit que $f(b) - f(a) < 0$, c'est-à-dire $f(b) < f(a)$.
Cela signifie que f est décroissante sur $[1\,;+\infty[$.

x	$-\infty$	-1	1	$+\infty$
f	↘	-4 ↗	4 ↘	

x	0	1	2	3	4	5	6
$f(x)$	0	4	3,2	2,4	1,88	1,54	1,46

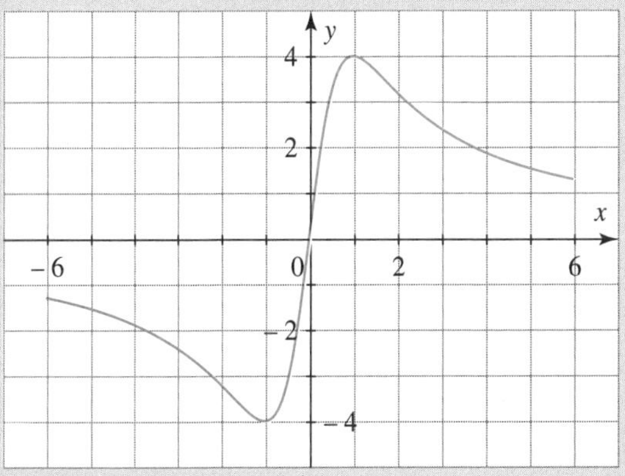

17 1. Réponse **c.**
Si $x = -1$, alors $y = 5$.
2. Réponse **d.**
Trois solutions : $x \approx -2{,}1$, $x \approx -0{,}2$, et $x \approx 2{,}3$.
3. Réponse **d.**
La fonction est décroissante sur $[0\,;1]$, le minimum de la fonction est -3, le maximum est 1.
4. Réponse **a.**
Il s'agit des abscisses pour lesquelles la courbe est située au-dessus de la droite.
5. Réponse **c.**
$f(0) = 1$, donc ce n'est pas **b.** $f(1) = -3$, donc ce n'est pas **a.**
$f(2) = -1$, donc ce n'est pas **d.**

18 1. **a.** $f(-1)=\dfrac{4\times(-1)+2}{(-1)^2+2}=\dfrac{-2}{3}$. L'image de -1 par f est $-\dfrac{2}{3}$.

b. $f(x)=1 \Leftrightarrow \dfrac{4x+2}{x^2+2}=1 \Leftrightarrow 4x+2=x^2+2 \Leftrightarrow x^2-4x=0$

$\Leftrightarrow x(x-4)=0 \Leftrightarrow x=0$ ou $x=4$.

Les nombres 0 et 4 sont ceux qui ont pour image 1 par la fonction f.

2. **a.** Pour tout $x\in\mathbb{R}$, $f(x)-2=\dfrac{4x+2}{x^2+2}-2=\dfrac{4x+2-2x^2-4}{x^2+2}$

$$=\frac{-2(x^2-2x+1)}{x^2+2}=\frac{-2(x-1)^2}{x^2+2}.$$

b. Or, $(x-1)^2\geqslant 0$ et $x^2+2>0$, donc $f(x)-2\leqslant 0 \Leftrightarrow f(x)\leqslant 2$. De plus, si $x=1$, on a $f(x)=2$. Cela signifie que f admet un maximum en 1, égal à 2.

19 1. **Faux.** f atteint son minimum, sur l'intervalle $[-4\,;\,7]$, pour $x=2$ et ce minimum est égal à -2.

2. **Faux.** Aucune image n'est connue pour les réels strictement compris entre 2 et 7.

3. **Vrai.** La fonction est décroissante sur $[-4\,;\,2]$.

4. **Faux.** La notation $[0\,;\,-2]$ n'est pas correcte. Si $x\in[-4\,;\,2]$, alors $f(x)\in[-2\,;\,0]$.

5. **Vrai**, car $f(-4)=0$ et la fonction est décroissante sur $[-4\,;\,2]$.

6. **Vrai.** La première solution est -4, la seconde est inconnue mais appartient à l'intervalle $]2\,;\,7[$.

7. **Faux**. Le minimum est -2, il est atteint en 2.

8. **Vrai.** Puisque $f(4)=0$, $f(6)>0$, alors que $f(0)<0$.

9. **Faux.** Si $f(x)\in]0\,;\,5]$, alors $x\in]4\,;\,7]$.

10. **Faux.** $f(x)\leqslant 0 \Leftrightarrow x\in[-4\,;\,4]$.

20 1. Le domaine de définition de f est $]-\infty\,;\,+\infty[$, il est symétrique par rapport à 0. De plus, $f(-x)=\dfrac{-(-x)^2+2}{(-x)^2+4}=\dfrac{-x^2+2}{x^2+4}=f(x)$.

Par conséquent, f est une fonction paire. On en déduit que la courbe $\mathscr{C}_f$ est symétrique par rapport à l'axe des ordonnées.

2. **a.** Pour tout $x \in \mathbb{R}$,

$$-1+\frac{6}{x^2+4}=-\frac{x^2+4}{x^2+4}+\frac{6}{x^2+4}=\frac{-x^2-4+6}{x^2+4}=\frac{-x^2+2}{x^2+4}=f(x).$$

b. Soit a et b deux nombres réels dans $[0\ ;+\infty[$ tels que $a<b$.
On a donc $a^2<b^2$, d'où $a^2+4<b^2+4$.

Les nombres a^2+4 et b^2+4 sont positifs, donc $\frac{1}{b^2+4}<\frac{1}{a^2+4}$.

On en déduit $\frac{6}{b^2+4}<\frac{6}{a^2+4}$, d'où :

$$-1+\frac{6}{b^2+4}<-1+\frac{6}{a^2+4} \text{ c'est-à-dire } f(b)<f(a).$$

Par conséquent, la fonction f est décroissante sur l'intervalle $[0\ ;+\infty[$.

c.

x	$-\infty$	0	$+\infty$
f	↗	0,5	↘

3. $f(x)=0 \Leftrightarrow \frac{-x^2+2}{x^2+4}=0 \Leftrightarrow -x^2+2=0$

$\Leftrightarrow x^2=2$

$\Leftrightarrow x=\sqrt{2}$

$\Leftrightarrow x=\sqrt{2}$ ou $x=-\sqrt{2}$.

L'équation $f(x)=0$ admet donc deux solutions dans $\mathbb{R}$.

4. On a $f(x)=-1+\frac{6}{x^2+4}$.

Comme pour tout $x \in \mathbb{R}$, $\frac{6}{x^2+4}>0$, on en déduit que $f(x)>-1$.

5. **a.**

x	0	1	2	3	4
$f(x)$	0,5	0,2	−0,25	−0,54	−0,7

b. Pour le tracé de la courbe, on placera les points correspondant au tableau ci-dessus. En utilisant le résultat trouvé à la question 3., on est amené à placer les points de coordonnées $(\sqrt{2}\ ;0)$ et $(-\sqrt{2}\ ;0)$.

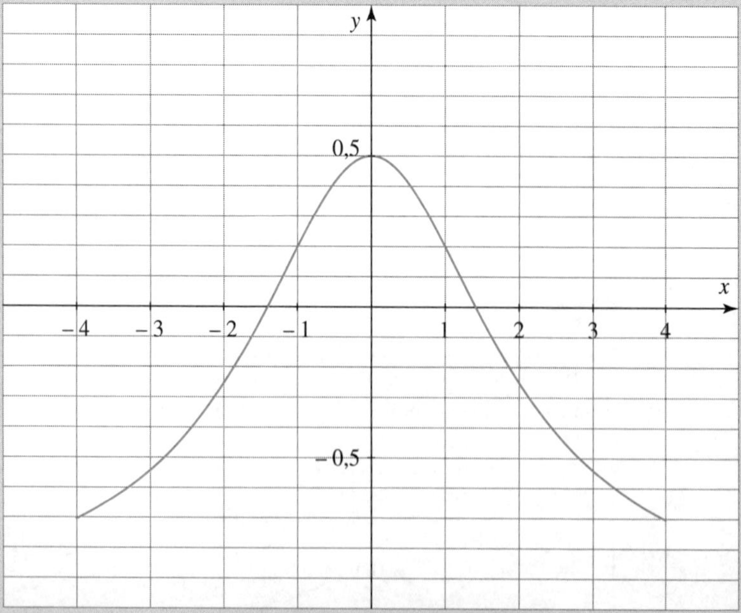

6. **a.** L'équation $f(x) = 0{,}4$ admet deux solutions dans $[-4 ; 4]$: il s'agit des nombres $-0{,}5$ et $0{,}5$ (valeurs arrondies à 0,1 près).

b. On remarque dans le tableau de valeurs que $f(2) = -\frac{1}{4}$. En utilisant la parité de la fonction, on a aussi $f(-2) = -\frac{1}{4}$.

On en déduit que les solutions de l'inéquation $f(x) \geqslant -\frac{1}{4}$ dans $[-4 ; 4]$ sont les nombres de l'intervalle $[-2 ; 2]$.

21

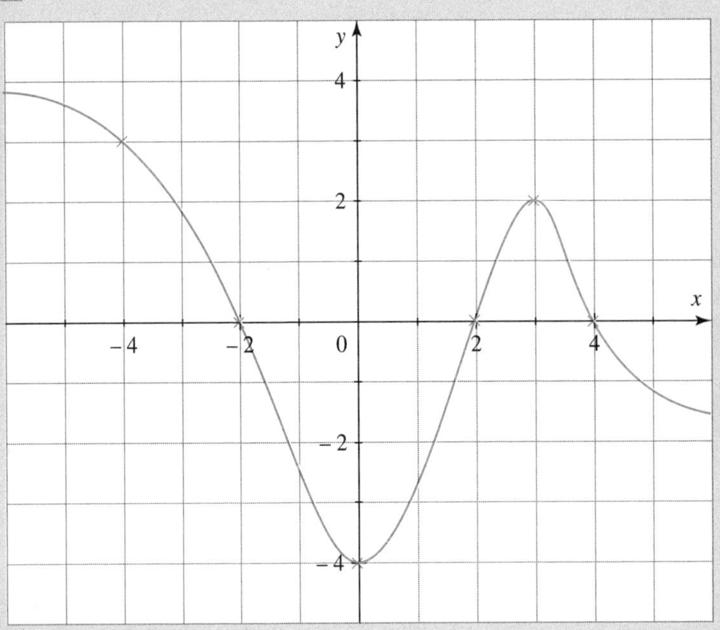

6 Fonctions de référence

I FONCTIONS AFFINES

1. Définition

Soit a et b deux nombres réels. On appelle fonction affine toute fonction f définie sur $\mathbb{R}$ de la forme $f : x \mapsto ax + b$.

Cas particuliers :

Si $b = 0$, les fonctions du type $x \mapsto ax$ sont appelées **fonctions linéaires**.

Si $a = 0$, les fonctions du type $x \mapsto b$ sont appelées **fonctions constantes**.

2. Représentation graphique

Dans un repère du plan, la représentation graphique d'une fonction affine est une droite.

• Si la fonction est linéaire, cette droite passe par le point de coordonnées $(0 ; 0)$.

• Si la fonction est constante, cette droite est parallèle à l'axe des abscisses.

• On dit que $y = ax + b$ est une équation de la droite représentant la fonction affine $f : x \mapsto ax + b$. Il s'agit d'une relation vérifiée par les coordonnées $(x ; y)$ de tous les points de cette droite.

On dit que a est le coefficient directeur de la droite $\mathcal{D}$ et que b est l'ordonnée à l'origine de la droite $\mathcal{D}$.

3. Propriété

Soit f une fonction affine définie sur $\mathbb{R}$ par $f(x) = ax + b$. On considère deux réels quelconques distincts x_1 et x_2. Alors :

$$a = \frac{f(x_2) - f(x_1)}{x_2 - x_1}.$$

Cela signifie que pour une fonction affine, l'accroissement des images est proportionnel à l'accroissement de la variable.

4. Sens de variation

Soit f une fonction affine définie sur $\mathbb{R}$ par $f(x) = ax + b$.

Si $a > 0$, la fonction f est strictement croissante sur $\mathbb{R}$.

Si $a < 0$, la fonction f est strictement décroissante sur $\mathbb{R}$.

5. Signe d'une fonction affine

Soit f une fonction affine définie sur $\mathbb{R}$ par $f(x) = ax + b$.

- Si $a \neq 0$, la fonction f s'annule en $-\frac{b}{a}$.
- Si $a > 0$: $f(x) \leqslant 0$ sur $\left]-\infty ; -\frac{b}{a}\right]$ et $f(x) \geqslant 0$ sur $\left[-\frac{b}{a} ; +\infty\right[$.
- Si $a < 0$: $f(x) \geqslant 0$ sur $\left]-\infty ; -\frac{b}{a}\right]$ et $f(x) \leqslant 0$ sur $\left[-\frac{b}{a} ; +\infty\right[$.

II FONCTION « CARRÉ »

Il s'agit de la fonction $x \mapsto x^2$.
L'ensemble de définition de cette fonction est $\mathbb{R}$.

1. Sens de variation

La fonction $x \mapsto x^2$ est décroissante sur $]-\infty ; 0]$ et croissante sur $[0 ; +\infty[$.

Conséquences :
Si a et b sont deux nombres négatifs tels que $a < b$, alors $a^2 > b^2$.
Si a et b sont deux nombres positifs tels que $a < b$, alors $a^2 < b^2$.

2. Représentation graphique

La fonction $x \mapsto x^2$ est paire, donc sa représentation graphique est symétrique par rapport à l'axe des ordonnées.
Cette courbe est une parabole qui passe par le point de coordonnées $(0 ; 0)$.

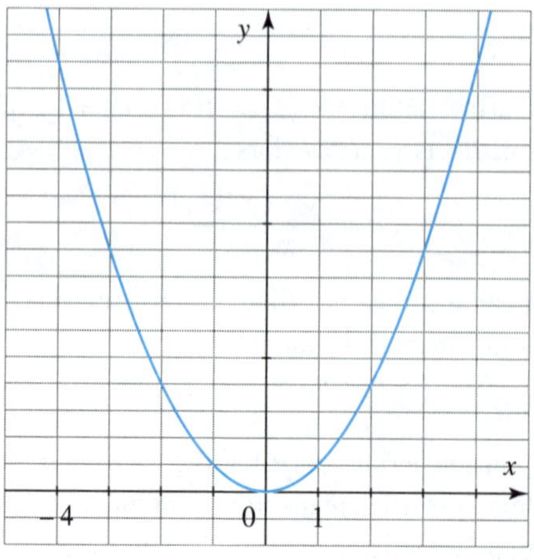

III FONCTION « INVERSE »

Il s'agit de la fonction $x \mapsto \frac{1}{x}$.

L'ensemble de définition de cette fonction est $\mathbb{R}^*$.

1. Sens de variation

La fonction $x \mapsto \frac{1}{x}$ est décroissante sur $]-\infty\,;0[$ et décroissante sur $]0\,;+\infty[$.

Conséquences

Si a et b sont deux nombres strictement négatifs tels que $a < b$, alors $\frac{1}{a} > \frac{1}{b}$.

Si a et b sont deux nombres strictement positifs tels que $a < b$, alors $\frac{1}{a} > \frac{1}{b}$.

2. Représentation graphique

La fonction $x \mapsto \frac{1}{x}$ est impaire, donc sa représentation graphique est symétrique par rapport au point de coordonnées $(0\,;0)$.
Cette courbe est une hyperbole.

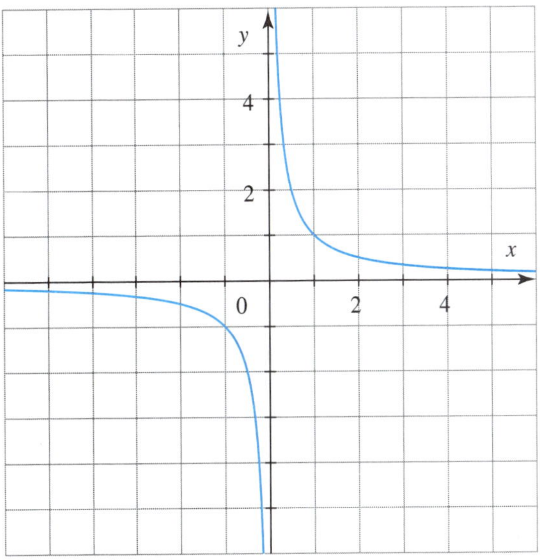

EXERCICES D'APPLICATION

FONCTIONS AFFINES

1 | ★ | 5 min | ▸ P. 123

Représenter graphiquement la fonction f, définie sur $[-5\ ;\ 5]$ et telle que :

$$f(x)=\begin{cases}-2x-5 & \text{si } -5 \leqslant x \leqslant -1 \\ 3x & \text{si } -1 \leqslant x \leqslant 2 \\ x+4 & \text{si } 2 \leqslant x \leqslant 5\end{cases}.$$

2 | ★ | 5 min | ▸ P. 123

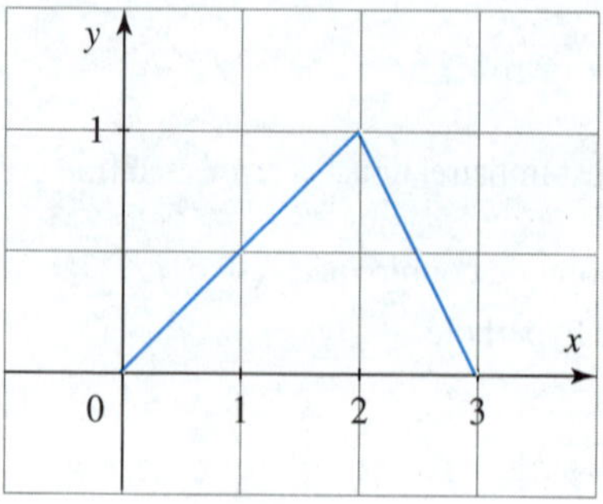

Donner l'expression de la fonction affine par morceaux définie sur $[0\ ;\ 3]$ représentée ci-contre :

3 | ★★ | 20 min | ▸ P. 123

La courbe suivante est la représentation graphique d'une fonction affine par morceaux f définie sur $[-3\ ;\ 3]$.

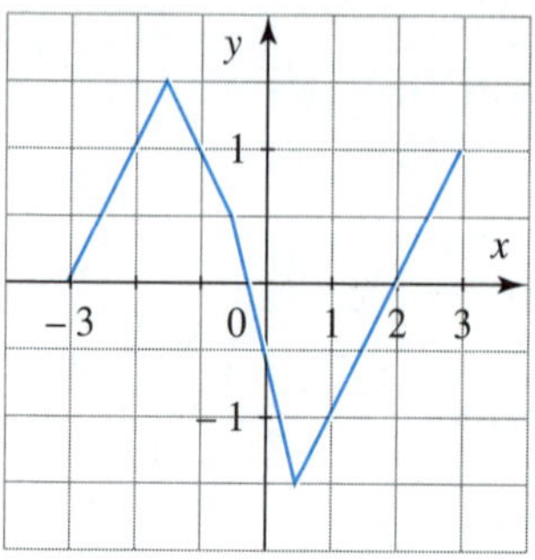

1. Dresser le tableau de variations de cette fonction sur $[-3 ; 3]$.
2. Déterminer le maximum et le minimum de cette fonction sur $[-3 ; 3]$.
3. Pour quelle(s) valeur(s) du réel m l'équation $f(x) = m$ a-t-elle zéro solution dans $[-3 ; 3]$? une solution ? deux ? trois ?
4. Résoudre les inéquations suivantes :

a. $f(x) > 1{,}5$; **b.** $f(x) \geqslant -1{,}5$; **c.** $f(x) < -1$; **d.** $f(x) \geqslant 0{,}5$.

4 | ★★ | 5 min | ▸ P. 124

Une fonction affine f est telle que $f(-1) = -3$ et $f(4) = 7$.
Calculer $f(1)$.

FONCTIONS DE RÉFÉRENCE

5 VRAI OU FAUX ? | ★ | 5 min | ▸ P. 124

a. Si $0 \leqslant x \leqslant 3$ alors $0 \leqslant x^2 \leqslant 9$.
b. Si $0 \leqslant x^2 \leqslant 9$ alors $0 \leqslant x \leqslant 3$.
c. Si $x \leqslant y$ alors $\frac{1}{x} \geqslant \frac{1}{y}$.
d. Le point de coordonnées $(-2 ; -0{,}5)$ est sur la courbe représentative de la fonction inverse.

6 | ★★ | 5 min | ▸ P. 124

En utilisant la courbe représentative de la fonction $x \mapsto x^2$ donner l'intervalle auquel appartient x^2 dans les cas suivants :

a. $x \in]-\infty ; 0]$ **b.** $x \in]-3 ; 1]$
c. $x \in]-2 ; +\infty[$ **d.** $x \in [-8 ; -2[$

7 | ★★ | 5 min | ▸ P. 124

En utilisant la courbe représentative de la fonction $x \mapsto x^2$, préciser les valeurs possibles de x à l'aide d'inégalités ou d'intervalles.

a. $x^2 \leqslant 4$ **b.** $x^2 > 9$ **c.** $2 < x^2 \leqslant 16$

8 | ★★ | 10 min | ▸ P. 124

En utilisant la courbe représentative de la fonction $x \mapsto \frac{1}{x}$, donner l'intervalle auquel appartient $\frac{1}{x}$ dans les cas suivants :

a. $x \in]-\infty ; 0[$ **b.** $x \in]-3 ; -1]$
c. $x \in]1 ; +\infty[$ **d.** $x \in \left[\frac{1}{4} ; 4\right[$

9

★★ | 10 min | ▶ P. 124

En utilisant la courbe représentative de la fonction $x \mapsto \dfrac{1}{x}$, donner l'intervalle auquel appartient x dans les cas suivants :

a. $\dfrac{1}{x} < -2$ **b.** $\dfrac{1}{x} \geqslant \dfrac{4}{3}$ **c.** $1 \leqslant \dfrac{1}{x} < 10$ **d.** $-4 \leqslant \dfrac{1}{x} < -3$

Exercices d'entraînement

10

★★ | 15 min | ▶ P. 124

Pour mesurer une température, nous utilisons le degré Celsius (°C), mais il est aussi possible d'utiliser le degré Fahrenheit (°F). La correspondance entre les deux se fait au moyen d'une fonction affine.

1. a. Sachant que l'eau gèle à 32 °F et bout à 212 °F, déterminer la fonction affine permettant de donner la température en degrés Fahrenheit connaissant la température en degrés Celsius.

b. Déterminer la fonction affine permettant de donner la température en degrés Celsius connaissant la température en degrés Fahrenheit.

2. a. S'il fait -20 °C, donner la température en degrés Fahrenheit.

b. Un livre d'Aldous Huxley s'intitule « Fahrenheit 451 ».
Quelle température en °C cela donne-t-il ?

3. Représenter la première fonction affine, en plaçant les °C en abscisse et les °F en ordonnée.

11

★★ | 10 min | ▶ P. 125

Soit f une fonction affine par morceaux, impaire, définie sur $[-6\,;\,6]$ par :

$$\begin{cases} f(x) = -2x - 12 & \text{si } x \in [-6\,;\,-4] \\ f(x) = -4 & \text{si } x \in [-4\,;\,-2] \\ f(x) = \ldots\ldots & \text{si } x \in [-2\,;\,2] \\ f(x) = \ldots\ldots & \text{si } x \in [2\,;\,4] \\ f(x) = \ldots\ldots & \text{si } x \in [4\,;\,6] \end{cases}$$

Sans justifier, compléter les expressions manquantes, et tracer la représentation graphique de f.

12

★★ | 15 min | ▶ P. 126

Soit f une fonction affine par morceaux, tracée ci-contre, et définie sur $[0 ; 8]$ par :

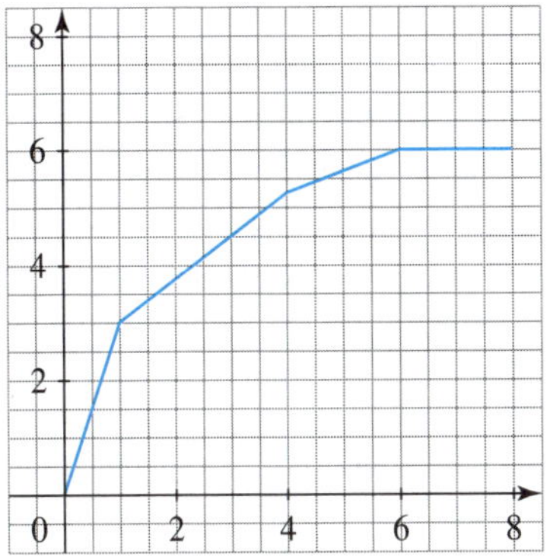

$$\begin{cases} f(x) = \ldots\ldots \text{ si } x \in [\ldots ; \ldots] \\ f(x) = \ldots\ldots \text{ si } x \in [\ldots ; \ldots] \\ f(x) = \ldots\ldots \text{ si } x \in [\ldots ; \ldots] \\ f(x) = \ldots\ldots \text{ si } x \in [\ldots ; \ldots] \end{cases}$$

Sans justifier, compléter les expressions manquantes.

13

★★ | 10 min | ▶ P. 126

Montrer que si une fonction affine est impaire, alors elle est linéaire.

14

★★ | 20 min | ▶ P. 126

On considère la fonction $x \mapsto \sqrt{x}$.

1. Quel est l'ensemble de définition de cette fonction ?

2. **a.** Soit a et b deux réels positifs tels que $a < b$. Montrer que :

$$\sqrt{b} - \sqrt{a} = \frac{b-a}{\sqrt{b}+\sqrt{a}}.$$

b. En déduire le sens de variation de la fonction $x \mapsto \sqrt{x}$.

3. Construire la représentation graphique de cette fonction sur l'intervalle $[0 ; 10]$.

15

★★ | 20 min | ▶ P. 126

On considère la fonction $x \mapsto x^3$.

1. Quel est l'ensemble de définition de cette fonction ?
2. Montrer que cette fonction est impaire.
3. Soit a et b deux réels positifs tels que $a < b$.

a. Montrer que $b^3 - a^3 = (b-a)(a^2 + ab + b^2)$.

b. Montrer que $a^2 + ab + b^2$ est strictement positif.

c. En déduire le sens de variation de la fonction $x \mapsto x^3$ sur $\mathbb{R}^+$.

4. Établir le sens de variation de la fonction $x \mapsto x^3$ sur $\mathbb{R}$.
5. Construire la représentation graphique de cette fonction sur l'intervalle $[-3 ; 3]$.

16

★★ | 15 min | ▶ P. 127

On considère la fonction $x \mapsto |x|$, appelée « fonction valeur absolue ».

1. **a.** Quel est l'ensemble de définition de cette fonction ?

b. Peut-on dire qu'il s'agit d'une fonction affine par morceaux ?

2. Étudier la parité de cette fonction.
3. Dresser le tableau de variations de la fonction $x \mapsto |x|$ sur $\mathbb{R}$.
4. Construire sa représentation graphique sur l'intervalle $[-5 ; 5]$.

17

★★ | 10 min | ▶ P. 128

Les trois fonctions f, g et h définies sur $\mathbb{R}$ par :

$$f(x) = x,\ g(x) = x^2 \text{ et } h(x) = x^3,$$

ont été représentés ci-dessous respectivement par $\mathscr{C}_f$, $\mathscr{C}_g$ et $\mathscr{C}_h$. En observant ces courbes, ranger les nombres x, x^2 et x^3, en distinguant plusieurs cas.

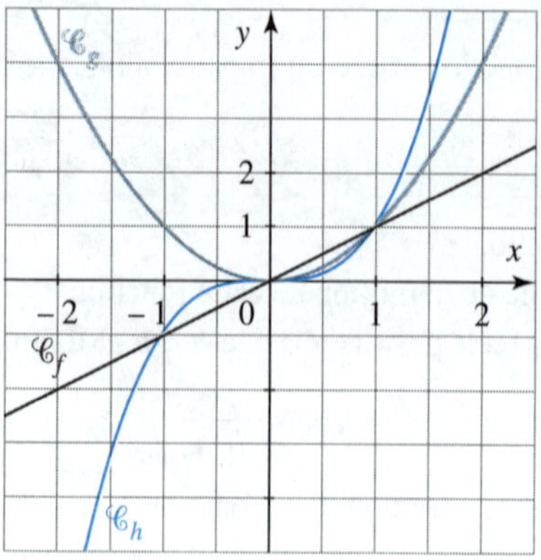

18

★★ | 10 min | ▶ P. 128

On considère la fonction f définie pour tout $x \in \mathbb{R}^*$ par $f(x) = \dfrac{1}{x}$ et les fonctions affines g et h définies pour tout $x \in \mathbb{R}$ par :

$$g(x) = 5x - 4 \text{ et } h(x) = -2x + 1.$$

a. Représenter ces trois fonctions dans un repère orthogonal $(\mathrm{O} ; \vec{i}, \vec{j})$ en se limitant à l'intervalle $[-4 ; 4]$.

b. Résoudre graphiquement l'équation $\dfrac{1}{x} = 5x - 4$ dans l'intervalle $[-4 ; 4]$.

c. Résoudre graphiquement l'équation $\dfrac{1}{x} + 2x - 1 = 0$ dans l'intervalle $[-4 ; 4]$.

Contrôle

19 QCM

★ 10 points, 30 min ▶ P. 128

Pour chacune des questions, une seule proposition est exacte.

1. Parmi les fonctions f, g et h, définies sur $]0\ ;+\infty[$ par :

$$f(x)=x^2\ ,\ g(x)=\frac{1}{x}\ \text{ et }\ h(x)=5-3x\ ,$$

combien sont décroissantes sur $]0\ ;+\infty[$?

a. trois. **b.** deux.
c. une. **d.** aucune.

2. Le minimum de la fonction $x\mapsto\frac{1}{x}$ sur l'intervalle $]-5\ ;2]$ est :

a. $-\frac{1}{5}$. **b.** $-\frac{1}{2}$.
c. 0. **d.** -2.

3. Si x est un nombre non nul strictement compris entre -4 et 3, alors :

a. $\frac{1}{x}>\frac{1}{3}$. **b.** $\frac{1}{x}<-\frac{1}{4}$.
c. $\frac{1}{x}>\frac{1}{3}$ et $\frac{1}{x}<-\frac{1}{4}$. **d.** $\frac{1}{x}>\frac{1}{3}$ ou $\frac{1}{x}<-\frac{1}{4}$.

Pour les questions 4. à 6., on considère la fonction f définie sur $\mathbb{R}$ par :

$$f(x)=\begin{cases}-2x-10 \text{ si } x<-4\\ x+1 \text{ si } -4\leqslant x\leqslant 3\\ -x+8 \text{ si } x>3\end{cases}.$$

4. f est représentée par :

a. une droite. **b.** trois droites.
c. trois segments. **d.** deux demi-droites et un segment.

5. L'image de 3 par f est égale à :

a. -16. **b.** 3.
c. 4. **d.** 5.

6. L'équation $f(x)=0$ a :

a. aucune solution. **b.** une solution.
c. deux solutions. **d.** trois solutions.

Pour les questions 7. à 10., on considère les fonctions f, g, h et k définies par :

$$f(x)=x^2 \ ; \ g(x)=\frac{1}{x} \ ; \ h(x)=x \ ; \ k(x)=-x \ ;$$

et représentées ci-dessous.

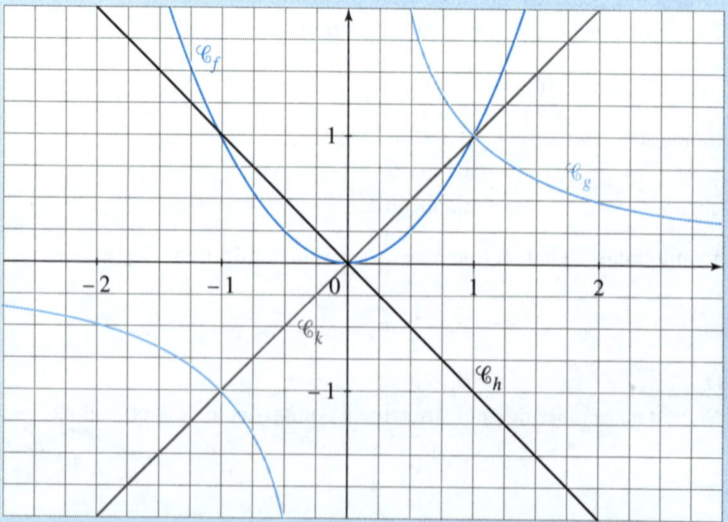

7. L'ensemble des solutions S de l'équation $x^2=\frac{1}{x}$ est :

a. $S=\varnothing$.
b. $S=\{1\}$.
c. $S=\{0\ ;\ 1\}$.
d. $S=\{-1\ ;\ 1\}$.

8. L'ensemble des solutions S de l'équation $\frac{1}{x}+x=0$ est :

a. $S=\varnothing$.
b. $S=\{1\}$.
c. $S=\{0\ ;\ 1\}$.
d. $S=\{-1\ ;\ 1\}$.

9. L'ensemble des solutions S de l'inéquation $x^2<-x$ est :

a. $S=\varnothing$.
b. $S=]-1\ ;\ 0[$.
c. $S=]0\ ;\ 1[$.
d. $S=[-1\ ;\ 1]$.

10. L'ensemble des solutions S de l'inéquation $x\geqslant\frac{1}{x}$ est :

a. $S=\varnothing$.
b. $S=[-1\ ;\ 0[$.
c. $S=[-1\ ;\ 0[\ \cup\ ]0\ ;\ 1]$.
d. $S=[-1\ ;\ 0[\ \cup\ [1\ ;\ +\infty[$.

Contrôle

20 ★★ 5 points, 10 min ▶ P. 129

Soit f une fonction affine par morceaux, impaire, définie sur $[-8 ; 8]$, tracée ci-dessous partiellement.

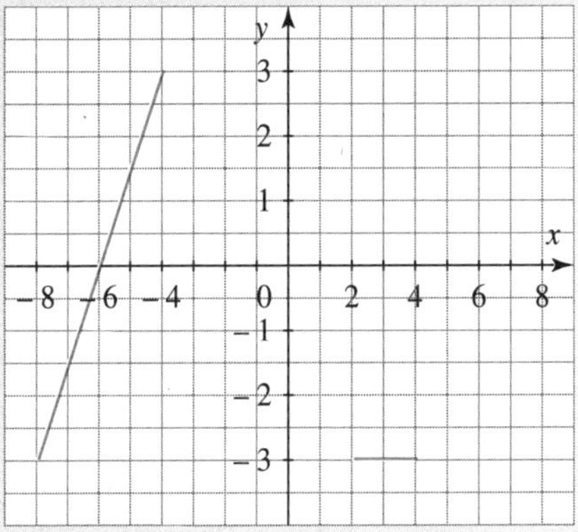

$$\begin{cases} f(x) = \ldots\ldots & \text{si } x \in [-8 ; -4] \\ f(x) = \ldots\ldots & \text{si } x \in [-4 ; -2] \\ f(x) = \ldots\ldots & \text{si } x \in [-2 ; 2] \\ f(x) = \ldots\ldots & \text{si } x \in [2 ; 4] \\ f(x) = \ldots\ldots & \text{si } x \in [4 ; 8] \end{cases}$$

Sans justifier, compléter les expressions manquantes ci-dessus et la représentation graphique ci-contre.

21 Vrai ou faux ? ★★ 4 points, 10 min ▶ P. 129

1. **a.** Si $x \leqslant -1$, alors $x^2 \geqslant 1$.
b. Si $-5 < x \leqslant 0$, alors $x^2 \geqslant 25$.
c. Si $4 < x^2 < 9$, alors $2 < x < 3$.
d. Si $-3 \leqslant x \leqslant 3$, alors $x^2 \leqslant 9$.

2. **a.** Si $x \geqslant 1$, alors $\frac{1}{x} \leqslant 1$.

b. Si $x \leqslant -5$, alors $\frac{1}{x} \geqslant \frac{1}{5}$.

c. Si $-2 < x < -1$, alors $-1 < \frac{1}{x} < -\frac{1}{2}$.

d. Si $0 < x < 10$, alors $\frac{1}{x} > \frac{1}{10}$.

22

★★ 2 points, 5 min ▶ P. 129

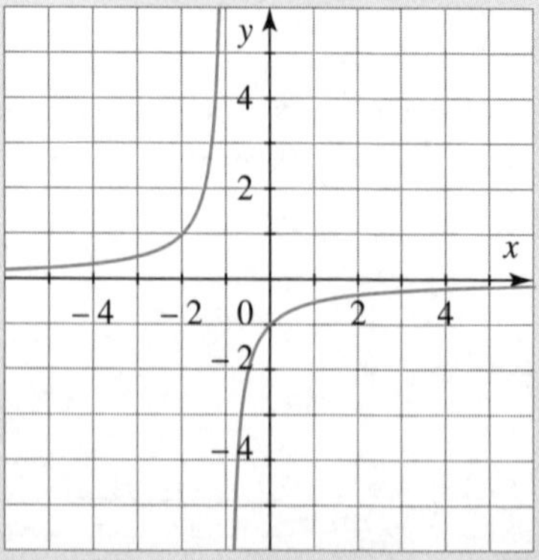

1. La courbe ci-contre représente une fonction f. Préciser laquelle parmi les quatre ci-dessous, en justifiant.

- $x \mapsto \frac{1}{x} + 1$
- $x \mapsto -\frac{1}{x+1}$
- $x \mapsto -\frac{1}{x} - 1$
- $x \mapsto \frac{1}{x-1}$

2. Soit g une fonction affine. Tracer ci-dessus la représentation graphique de g, sachant que $f(x) < g(x)$ pour $x \in]-\infty\ ; -2[\cup]-1\ ; 0[$.

23

★★ 2 points, 5 min ▶ P. 130

Soit x un nombre réel strictement supérieur à 1.

a. Sans justifier, ranger par ordre croissant les nombres x, x^2, x^3 et $\sqrt{x}$.

b. En déduire le rangement par ordre croissant des quatre nombres $\frac{1}{x}$, $\frac{1}{x^2}$, $\frac{1}{x^3}$ et $\frac{1}{\sqrt{x}}$.

24

★★ 3 points, 5 min ▶ P. 130

Une fonction affine f est telle que $f(-2) = 2$ et $f(3) = -1$.
Calculer $f(1)$.

25

★★ 4 points, 10 min ▶ P. 130

On considère les fonctions f et g définies pour tout $x \in \mathbb{R}$ par $f(x) = x^2$ et $g(x) = -x + 2$.

a. Représenter ces deux fonctions dans un repère orthogonal $(O\ ; \vec{i}, \vec{j})$, en se limitant à l'intervalle $[-3\ ; 3]$.

b. Résoudre graphiquement l'équation $x^2 + x - 2 = 0$ dans l'intervalle $[-3\ ; 3]$.

Corrigés

1

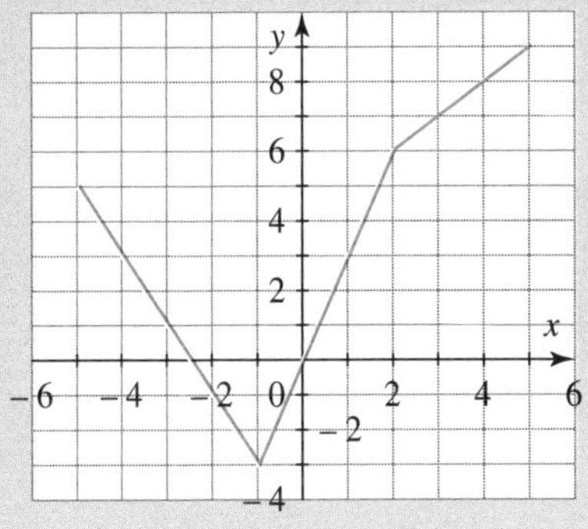

2 $f(x)=\begin{cases}\dfrac{1}{2}x & \text{si } 0 \leqslant x \leqslant 2 \\ -x+3 & \text{si } 2 \leqslant x \leqslant 3\end{cases}$.

3 1.

x	-3	$-1{,}5$	$0{,}5$	3
f	0 ↗	$1{,}5$ ↘	$-1{,}5$ ↗	1

2. Le maximum de cette fonction sur $[-3\ ;\ 3]$ est 1,5. Le minimum de cette fonction sur $[-3\ ;\ 3]$ est $-1{,}5$.

3. Pour déterminer ce nombre de solutions dans $[-3\ ;\ 3]$ on imagine le nombre de points d'intersection de la droite d'équation $y=m$ avec la courbe représentant f.

Si $m<-1{,}5$ ou si $m>-1{,}5$, l'équation $f(x)=m$ n'a pas de solution.

Si $m=-1{,}5$ ou $m=1{,}5$, l'équation $f(x)=m$ a une solution.

Si $-1{,}5<m<0$ ou si $1<m<1{,}5$, l'équation $f(x)=m$ a deux solutions.

Si $0 \leqslant m \leqslant 1$, l'équation $f(x)=m$ a trois solutions.

4. **a.** L'inéquation $f(x)>1{,}5$ n'a pas de solution dans $[-3\ ;\ 3]$.

b. Les solutions de l'inéquation $f(x) \geqslant -1{,}5$ sont les nombres de l'intervalle $[-3\ ;\ 3]$.

c. Les solutions de l'inéquation $f(x)<-1$ sont les nombres de l'intervalle $]0{,}25\ ;\ 1[$.

d. Les solutions de l'inéquation $f(x) \geqslant 0{,}5$ sont les nombres de l'ensemble $[-2{,}5\ ;\ -0{,}5] \cup [2{,}5\ ;\ 3]$.

4 L'accroissement des images et l'accroissement de la variable sont proportionnels, donc $\dfrac{f(4)-f(-1)}{4-(-1)} = \dfrac{f(4)-f(1)}{4-1}$, c'est-à-dire :

$$\frac{7-(-3)}{4-(-1)} = \frac{7-f(1)}{4-1} \Leftrightarrow \frac{10}{5} = \frac{7-f(1)}{3} \Leftrightarrow 6 = 7-f(1) \Leftrightarrow f(1) = 1.$$

5 **a. Vrai**.
b. Faux. Si $0 \leqslant x^2 \leqslant 9$, alors $-3 \leqslant x \leqslant 3$.
c. Faux. C'est incomplet : si x et y sont non nuls et de même signe, et si $x \leqslant y$, alors $\dfrac{1}{x} \geqslant \dfrac{1}{y}$.
d. Vrai, puisque $-0{,}5$ est l'inverse de -2.

6 **a.** Si $x \in\ ]-\infty\ ;\ 0]$, alors $x^2 \in [0\ ;\ +\infty[$.
b. Si $x \in\ ]-3\ ;\ 1]$, alors $x^2 \in [0\ ;\ 9[$.
c. Si $x \in\ ]-2\ ;\ +\infty[$, alors $x^2 \in [0\ ;\ +\infty[$.
d. Si $x \in\ ]-8\ ;\ -2[$, alors $x^2 \in\ ]4\ ;\ 64]$.

7 **a.** $-2 \leqslant x \leqslant 2$.
b. $x \in\ ]-\infty\ ;\ -3[\ \cup\ ]3\ ;\ +\infty[$.
c. $x \in [-4\ ;\ -\sqrt{2}[\ \cup\ ]\sqrt{2}\ ;\ 4]$.

8 **a.** Si $x \in\ ]-\infty\ ;\ 0[$, alors $\dfrac{1}{x} \in\ ]-\infty\ ;\ 0[$.

b. Si $x \in\ ]-3\ ;\ -1]$, alors $\dfrac{1}{x} \in \left[-1\ ;\ -\dfrac{1}{3}\right[$.

c. Si $x \in\ ]1\ ;\ +\infty[$, alors $\dfrac{1}{x} \in\ ]0\ ;\ 1[$.

d. Si $x \in \left[\dfrac{1}{4}\ ;\ 4\right[$, alors $\dfrac{1}{x} \in \left]\dfrac{1}{4}\ ;\ 4\right]$.

9 **a.** Si $\dfrac{1}{x} < -2$, alors $x \in \left]-\dfrac{1}{2}\ ;\ 0\right[$.

b. Si $\dfrac{1}{x} \geqslant \dfrac{4}{3}$, alors $x \in \left]0\ ;\ \dfrac{3}{4}\right]$.

c. Si $1 \leqslant \dfrac{1}{x} < 10$, alors $x \in \left]\dfrac{1}{10}\ ;\ 1\right]$.

d. Si $-4 \leqslant \dfrac{1}{x} < -3$, alors $x \in \left]-\dfrac{1}{3}\ ;\ -\dfrac{1}{4}\right]$.

10 1. **a.** Soit $f : x \mapsto ax+b$ la fonction affine permettant de donner la température en degrés Fahrenheit connaissant la température en degrés Celsius.

D'après les données de l'énoncé, $f(0) = 32$ et $f(100) = 212$. (L'eau gèle à 0 °C et bout à 100 °C.)

On a donc $b = f(0) = 32$ et $a = \dfrac{f(100) - f(0)}{100 - 0} = \dfrac{212 - 32}{100} = 1{,}8$.

Ainsi, si x désigne la température en degrés Celsius, la température en degrés Fahrenheit est $f(x) = 1{,}8x + 32$.

b. $f(x) = 1{,}8x + 32 \Leftrightarrow f(x) - 32 = 1{,}8x$

$$\Leftrightarrow x = \frac{f(x) - 32}{1{,}8} \Leftrightarrow x = \frac{5}{9} f(x) - \frac{160}{9}$$

Soit g la fonction affine permettant de donner la température en degrés Celsius connaissant la température en degrés Fahrenheit. Si x désigne la température en degrés Fahrenheit, la température en degrés Celsius est $g(x) = \dfrac{5}{9} x - \dfrac{160}{9}$.

2. **a.** S'il fait -20 °C, la température est de -4 °F. En effet :

$$f(-20) = 1{,}8 \times (-20) + 32 = -4.$$

b. Cela correspond à une température approximative de 232,8 °C. En effet :

$$g(451) = \frac{5}{9} \times 451 - \frac{160}{9} = \frac{2\ 095}{9} \approx 232{,}8.$$

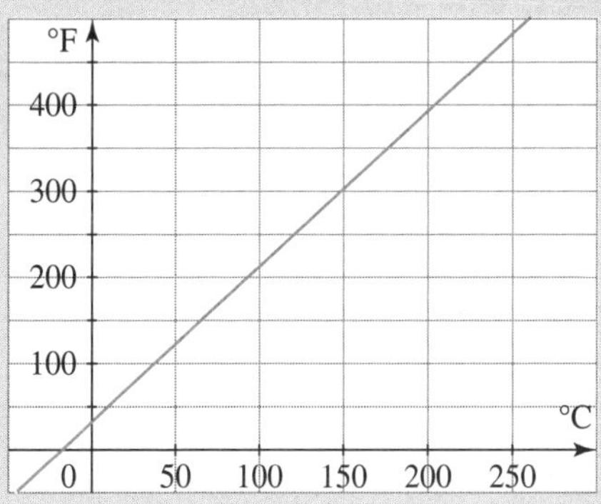

11

$$\begin{cases} f(x) = -2x - 12 & \text{si } x \in [-6\ ;-4] \\ f(x) = -4 & \text{si } x \in [-4\ ;-2] \\ f(x) = 2x & \text{si } x \in [-2\ ;2] \\ f(x) = 4 & \text{si } x \in [2\ ;4] \\ f(x) = -2x + 12 & \text{si } x \in [4\ ;6] \end{cases}$$

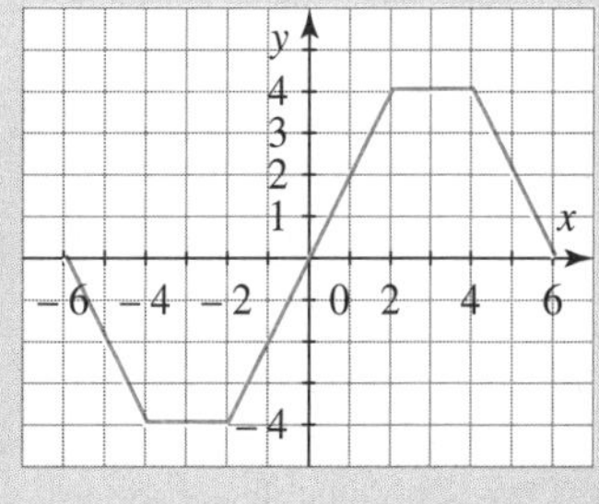

12
$$\begin{cases} f(x) = 3x & \text{si } x \in [0\ ;\ 1] \\ f(x) = \dfrac{3}{4}x + \dfrac{9}{4} & \text{si } x \in [1\ ;\ 4] \\ f(x) = \dfrac{3}{8}x + \dfrac{15}{4} & \text{si } x \in [4\ ;\ 6] \\ f(x) = 6 & \text{si } x \in [6\ ;\ 8] \end{cases}$$

13 Soit f une fonction affine impaire, définie pour tout $x \in \mathbb{R}$ par :

$$f(x) = ax + b.$$

Comme f est impaire, alors $f(-x) = -f(x)$, ce qui donne :
$a \times (-x) + b = -(ax + b) \Leftrightarrow -ax + b = -ax - b \Leftrightarrow b = -b \Leftrightarrow b = 0$.
Par conséquent, $f(x) = ax$: si une fonction affine est impaire, alors elle est linéaire.

14 1. L'ensemble de définition de la fonction $x \mapsto \sqrt{x}$ est $[0\ ;+\infty[$.
2. **a.** Avec une identité remarquable, on écrit :

$$(\sqrt{b} - \sqrt{a})(\sqrt{b} + \sqrt{a}) = (\sqrt{b})^2 - (\sqrt{a})^2 = b - a.$$

Comme la somme $\sqrt{b} + \sqrt{a}$ ne peut s'annuler ($0 \leqslant a < b$, donc b est différent de 0), on obtient $\sqrt{b} - \sqrt{a} = \dfrac{b-a}{\sqrt{b} + \sqrt{a}}$.
b. On a $a < b$, donc $b - a > 0$. De plus, $\sqrt{b} + \sqrt{a}$ est strictement positif. Ainsi, $\sqrt{b} - \sqrt{a} > 0$, c'est-à-dire $\sqrt{a} < \sqrt{b}$. On en déduit que la fonction $x \mapsto \sqrt{x}$ est strictement croissante sur $[0\ ;+\infty[$.
3.

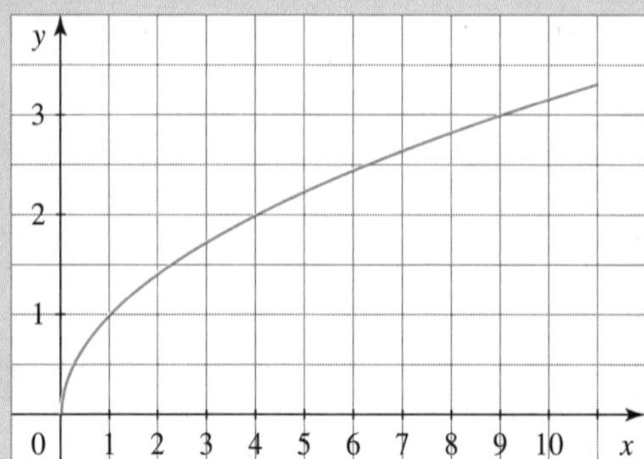

15 1. L'ensemble de définition de la fonction $x \mapsto x^3$ est $\mathbb{R}$.
2. L'ensemble de définition est symétrique par rapport à 0.
De plus, en notant cette fonction f, on a $f(-x) = (-x)^3 = -x^3 = -f(x)$.
On en déduit que f est impaire.
3. **a.** $(b-a)(a^2 + ab + b^2) = ba^2 + ab^2 + b^3 - a^3 - a^2b - ab^2$

$$= b^3 - a^3.$$

b. Comme a et b sont tous deux positifs, leur produit ab l'est aussi. La somme de ce nombre avec deux carrés est donc un nombre positif. Comme b n'est pas nul, $(0 \leqslant a < b)$, $a^2 + ab + b^2$ est strictement positif.
c. On a $a < b$, donc $b - a > 0$. Le produit $(b - a)(a^2 + ab + b^2)$ est donc strictement positif, c'est-à-dire $b^3 - a^3 > 0$, soit $a^3 < b^3$. On en déduit que $x \mapsto x^3$ est strictement croissante sur $[0\ ;+\infty[$.
4. La fonction étant impaire, elle est aussi strictement croissante sur $]-\infty\ ;0]$.
Ainsi, la fonction $x \mapsto x^3$ est strictement croissante sur $]-\infty\ ;+\infty[$.
5.

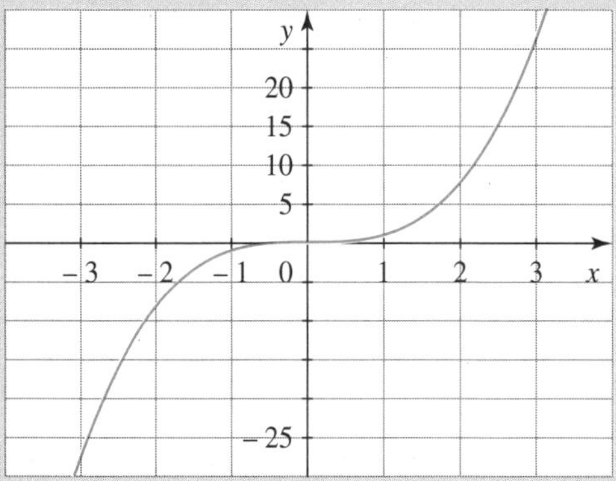

16 **1. a.** L'ensemble de définition de la fonction $x \mapsto |x|$ est $\mathbb{R}$.
b. Rappelons que $|x| = \begin{cases} x & \text{si } x \geqslant 0 \\ -x & \text{si } x \leqslant 0 \end{cases}$. La fonction est définie à l'aide de deux expressions différentes du type $ax + b$ sur deux intervalles différents. C'est donc une fonction affine par morceaux.
2. On note f cette fonction. L'ensemble de définition est symétrique par rapport à 0. De plus, on a $f(-x) = |-x| = |x| = f(x)$.
On en déduit que f est paire.
3.

x	$-\infty$	0	$+\infty$
$x \mapsto \lvert x\rvert$	↘	0	↗

4.

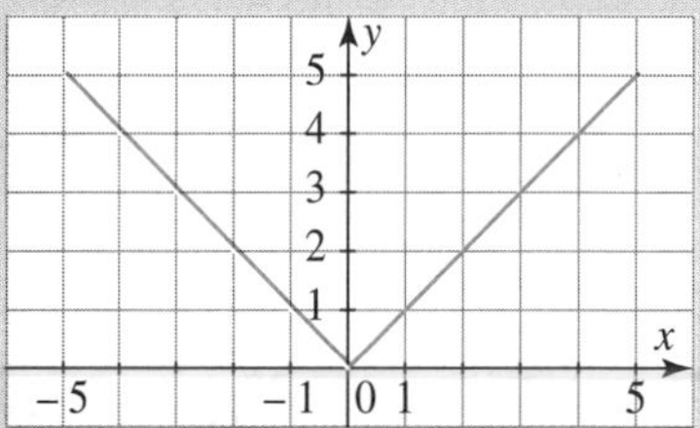

17 Si $x \leqslant -1$, alors $x^3 \leqslant x \leqslant x^2$.
Si $-1 \leqslant x \leqslant 0$, alors $x \leqslant x^3 \leqslant x^2$.
Si $0 \leqslant x \leqslant 1$, alors $x^3 \leqslant x^2 \leqslant x$.
Si $x \geqslant 1$, alors $x \leqslant x^2 \leqslant x^3$.

18 **a.**

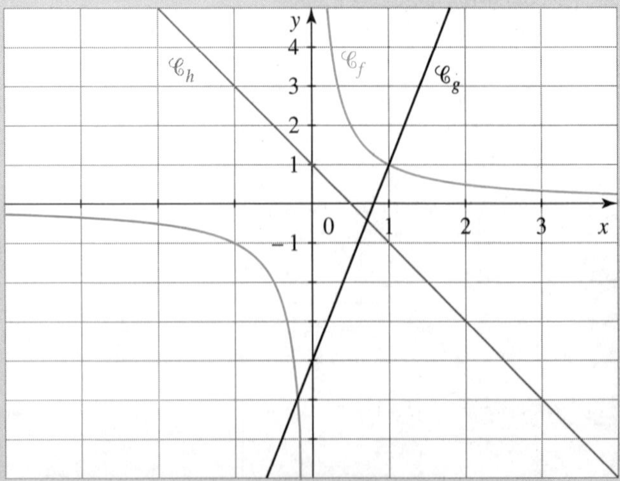

b. Les solutions de cette équation sont les abscisses des points d'intersection des deux courbes représentant f et g. Les solutions sont donc $-\frac{1}{5}$ et 1.

> **!** **Remarque : pour la lecture graphique de la première solution, il est plus judicieux de lire l'ordonnée du point d'intersection : comme il s'agit de -5, on en déduit que l'abscisse est $-\frac{1}{5}$.**

c. Les deux courbes ne se coupent pas, donc l'équation $\frac{1}{x} = -2x + 1$ n'a pas de solution dans $[-4 ; 4]$. Il en est de même pour l'équation équivalente $\frac{1}{x} + 2x - 1 = 0$.

19 1. Réponse **b.** f est croissante sur $]0 ; +\infty[$, les deux autres sont décroissantes.

2. Réponse **b.** La fonction $x \mapsto \frac{1}{x}$ est décroissante sur $]-5 ; -2]$, donc le minimum est $-\frac{1}{2}$. On remarquera que cette fonction n'a pas de maximum car l'intervalle est ouvert en -5.

3. Réponse **d.** Si $-4 < x < 0$, alors $\frac{1}{x} < -\frac{1}{4}$. Si $0 < x < 3$, alors $\frac{1}{x} > \frac{1}{3}$.

4. Réponse **d.** Le segment correspond à l'intervalle $[-4\ ;\ 3]$, les demi-droites aux intervalles $]-\infty\ ;\ -4[$ et $]3\ ;\ +\infty[$.
5. Réponse **c.** $f(3) = 3 + 1 = 4$.
6. Réponse **d.** Première solution : $-2x - 10 = 0 \Leftrightarrow x = -5$ qui est bien dans $]-\infty\ ;\ -4[$. Deuxième solution : $x + 1 = 0 \Leftrightarrow x = -1$ qui est bien dans $[-4\ ;\ 3]$. Troisième solution : $-x + 8 = 0 \Leftrightarrow x = 8$ qui est bien dans $]3\ ;\ +\infty[$.
7. Réponse **b.** Un seul point d'intersection entre les courbes des fonctions f et g, d'abscisse 1.
8. Réponse **a.** $\frac{1}{x} + x = 0 \Leftrightarrow \frac{1}{x} = -x$. Les courbes des fonctions g et k ne se coupent pas.
9. Réponse **b.** La courbe de f est strictement au-dessous de celle de k pour les abscisses dans l'intervalle $]-1\ ;\ 0[$.
10. Réponse **d.** La courbe de h est au-dessus de celle de g pour les abscisses dans la réunion d'intervalles $[-1\ ;\ 0[\cup [1\ ;\ +\infty[$.

20

$$\begin{cases} f(x) = \frac{3}{2}x + 9 & \text{si } x \in [-8\ ;\ -4] \\ f(x) = 3 & \text{si } x \in [-4\ ;\ -2] \\ f(x) = -\frac{3}{2}x & \text{si } x \in [-2\ ;\ 2] \\ f(x) = -3 & \text{si } x \in [2\ ;\ 4] \\ f(x) = \frac{3}{2}x - 9 & \text{si } x \in [4\ ;\ 8] \end{cases}$$

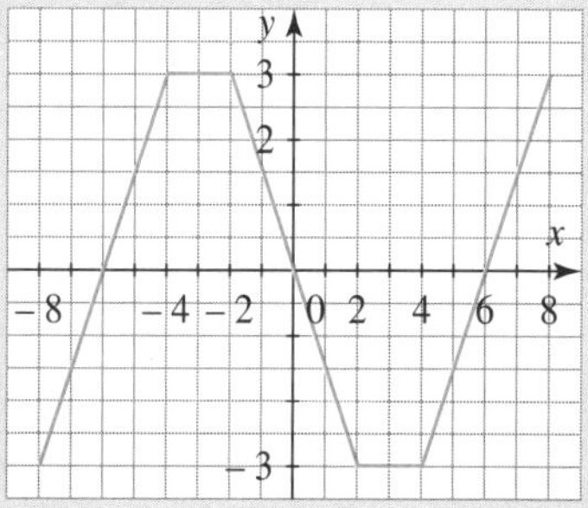

21 1. **a.** Vrai. **b.** Faux. **c.** Faux. **d.** Vrai.
2. **a.** Vrai. **b.** Faux. **c.** Vrai. **d.** Vrai.

22 1. Sur le graphique, on voit que -1 n'a pas d'image par f. La seule fonction pour laquelle -1 est une valeur interdite est la deuxième de la liste : $x \mapsto -\frac{1}{x+1}$.

2.

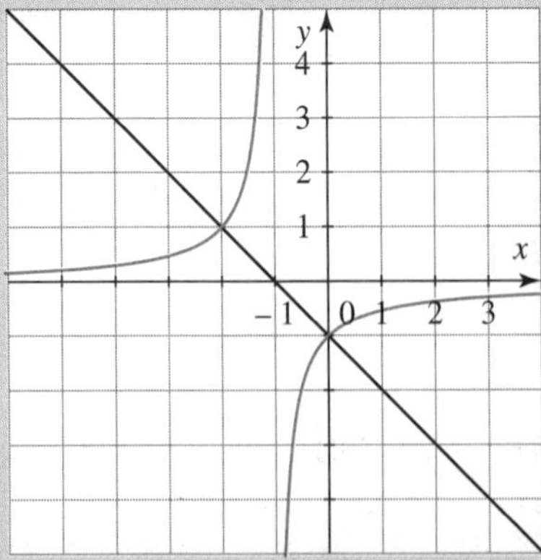

23 **a.** Si $x > 1$, alors $\sqrt{x} < x < x^2 < x^3$.
b. Des nombres de même signe et leurs inverses sont rangés dans l'ordre contraire, donc $\frac{1}{x^3} < \frac{1}{x^2} < \frac{1}{x} < \frac{1}{\sqrt{x}}$.

24 L'accroissement des images et l'accroissement de la variable sont proportionnels, donc $\frac{f(3) - f(-2)}{3 - (-2)} = \frac{f(3) - f(1)}{3 - 1}$, c'est-à-dire :

$$\frac{-3}{5} = \frac{-1 - f(1)}{2} \Leftrightarrow -\frac{6}{5} = -1 - f(1) \Leftrightarrow f(1) = \frac{1}{5}.$$

25 **a.**

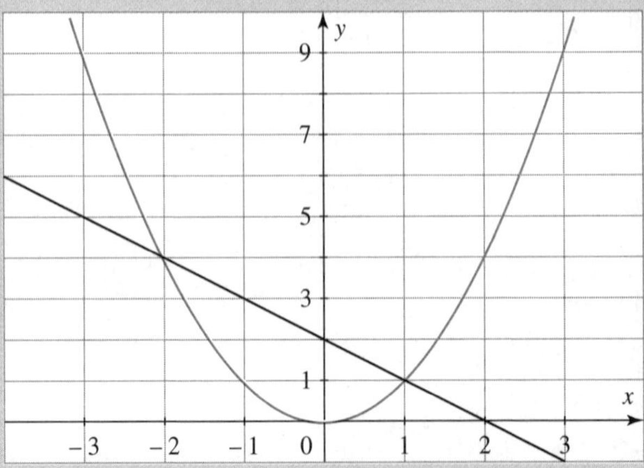

b. Les solutions de cette équation sont les abscisses des points d'intersection des deux courbes. En effet :

$$f(x) = g(x) \Leftrightarrow x^2 = -x + 2$$
$$\Leftrightarrow x^2 + x - 2 = 0.$$

Les solutions sont donc -2 et 1.

7 Fonctions trigonométriques

I CERCLE TRIGONOMÉTRIQUE

On se place dans un repère orthonormal $(O\ ;\ \vec{i}, \vec{j})$.

On appelle **cercle trigonométrique** le cercle de centre O et de rayon 1, muni d'un sens de parcours positif.

Par convention, le sens positif est le sens inverse des aiguilles d'une montre.

Le sens positif est aussi appelé sens direct. L'autre sens est le sens négatif ou sens indirect.

II LE RADIAN

Soit un cercle de rayon 1.

Le radian est la mesure de l'angle au centre qui intercepte sur ce cercle un arc de longueur 1.

Les mesures d'un angle en radians et en degrés sont proportionnelles. On a $180° = \pi$ rad.

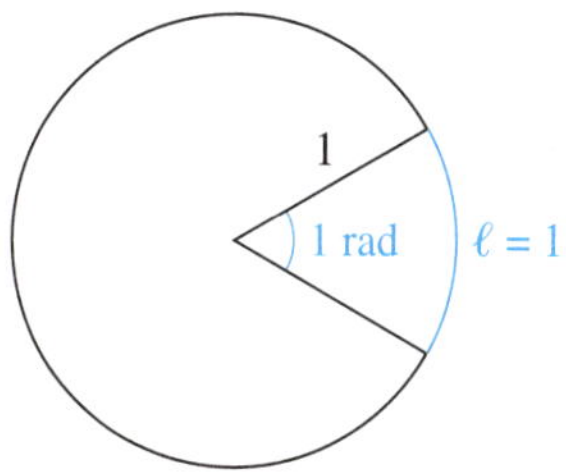

III COSINUS ET SINUS D'UN NOMBRE RÉEL

À chaque nombre réel x, on peut associer un unique point M sur le cercle trigonométrique. On dit que M est l'image du réel x.

Ce point est l'image d'une infinité de nombres réels qui peuvent s'écrire $x + 2k\pi$, où $k \in \mathbb{Z}$.

1. Définitions

Soit x un nombre réel quelconque et M son image sur le cercle trigonométrique.

Dans le repère $(O ; \vec{i}, \vec{j})$, l'abscisse de M est notée **cos *x*** (on lit « cosinus de *x* »), l'ordonnée de M est notée **sin *x*** (on lit « sinus de *x* »).
Ainsi, les coordonnées de M dans le repère $(O ; \vec{i}, \vec{j})$, sont donc $(\cos x ; \sin x)$.

2. Propriétés

- Pour tout $x \in \mathbb{R}$, $-1 \leqslant \cos x \leqslant 1$ et $-1 \leqslant \sin x \leqslant 1$.
- Pour tout $x \in \mathbb{R}$, $\cos^2 x + \sin^2 x = 1$.
- Pour tout $x \in \mathbb{R}$ et pour tout $k \in \mathbb{Z}$:

$$\cos(x + 2k\pi) = \cos x \text{ et } \sin(x + 2k\pi) = \sin x.$$

- **Propriétés de symétrie**

Pour tout $x \in \mathbb{R}$:

$$\cos(-x) = \cos x \quad \text{et} \quad \sin(-x) = -\sin x.$$
$$\cos(x + \pi) = -\cos x \quad \text{et} \quad \sin(x + \pi) = -\sin x.$$
$$\cos(\pi - x) = -\cos x \quad \text{et} \quad \sin(\pi - x) = \sin x.$$

3. Valeurs remarquables

***x* (en radians)**	0	$\frac{\pi}{6}$	$\frac{\pi}{4}$	$\frac{\pi}{3}$	$\frac{\pi}{2}$	π	$\frac{3\pi}{2}$	2π
cos *x*	1	$\frac{\sqrt{3}}{2}$	$\frac{\sqrt{2}}{2}$	$\frac{1}{2}$	0	-1	0	1
sin *x*	0	$\frac{1}{2}$	$\frac{\sqrt{2}}{2}$	$\frac{\sqrt{3}}{2}$	1	0	-1	0

IV LES FONCTIONS TRIGONOMÉTRIQUES

1. Fonctions périodiques

On dit qu'une fonction f définie sur $\mathbb{R}$ est périodique, de période T si, et seulement si, pour tout $x \in \mathbb{R}$, $f(x + T) = f(x)$.

2. La fonction cosinus

Notée cos, elle associe à tout nombre réel x son cosinus $\cos x$.
Elle est définie sur $\mathbb{R}$; c'est une fonction paire, périodique de période 2π.

Sens de variation sur $[0 ; \pi]$

La fonction cos est strictement décroissante sur $[0 ; \pi]$.

3. La fonction sinus

Notée sin, elle associe à tout nombre réel x son sinus $\sin x$.
Elle est définie sur $\mathbb{R}$; c'est une fonction impaire, périodique de période 2π.

Sens de variation sur $[0\,;\pi]$

La fonction sin est strictement croissante sur $\left[0\,;\frac{\pi}{2}\right]$ et strictement décroissante sur $\left[\frac{\pi}{2}\,;\pi\right]$.

4. Représentations graphiques

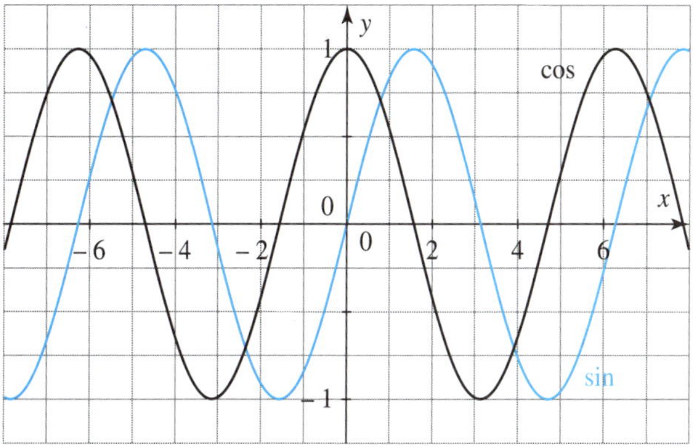

Les deux courbes sont superposables, l'une étant l'image de l'autre par une translation.

EXERCICES D'APPLICATION

CERCLE TRIGONOMÉTRIQUE

1 | ★ | 10 min | ▶ P. 142

Placer sur le cercle trigonométrique les points images des nombres réels suivants :

$0 \,;\, \frac{\pi}{2} \,;\, \pi \,;\, \frac{3\pi}{2} \,;\, 2\pi \,;\, -\pi \,;\, -\frac{\pi}{2} \,;\, \frac{\pi}{4} \,;\, -\frac{\pi}{4} \,;\, \frac{3\pi}{4} \,;\, -\frac{\pi}{6} \,;\, \frac{\pi}{3} \,;\, \frac{2\pi}{3} \,;\, \frac{5\pi}{12}.$

2 | ★ | 10 min | ▶ P. 142

Quelles sont les valeurs exactes de :

$$\cos\left(\frac{4\pi}{3}\right),\ \sin\left(-\frac{5\pi}{4}\right),\ \sin\left(\frac{17\pi}{3}\right) \text{ et } \cos\left(-\frac{35\pi}{4}\right)\ ?$$

3 | ★ | 10 min | ▶ P. 142

a. Convertir en radians : 15° ; 105° ; 150° ; 40° ; 36°.

b. Convertir en degrés : $\frac{3\pi}{4} \,;\, \frac{5\pi}{12} \,;\, \frac{3\pi}{10} \,;\, \frac{7\pi}{8} \,;\, \frac{7\pi}{15}.$

4 | ★★ | 15 min | ▶ P. 143

En s'aidant du cercle trigonométrique, résoudre dans $[0 \,;\, \pi]$ les équations :

a. $\cos x = -\frac{\sqrt{3}}{2}$ **b.** $2\cos x = -1$ **c.** $\sin x = 0$

d. $\sin x = -\frac{3}{2}$ **e.** $\sin x = -\frac{\sqrt{2}}{2}$

5 | ★★ | 15 min | ▶ P. 144

En s'aidant du cercle trigonométrique, résoudre dans $[0 \,;\, \pi]$ les inéquations :

a. $\cos x < -\frac{\sqrt{3}}{2}$ **b.** $\sin x \geqslant \frac{\sqrt{2}}{2}$ **c.** $\sin x > 0$

AVEC LES FORMULES

6 | ★ | 5 min | ▶ P. 145

On a $\cos x = \frac{3}{5}$ et $x \in [0 \,;\, \pi]$. Trouver $\sin x$.

7 | ★ | 5 min | ▶ P. 145

Soit $x \in \mathbb{R}$. Simplifier $(\cos x + \sin x)^2 + (\cos x - \sin x)^2 - 2$.

8 | ★★ | 10 min | ▶ P. 145

En s'aidant des symétries du cercle trigonométrique, calculer la valeur exacte des nombres A et B :

$A = \cos\frac{\pi}{3} + \cos\frac{2\pi}{3} + \cos\frac{4\pi}{3} + \cos\frac{5\pi}{3}$;

$B = \sin\left(-\frac{\pi}{6}\right) + \sin\left(\frac{5\pi}{6}\right) + \sin\left(-\frac{17\pi}{6}\right)$.

9 **Vrai ou Faux ?** | ★ | 10 min | ▶ P. 145

1. **a.** $1 \text{ rad} = \frac{180°}{\pi}$ **b.** $\sin(1) = 0$ **c.** $\sin(1\,001\pi) = 0$

d. $\cos(1\,001\pi) = 1$ **e.** $\cos\frac{1}{2} = \frac{\pi}{3}$

2. Soit x un nombre réel quelconque.

a. $\cos\left(x + \frac{\pi}{4}\right) = \cos x + \cos\frac{\pi}{4}$ **b.** $\cos\left(x + \frac{\pi}{4}\right) = \cos x + \frac{\pi}{4}$

c. $\cos^2 x = 2\cos x$ **d.** Si $\cos x = -1$, alors $x = -\pi$.

e. Si $x \in [0\,;\pi]$ et si $\cos x = -\frac{\sqrt{2}}{2}$ et $\sin x = \frac{\sqrt{2}}{2}$, alors $x = \frac{3\pi}{4}$.

Exercices d'entraînement

10 | ★★ | 10 min | ▶ P. 146

Exprimer en fonction de $\cos x$:

$A(x) = -4\cos(x - \pi) + \cos(2\pi - x) - \cos(-x)$
$- 3\cos(3\pi - x) - 9\cos(12\pi + x)$.

11 | ★★ | 10 min | ▶ P. 146

Montrer que, pour tout $x \in \mathbb{R}$:

$$(1 + \cos x + \sin x)^2 = 2(1 + \cos x)(1 + \sin x).$$

12

★★ | 5 min | ▶ P. 146

Soit x un nombre réel quelconque. En utilisant des encadrements de $\cos x$ et de $\sin x$, déterminer des encadrements de :

a. $\cos x + \sin x$ **b.** $\cos^2 x$ **c.** $\cos\left(x + \frac{\pi}{3}\right)$ **d.** $\cos x \times \sin x$.

13

★★ | 30 min | ▶ P. 146

1. On considère la fonction f définie sur $\mathbb{R}$ par :

$$f(x) = \sin(4x).$$

a. Montrer que f est une fonction impaire.

b. Montrer que f est une fonction périodique, de période $\frac{\pi}{2}$.

2. On considère la fonction g définie sur $\mathbb{R}$ par :

$$g(x) = \cos\left(\frac{x}{3}\right).$$

a. Montrer que g est une fonction paire.

b. Montrer que g est une fonction périodique, de période 6π.

3. On considère que la fonction h est définie sur $\mathbb{R}$. On suppose que h est périodique, de période π. Montrer que $h\left(\frac{21\pi}{4}\right) = h\left(\frac{\pi}{4}\right)$.

14

★★ | 20 min | ▶ P. 147

1. Pour tout $x \in \mathbb{R}$ tel que $\cos x \neq 0$, on définit la tangente du nombre x que l'on note $\tan x$, par $\tan x = \frac{\sin x}{\cos x}$.

Calculer $\tan \frac{\pi}{3}$ et $\tan \frac{\pi}{4}$.

2. On note tan la fonction « tangente », qui à tout nombre réel x tel que $\cos x \neq 0$, associe $\tan x$.

a. Montrer que tan est une fonction impaire.

b. Montrer que tan est une fonction périodique, de période π.

15

★★★ | 15 min | ▶ P. 147

Résoudre dans $]-\pi\,;\,\pi]$ l'équation $\cos^2 x - \sin^2 x = -\frac{1}{2}$.

Plus d'exercices sur www.100pour100exos.com

Contrôle

16 QCM

★ 6 points, 15 min ▶ P. 148

Pour chacune des questions, une et une seule proposition est exacte.

1. Si un angle a pour mesure 36°, alors sa mesure en radians est :

a. $\frac{\pi}{36}$ **b.** $\frac{\pi}{5}$ **c.** $\frac{\pi}{10}$ **d.** $\frac{\pi}{18}$

2. Si un angle a pour mesure $\frac{7\pi}{15}$ radians, alors sa mesure en degrés est :

a. 7° **b.** 42° **c.** 84° **d.** 168°

3. A et B sont deux points sur un cercle de centre O et de rayon 10. La mesure de l'angle $\widehat{AOB}$ en radians est $\frac{\pi}{5}$. Alors la longueur de l'arc de cercle $\overset{\frown}{AB}$ intercepté par cet angle est :

a. $\frac{\pi}{50}$ **b.** $\frac{50}{\pi}$ **c.** $\frac{\pi}{5}$ **d.** 2π

4. Pour tout $x \in \mathbb{R}$, $\cos^4 x - \sin^4 x =$:

a. 1 **b.** $\cos x - \sin x$ **c.** $2\cos^2 x - 1$ **d.** $\cos 4x - \sin 4x$

5. L'équation $\cos x = -1$ dans $[0\ ;\ 2\pi]$:

a. a deux solutions : $-\pi$ et π **b.** a une solution : π

c. a une solution : $\frac{3\pi}{2}$ **d.** n'a pas de solution

6. Le nombre de solutions de l'équation $\sin x = \frac{1}{2}$ dans $[0\ ;\ 8\pi]$ est :

a. 0 **b.** 2 **c.** 4 **d.** 8

17

★ 3 points, 5 min ▶ P. 148

Associer les points A, B, C, D, E, et F sur le cercle trigonométrique ci-contre et les réels suivants dont ils sont les images.

$-\frac{3\pi}{4}$; $-\frac{4\pi}{3}$; $-\frac{11\pi}{6}$; 10π ;

$\frac{1\ 000\ 001\pi}{4}$; $\frac{3\pi}{2}$.

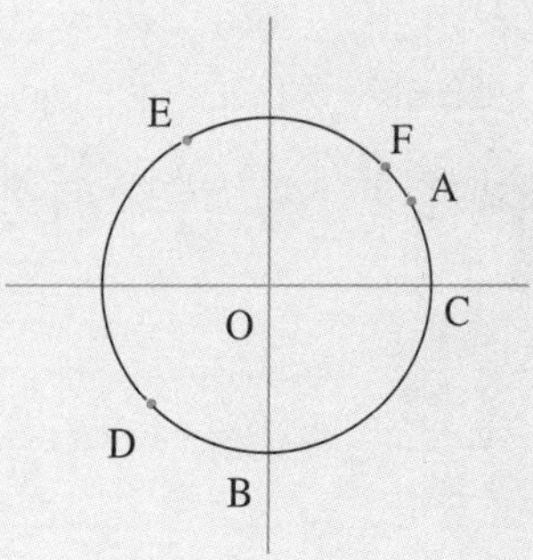

18

★ 2 points, 5 min ▸ P. 148

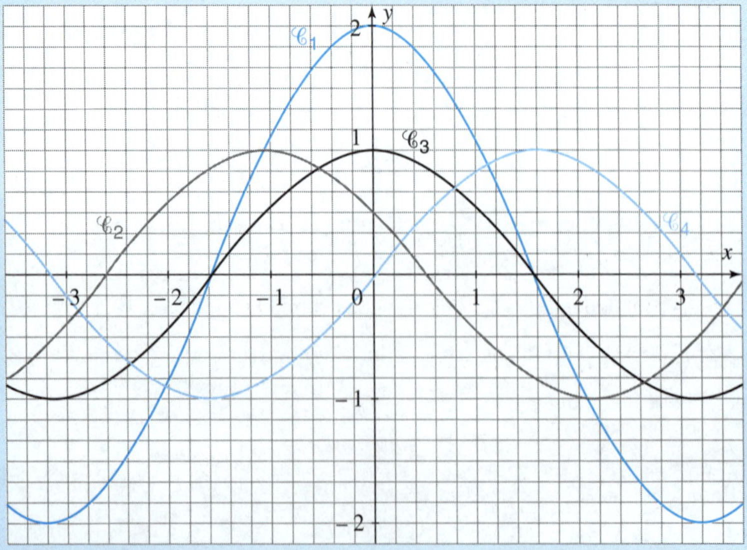

Associer à chaque courbe une fonction choisie dans la liste ci-dessous :

$f : x \mapsto \sin x$ $\quad g : x \mapsto \cos x$

$h : x \mapsto 2\cos x$ $\quad k : x \mapsto \cos\left(x - \dfrac{\pi}{3}\right)$

$\ell : x \mapsto \cos\left(x + \dfrac{\pi}{3}\right)$ $\quad m : x \mapsto \cos 2x$

$n : x \mapsto \cos^2 x$ $\quad p : x \mapsto 2\sin x$.

19

★ 1 point, 5 min ▸ P. 149

Déterminer, à l'aide la calculatrice, une valeur approchée de x à 0,01 près, sachant que $x \in \left[-\pi\,;-\dfrac{\pi}{2}\right]$ et $\cos x = -0{,}3$.

20

★ 1 point, 5 min ▸ P. 149

Simplifier : $A(x) = -2\cos(x + 3\pi) - \cos(\pi - x) - 3\cos(-x)$.

21

★ 1 point, 5 min ▸ P. 149

On considère la fonction f définie sur $\mathbb{R}$ par :

$$f(x) = \cos\left(2x + \frac{\pi}{4}\right).$$

Montrer que f est une fonction périodique, de période π.

22

★★ 6 points, 15 min ▸ P. 149

a. Résoudre l'équation $\cos x = \frac{\sqrt{2}}{2}$ dans $[0 ; 2\pi]$.

b. Résoudre l'inéquation $\cos x < 0$ dans $[-\pi ; \pi]$.

c. Résoudre l'inéquation $\sin x > \frac{\sqrt{3}}{2}$ dans $\left[0 ; \frac{\pi}{2}\right]$.

Contrôle

23 Vrai ou Faux ?

★ 5 points, 15 min ▸ p. 150

Aucune justification n'est demandée. Les trois questions sont indépendantes.

1. On considère un nombre réel quelconque x et son opposé $-x$.

a. Ces deux nombres ont des points images sur le cercle trigonométrique qui sont symétriques par rapport à l'axe des ordonnées.

b. Les cosinus de ces deux nombres sont égaux.

c. Les sinus de ces deux nombres sont égaux.

d. Le point image du nombre $x+\pi$ est diamétralement opposé au point image de x sur le cercle trigonométrique.

2. On considère deux nombres x et x' dans l'intervalle $\left[-\frac{\pi}{2}\,;0\right]$, tels que $x<x'$.

a. $\sin x \geqslant 0$.

b. $\cos x \leqslant 0$.

c. $\sin x < \sin x'$.

3. On considère la fonction f définie sur $\mathbb{R}$ par $f(x)=\sin(2x)$.

a. $f(x)=2\sin x$.

b. La fonction f est impaire.

c. $f\left(\frac{\pi}{4}\right)=1$.

24

★ 1 point, 2 min ▸ p. 151

Compléter :

a. $\frac{11\pi}{12}$ rad = ...°

b. 20° = ... rad

25

★ 3 points, 5 min ▸ p. 151

Placer sur le cercle trigonométrique les points images des nombres réels suivants :

$$\frac{\pi}{6}\,;\quad -\frac{5\pi}{2}\,;\quad 4\pi\,;\quad \frac{5\pi}{4}\,;\quad -\frac{2\pi}{3}\,;\quad \frac{401\pi}{4}.$$

26 ★★ 6 points, 15 min ▶ P. 151

En s'aidant d'un cercle trigonométrique, résoudre les équations et l'inéquation suivantes dans l'intervalle proposé :

a. $\cos x = 0$ dans $[0 ; 2\pi]$.

b. $\cos x = \frac{1}{2}$ dans $\left[-\frac{\pi}{2} ; \frac{\pi}{2}\right]$.

c. $\sin x = -\frac{\sqrt{2}}{2}$ dans $[0 ; 2\pi]$.

d. $\sin x > \frac{\sqrt{3}}{2}$ dans l'intervalle $[0 ; 2\pi]$.

27 ★★ 3 points, 10 min ▶ P. 153

Soit x un nombre réel tel que $\sin x = -\frac{5}{13}$ et $x \in \left[-\frac{\pi}{2} ; \frac{\pi}{2}\right]$.

Calculer la valeur exacte de $\cos x$.

28 ★★ 2 points, 5 min ▶ P. 153

Montrer que, pour tout $x \in \mathbb{R}$, $\cos^4 x - \sin^4 x = 1 - 2\sin^2 x$.

Corrigés

1 Les réels 0 ; $\frac{\pi}{2}$; π ; $\frac{3\pi}{2}$; 2π ; $-\pi$; $-\frac{\pi}{2}$ ont respectivement pour images les points : A, B, C, D, A, C, et D.

Les réels $\frac{\pi}{4}$; $-\frac{\pi}{4}$; $\frac{3\pi}{4}$; $-\frac{\pi}{6}$; $\frac{\pi}{3}$; $\frac{2\pi}{3}$; $\frac{5\pi}{12}$ ont respectivement pour images les points : E, F, G, H, I, J, et K.

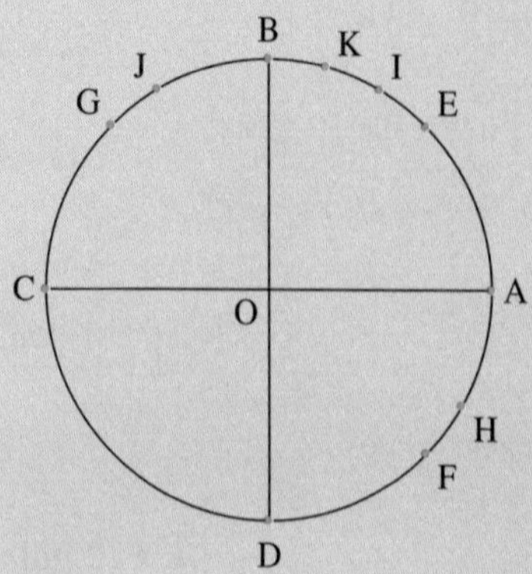

2 $\cos\left(\frac{4\pi}{3}\right) = -\frac{1}{2}$; $\sin\left(-\frac{5\pi}{4}\right) = \frac{\sqrt{2}}{2}$;

$\sin\left(\frac{17\pi}{3}\right) = -\frac{\sqrt{3}}{2}$; $\cos\left(-\frac{35\pi}{4}\right) = -\frac{\sqrt{2}}{2}$.

3 **a.** $15° = \frac{\pi}{12}$ rad ; $105° = \frac{7\pi}{12}$ rad ;

$150° = \frac{5\pi}{6}$ rad ; $40° = \frac{2\pi}{9}$ rad ;

$36° = \frac{\pi}{5}$ rad.

b. $\frac{3\pi}{4} = 135°$; $\frac{5\pi}{12} = 75°$;

$\frac{3\pi}{10} = 54°$; $\frac{7\pi}{8} = 157{,}5°$;

$\frac{7\pi}{15} = 84°$.

4 **a.** Sur la figure ci-contre, les points M et M′ ont pour abscisse $-\dfrac{\sqrt{3}}{2}$.

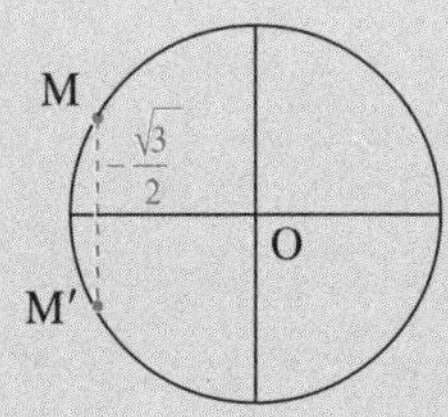

Le seul nombre réel de $[0\ ;\ \pi]$ ayant pour image M est $\dfrac{5\pi}{6}$.

Aucun nombre réel de $[0\ ;\ \pi]$ n'a pour image M′.

Conclusion :

L'équation $\cos x = -\dfrac{\sqrt{3}}{2}$ admet une solution dans $[0\ ;\ \pi]$: $\dfrac{5\pi}{6}$.

b. $2\cos x = -1 \Leftrightarrow \cos x = -\dfrac{1}{2}$.

Sur la figure ci-contre, les points M et M′ ont pour abscisse $-\dfrac{1}{2}$.

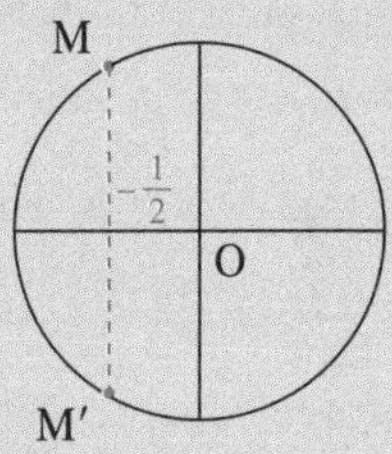

Le seul nombre réel de $[0\ ;\ \pi]$ ayant pour image M est $\dfrac{2\pi}{3}$.

Aucun nombre réel de $[0\ ;\ \pi]$ n'a pour image M′.

Conclusion :

L'équation $2\cos x = -1$ admet une solution dans $[0\ ;\ \pi]$: $\dfrac{2\pi}{3}$.

c. Sur la figure ci-contre, les points M et M′ ont pour ordonnée 0.

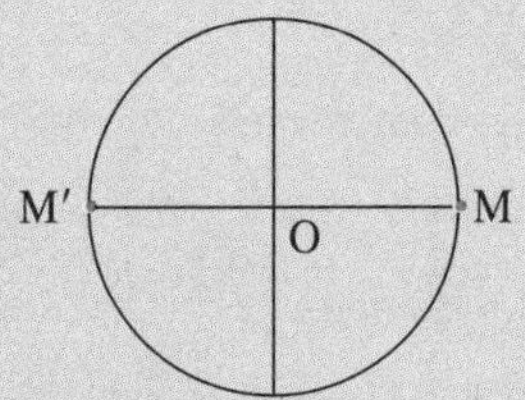

Le seul nombre réel de $[0\ ;\ \pi]$ ayant pour image M est 0.

Le seul nombre réel de $[0\ ;\ \pi]$ ayant pour image M′ est π.

Conclusion :

L'équation $\sin x = 0$ admet deux solutions dans $[0\ ;\ \pi]$: 0 et π.

d. Cette équation n'a pas de solution, puisque pour tout $x \in \mathbb{R}$, $-1 \leqslant \sin x \leqslant 1$.

e. Sur la figure ci-contre, les points M et M′ ont pour ordonnée $-\dfrac{\sqrt{2}}{2}$.

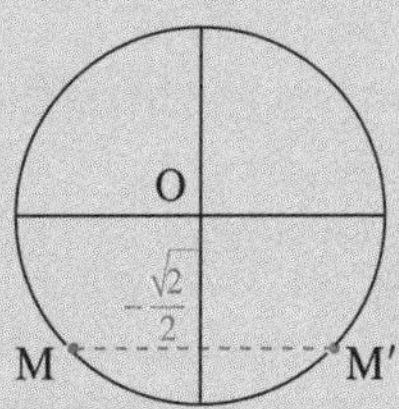

Aucun nombre réel de $[0\ ;\ \pi]$ n'a pour image M ou M′.

Conclusion :

L'équation $\sin x = -\dfrac{\sqrt{2}}{2}$ n'a pas de solution dans $[0\ ;\ \pi]$.

5 **a.** Sur la figure ci-contre, les points M et M′ ont pour abscisse $-\frac{\sqrt{3}}{2}$.

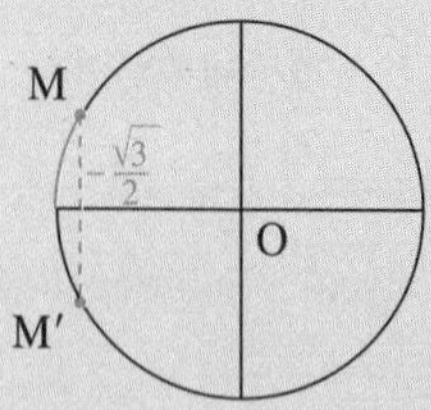

Le seul nombre réel de $[0 ; \pi]$ ayant pour image M est $\frac{5\pi}{6}$.

Aucun nombre de $[0 ; \pi]$ n'a pour image M′.

Les nombres réels de $[0 ; \pi]$ dont le cosinus est strictement inférieur à $-\frac{\sqrt{3}}{2}$ ont une image sur l'arc de cercle dessiné en couleur.

Conclusion :

Les solutions de l'inéquation $\cos x < -\frac{\sqrt{3}}{2}$ dans l'intervalle $[0 ; \pi]$ sont les nombres de l'intervalle $\left]\frac{5\pi}{6} ; \pi\right]$.

b. Sur la figure ci-contre, les points M et M′ ont pour ordonnée $\frac{\sqrt{2}}{2}$.

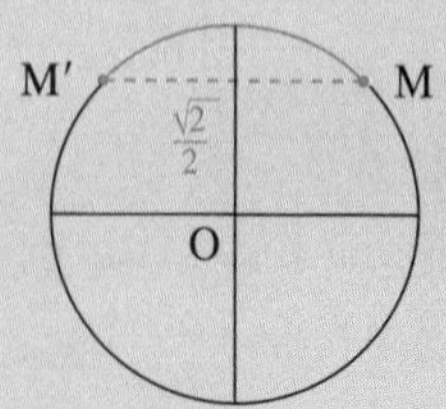

Le seul nombre réel de $[0 ; \pi]$ ayant pour image M est $\frac{\pi}{4}$.

Le seul nombre réel de $[0 ; \pi]$ ayant pour image M′ est $\frac{3\pi}{4}$.

Les nombres réels de $[0 ; \pi]$ dont le sinus est supérieur à $\frac{\sqrt{2}}{2}$ ont une image sur l'arc de cercle dessiné en couleur.

Conclusion :

Les solutions de l'inéquation $\sin x \geqslant \frac{\sqrt{2}}{2}$ dans l'intervalle $[0 ; \pi]$ sont les nombres de l'intervalle $\left[\frac{\pi}{4} ; \frac{3\pi}{4}\right]$.

c. Sur la figure ci-contre, les points M et M′ ont pour ordonnée 0.

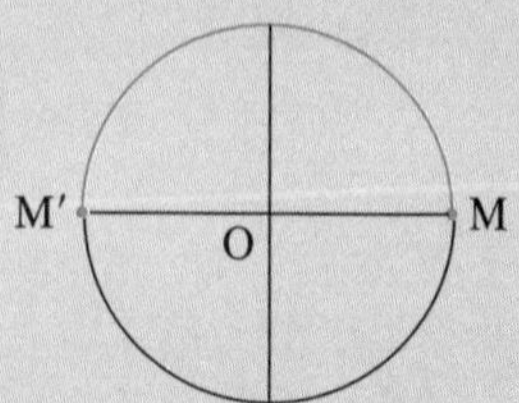

Le seul nombre réel de $[0 ; \pi]$ ayant pour image M est 0.

Le seul nombre réel de $[0 ; \pi]$ ayant pour image M′ est π.

Les nombres réels de $[0 ; \pi]$ dont le sinus est strictement supérieur à 0 ont une image sur l'arc de cercle dessiné en couleur.

Conclusion :

Les solutions de l'inéquation $\sin x > 0$ dans l'intervalle $[0 ; \pi]$ sont les nombres de l'intervalle $]0 ; \pi[$.

6 On a $\cos x = \frac{3}{5}$, donc $\cos^2 x = \left(\frac{3}{5}\right)^2 = \frac{9}{25}$.

Comme $\cos^2 x = 1 - \sin^2 x$, il vient $1 - \sin^2 x = \frac{9}{25}$, d'où :

$$\sin^2 x = 1 - \frac{9}{25} = \frac{16}{25}.$$

On en déduit que $\sin x = \sqrt{\frac{16}{25}} = \frac{4}{5}$ ou $\sin x = -\sqrt{\frac{16}{25}} = -\frac{4}{5}$.

Comme $x \in [0 \,;\, \pi]$, le sinus de x est positif.

Par conséquent, la valeur exacte de $\sin x$ est $\frac{4}{5}$.

7 $(\cos x + \sin x)^2 + (\cos x - \sin x)^2 - 2$
$= \cos^2 x + \sin^2 x + 2\cos x \sin x + \cos^2 x + \sin^2 x - 2\cos x \sin x - 2$
$= 1 + 1 - 2$
$= 0$,
puisque $\cos^2 x + \sin^2 x = 1$.

8 Les points M, N, P et Q sont respectivement les images des nombres $\frac{\pi}{3}$, $\frac{2\pi}{3}$, $\frac{4\pi}{3}$ et $\frac{5\pi}{3}$.

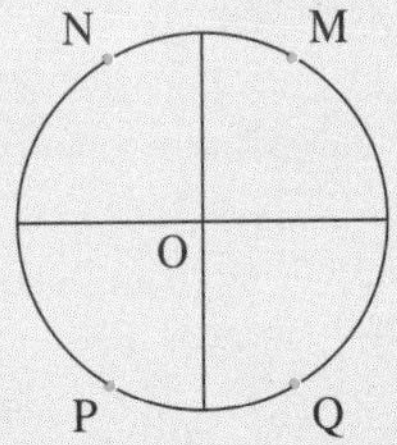

Par symétrie, on remarque que :

$\cos\frac{\pi}{3} = \cos\frac{5\pi}{3} = \frac{1}{2}$ et $\cos\frac{2\pi}{3} = \cos\frac{4\pi}{3} = -\frac{1}{2}$,

d'où $A = \frac{1}{2} - \frac{1}{2} - \frac{1}{2} + \frac{1}{2} = 0$.

Les points M, N, et P sont respectivement les images des nombres $-\frac{\pi}{6}$, $\frac{5\pi}{6}$, et $-\frac{17\pi}{6}$.

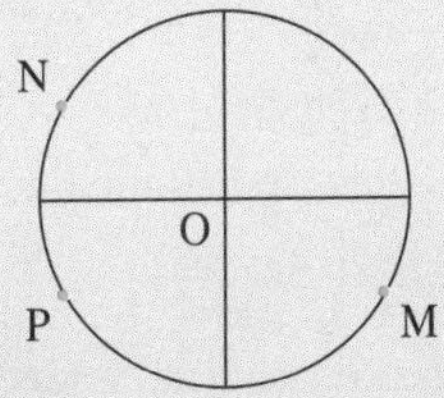

La fonction sinus étant impaire, on a :

$\sin\left(-\frac{\pi}{6}\right) = -\sin\left(\frac{\pi}{6}\right) = -\frac{1}{2}$.

Par symétrie, on remarque que :

$$\sin\frac{5\pi}{6} = -\sin\left(-\frac{17\pi}{6}\right), \text{ d'où } B = -\frac{1}{2}.$$

9 1. **a. Vrai**, puisque π rad $= 180°$.
b. Faux.
c. Vrai.
d. Faux. On a plutôt $\cos(1\,001\pi) = -1$.
e. Faux. En revanche on a $\cos\frac{\pi}{3} = \frac{1}{2}$.

2. **a. Faux.**
b. Faux.
c. Faux.
d. Faux. En revanche, si $x = -\pi$, alors $\cos x = -1$.
e. Vrai.

10 Pour le premier terme de cette somme, on a $\cos(x - \pi) = -\cos x$.
Les deux suivants s'annulent car $\cos(2\pi - x) = \cos(-x)$.
Pour le quatrième terme, on a $\cos(3\pi - x) = \cos(\pi - x) = -\cos x$.
Pour le dernier terme, $\cos(12\pi + x) = \cos x$.
Donc $A(x) = -4(-\cos x) - 3(-\cos x) - 9\cos x = -2\cos x$.

11 Pour tout $x \in \mathbb{R}$:

$$\begin{aligned}(1 + \cos x + \sin x)^2 &= (1 + \cos x)^2 + \sin^2 x + 2(1 + \cos x)(\sin x)\\ &= 1 + \cos^2 x + 2\cos x + \sin^2 x + 2(1 + \cos x)(\sin x)\\ &= 2 + 2\cos x + 2(1 + \cos x)(\sin x)\\ &= 2(1 + \cos x) + 2(1 + \cos x)(\sin x)\\ &= 2(1 + \cos x)(1 + \sin x).\end{aligned}$$

12 Rappelons tout d'abord les encadrements utilisés. Pour tout $x \in \mathbb{R}$:

$$-1 \leqslant \cos x \leqslant 1 \text{ et } -1 \leqslant \sin x \leqslant 1.$$

a. $-2 \leqslant \cos x + \sin x \leqslant 2$.
b. $0 \leqslant \cos^2 x \leqslant 1$.
c. $-1 \leqslant \cos\left(x + \frac{\pi}{3}\right) \leqslant 1$.
d. $-1 \leqslant \cos x \sin x \leqslant 1$.

13 1. **a.** La fonction est définie sur un ensemble symétrique par rapport à 0.
De plus, pour tout $x \in \mathbb{R}$,

$$\begin{aligned}f(-x) &= \sin(4 \times (-x))\\ &= \sin(-4x) = -\sin(4x)\\ &= -f(x).\end{aligned}$$

Par conséquent, la fonction est impaire.

b. Pour tout $x \in \mathbb{R}$,

$$\begin{aligned}f\left(x + \frac{\pi}{2}\right) &= \sin\left(4\left(x + \frac{\pi}{2}\right)\right)\\ &= \sin(4x + 2\pi) = \sin(4x) = f(x).\end{aligned}$$

Cela signifie que la fonction f est périodique, de période $\frac{\pi}{2}$.

2. **a.** La fonction est définie sur un ensemble symétrique par rapport à 0.
De plus, pour tout $x \in \mathbb{R}$, $g(-x) = \cos\left(\frac{-x}{3}\right) = \cos\left(\frac{x}{3}\right) = g(x)$.
Par conséquent, la fonction est paire.

b. Pour tout $x \in \mathbb{R}$, $g(x+6\pi) = \cos\left(\frac{x+6\pi}{3}\right) = \cos\left(\frac{x}{3} + \frac{6\pi}{3}\right)$

$$= \cos\left(\frac{x}{3} + 2\pi\right) = \cos\left(\frac{x}{3}\right) = g(x).$$

Cela signifie que la fonction g est périodique, de période 6π.

3. On a $h\left(\frac{21\pi}{4}\right) = h\left(\frac{\pi}{4} + \frac{20\pi}{4}\right) = h\left(\frac{\pi}{4} + 5\pi\right)$.

Comme h est périodique, de période π, on a $h\left(\frac{\pi}{4} + 5\pi\right) = h\left(\frac{\pi}{4}\right)$.

Par conséquent, $h\left(\frac{21\pi}{4}\right) = h\left(\frac{\pi}{4}\right)$.

14 $\tan\frac{\pi}{3} = \dfrac{\sin\frac{\pi}{3}}{\cos\frac{\pi}{3}} = \dfrac{\frac{\sqrt{3}}{2}}{\frac{1}{2}} = \sqrt{3}$ et $\tan\frac{\pi}{4} = \dfrac{\sin\frac{\pi}{4}}{\cos\frac{\pi}{4}} = \dfrac{\frac{\sqrt{2}}{2}}{\frac{\sqrt{2}}{2}} = 1$.

1. **a.** La fonction est définie sur un ensemble symétrique par rapport à 0.
De plus, pour tout $x \in \mathbb{R}$, tel que $\cos x \neq 0$:

$$\tan(-x) = \frac{\sin(-x)}{\cos(-x)} = \frac{-\sin x}{\cos x} = -\tan(x).$$

Par conséquent, la fonction est impaire.

b. Pour tout $x \in \mathbb{R}$, tel que $\cos x \neq 0$:

$$\tan(x+\pi) = \frac{\sin(x+\pi)}{\cos(x+\pi)} = \frac{-\sin x}{-\cos x} = \frac{\sin x}{\cos x} = \tan(x).$$

Cela signifie que la fonction tan est périodique, de période π.

15 En utilisant la relation, $\cos^2 x = 1 - \sin^2 x$, on obtient :

$$\cos^2 x - \sin^2 x = -\frac{1}{2} \Leftrightarrow 1 - \sin^2 x - \sin^2 x = -\frac{1}{2}$$

$$\Leftrightarrow 1 - 2\sin^2 x = -\frac{1}{2}$$

$$\Leftrightarrow 2\sin^2 x = \frac{3}{2}$$

$$\Leftrightarrow \sin^2 x = \frac{3}{4}.$$

D'où $\sin x = \sqrt{\frac{3}{4}} = \frac{\sqrt{3}}{2}$ ou $\sin x = -\sqrt{\frac{3}{4}} = -\frac{\sqrt{3}}{2}$.

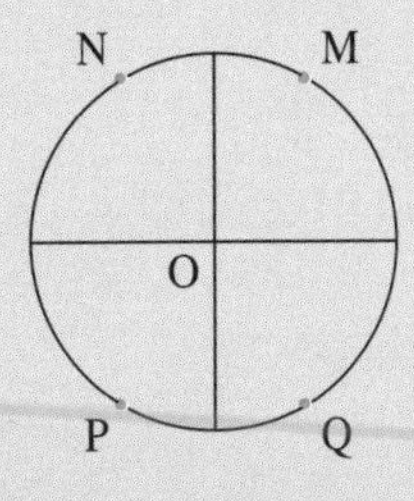

Sur la figure ci-contre, les points M et N ont pour ordonnée $\frac{\sqrt{3}}{2}$, et les points P et Q ont pour ordonnée $-\frac{\sqrt{3}}{2}$.

Le seul nombre réel de $]-\pi\,;\,\pi]$ ayant pour image M est $\frac{\pi}{3}$.

Le seul nombre réel de $]-\pi\,;\,\pi]$ ayant pour image N est $\frac{2\pi}{3}$.

Le seul nombre réel de $]-\pi\,;\,\pi]$ ayant pour image P est $-\frac{2\pi}{3}$.

Le seul nombre réel de $]-\pi\,;\,\pi]$ ayant pour image Q est $-\frac{\pi}{3}$.

Conclusion : l'équation $\cos^2 x - \sin^2 x = -\frac{1}{2}$ admet quatre solutions dans $]-\pi\,;\,\pi]$: $-\frac{2\pi}{3}, -\frac{\pi}{3}, \frac{\pi}{3}, \frac{2\pi}{3}$.

16 1. Réponse **b.** Si d est la mesure en degrés, la mesure en radians est $\frac{\pi d}{180}$. Ici, $\frac{36\pi}{180} = \frac{\pi}{5}$.

2. Réponse **c.** Si α est la mesure en radians, la mesure en radians est $\frac{180\alpha}{\pi}$.

Ici, $180\,\dfrac{\frac{7\pi}{15}}{\pi} = 84$.

3. Réponse **d.** Si la mesure de l'angle en radians est α, et si le rayon du cercle est r, alors la longueur de l'arc de cercle intercepté est $r\alpha$. Ici $10 \times \frac{\pi}{5} = 2\pi$.

4. Réponse **c.** Pour tout $x \in \mathbb{R}$,
$\cos^4 x - \sin^4 x = (\cos^2 x - \sin^2 x)(\cos^2 x + \sin^2 x) = \cos^2 x - \sin^2 x$, car $\cos^2 x + \sin^2 x = 1$.
De plus, $\sin^2 x = 1 - \cos^2 x$,
donc $\cos^2 x - \sin^2 x = \cos^2 x - (1 - \cos^2 x) = 2\cos^2 x - 1$.

5. Réponse **b.** $\cos \pi = -1$.

6. Réponse **d.** Il y a deux solutions dans $[0\,;\,2\pi]$, puis deux autres dans $[2\pi\,;\,4\pi]$, dans $[4\pi\,;\,6\pi]$, et dans $[6\pi\,;\,8\pi]$.

17 $-\frac{3\pi}{4}$: point D ; $-\frac{4\pi}{3}$: point E ; $-\frac{11\pi}{6}$: point A ;
10π : point C ; $\frac{1\,000\,001\pi}{4}$: point F ; $\frac{3\pi}{2}$: point B.

18 Courbe $\mathscr{C}_1$: h. Courbe $\mathscr{C}_2$: ℓ.
Courbe $\mathscr{C}_3$: g. Courbe $\mathscr{C}_4$: f.

19 Pour $\cos x = -0{,}3$, la calculatrice (réglée en mode radians) indique $x \approx 1{,}27$. Mais cette valeur ne convient pas, car $x \in \left[-\pi\,;\,-\frac{\pi}{2}\right]$.

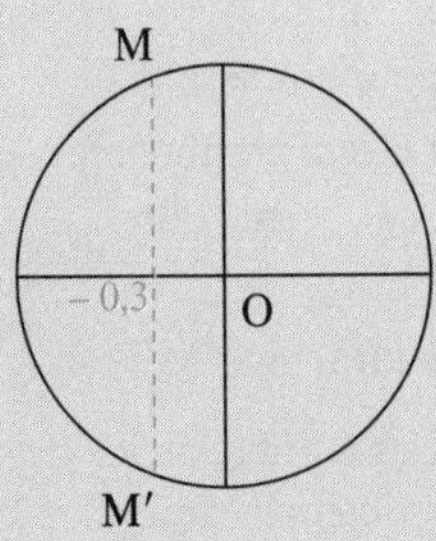

Un cercle trigonométrique nous montre qu'il existe deux points M et M′ ayant pour abscisse $-0{,}3$. La valeur donnée par la calculatrice est un réel qui a pour image M, et le point M′ est l'image du réel $-1{,}27$ qui appartient bien à l'intervalle souhaité.

Conclusion : $x \approx -1{,}27$.

20 Pour tout $x \in \mathbb{R}$, on a :
$\cos(x + 3\pi) = -\cos x$, $\cos(\pi - x) = -\cos x$ et $\cos(-x) = \cos x$.
Donc :
$A(x) = -2 \times (-\cos x) - (-\cos x) - 3\cos x = 2\cos x + \cos x - 3\cos x = 0$

21 Pour tout $x \in \mathbb{R}$:

$$f(x+\pi) = \cos\left(2(x+\pi) + \frac{\pi}{4}\right) = \cos\left(2x + \frac{\pi}{4} + 2\pi\right)$$

$$= \cos\left(2x + \frac{\pi}{4}\right) = f(x).$$

Cela montre que f est une fonction périodique, de période π.

22 **a.** Sur la figure ci-contre, les points M et M′ ont pour abscisse $\frac{\sqrt{2}}{2}$.

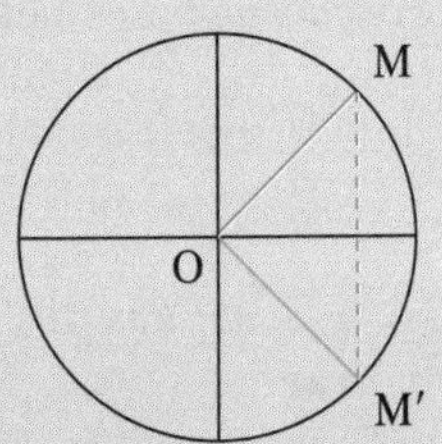

Le seul nombre réel de $[0\,;\,2\pi]$ ayant pour image M est $\frac{\pi}{4}$.

Le seul nombre réel de $[0\,;\,2\pi]$ ayant pour image M est $\frac{7\pi}{4}$.

Conclusion :
L'équation $\cos x = \frac{\sqrt{2}}{2}$ a deux solutions dans $[0\,;\,2\pi]$: $\frac{\pi}{4}$ et $\frac{7\pi}{4}$.

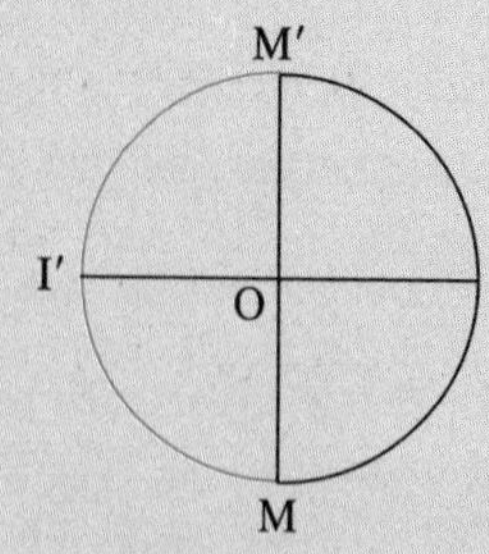

b. Sur la figure ci-contre, les points M et M′ ont pour abscisse 0.
Le seul nombre réel de $[-\pi\ ;\ \pi]$ ayant pour image M est $-\frac{\pi}{2}$. Le seul nombre réel de $[-\pi\ ;\ \pi]$ ayant pour image M′ est $\frac{\pi}{2}$.
Les nombres réels de $[-\pi\ ;\ \pi]$ dont le cosinus est strictement inférieur à 0 ont une image sur les arcs de cercles dessinés en couleur.

Conclusion :
Les solutions de l'inéquation $\cos x < 0$ dans l'intervalle $[-\pi\ ;\ \pi]$ sont les nombres de l'intervalle $\left[-\pi\ ;\ -\frac{\pi}{2}\right[\cup \left]\frac{\pi}{2}\ ;\ \pi\right]$.

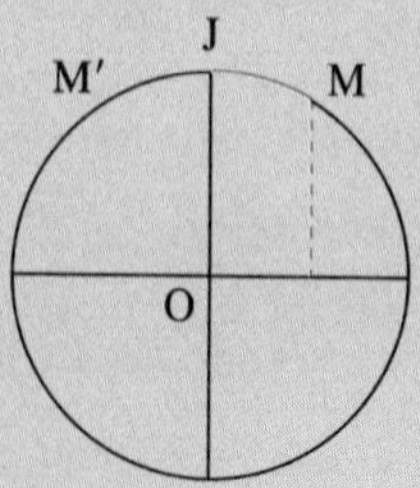

c. Sur la figure ci-contre, les points M et M′ ont pour ordonnée $\frac{\sqrt{3}}{2}$.

Le seul nombre réel de $\left[0\ ;\ \frac{\pi}{2}\right]$ ayant pour image M est $\frac{\pi}{3}$. Aucun réel de $\left[0\ ;\ \frac{\pi}{2}\right]$ n'a pour image M′.

Les nombres réels de $\left[0\ ;\ \frac{\pi}{2}\right]$ dont le sinus est supérieur à $\frac{\sqrt{3}}{2}$ ont une image sur l'arc de cercle dessiné en couleur.

Conclusion : Les solutions de l'inéquation $\sin x > \frac{\sqrt{3}}{2}$ dans l'intervalle $\left[0\ ;\ \frac{\pi}{2}\right]$ sont les nombres de l'intervalle $\left]\frac{\pi}{3}\ ;\ \frac{\pi}{2}\right]$.

23 1. **a. Faux**, il s'agit d'une symétrie par rapport à l'axe des abscisses.
b. Vrai.
c. Faux, ils sont opposés.
d. Vrai, puisque la longueur d'un demi-cercle est π.
2. **a. Faux**.
b. Faux.
c. Vrai, car la fonction sin est croissante sur $\left[-\frac{\pi}{2}\ ;\ 0\right]$.
3. **a. Faux**.
b. Vrai, puisque $f(-x) = \sin\ (2 \times (-x)) = \sin\ (-2x) = -\sin\ (2x)$
Donc $f(-x) = -f(x)$.
c. Vrai, car $f\left(\frac{\pi}{4}\right) = \sin\left(2 \times \frac{\pi}{4}\right) = \sin\left(\frac{\pi}{2}\right) = 1$.

24 **a.** $\frac{11\pi}{12}$ rad $= 165°$. **b.** $20° = \frac{\pi}{9}$ rad.

25 Les réels $\frac{\pi}{6}$, $-\frac{5\pi}{2}$, 4π, $\frac{5\pi}{4}$, $-\frac{2\pi}{3}$, et $\frac{401\pi}{4}$ ont respectivement pour images les points K, L, M, N, P, et Q.

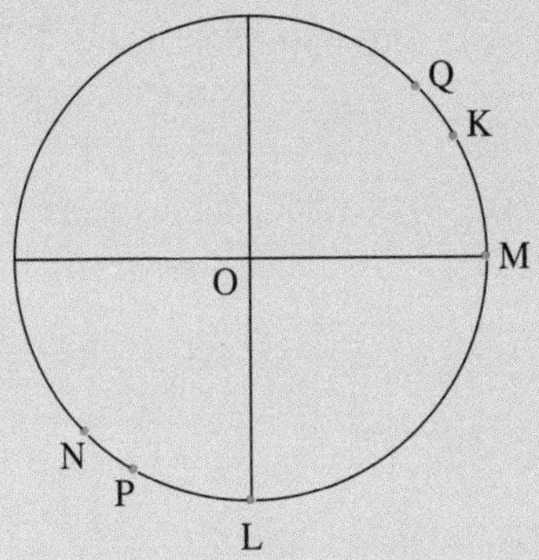

26 **a.** Sur la figure ci-contre, les points M et M′ ont pour abscisse 0.

Le seul nombre réel de $[0\ ;\ 2\pi]$ ayant pour image M est $\frac{\pi}{2}$.

Le seul nombre réel de $[0\ ;\ 2\pi]$ ayant pour image M′ est $\frac{3\pi}{2}$.

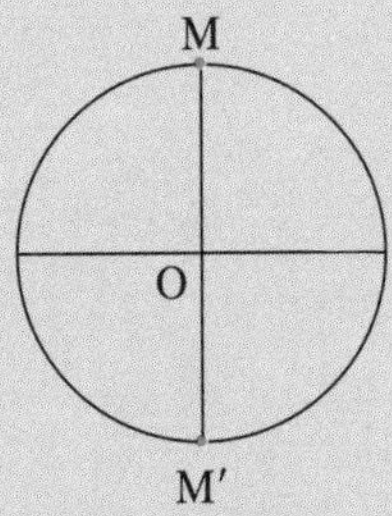

Conclusion :

L'équation $\cos x = 0$ admet deux solutions dans $[0\ ;\ 2\pi]$: $\frac{\pi}{2}$ et $\frac{3\pi}{2}$.

b. Sur la figure ci-contre, les points M et M′ ont pour abscisse $\frac{1}{2}$.

Le seul nombre réel de $\left[-\frac{\pi}{2}\ ;\ \frac{\pi}{2}\right]$ ayant pour image M est $\frac{\pi}{3}$. Le seul nombre réel de $\left[-\frac{\pi}{2}\ ;\ \frac{\pi}{2}\right]$ ayant pour image M′ est $-\frac{\pi}{3}$.

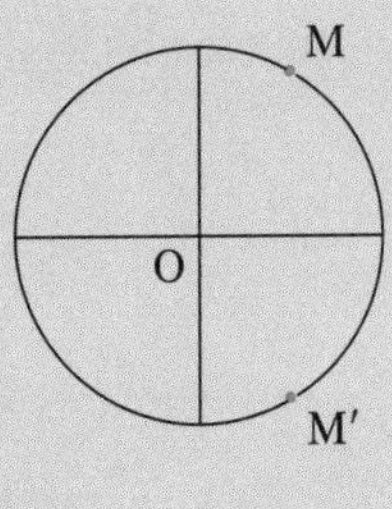

Conclusion :

L'équation $\cos x = \frac{1}{2}$ admet deux solutions dans $\left[-\frac{\pi}{2} ; \frac{\pi}{2}\right]$: $-\frac{\pi}{3}$ et $\frac{\pi}{3}$.

c. Sur la figure ci-contre, les points M et M′ ont pour ordonnée $-\frac{\sqrt{2}}{2}$.

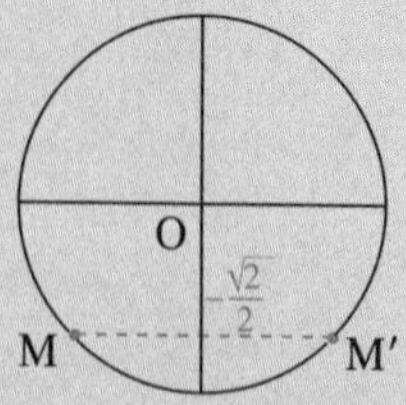

Le seul nombre réel de $[0 ; 2\pi]$ ayant pour image M est $\frac{5\pi}{4}$.

Le seul nombre réel de $[0 ; 2\pi]$ ayant pour image M′ est $\frac{7\pi}{4}$.

Conclusion :

L'équation $\sin x = -\frac{\sqrt{2}}{2}$ admet deux solutions dans $[0 ; 2\pi]$: $\frac{5\pi}{4}$ et $\frac{7\pi}{4}$.

d. Sur la figure ci-contre, les points M et M′ ont pour ordonnée $\frac{\sqrt{3}}{2}$.

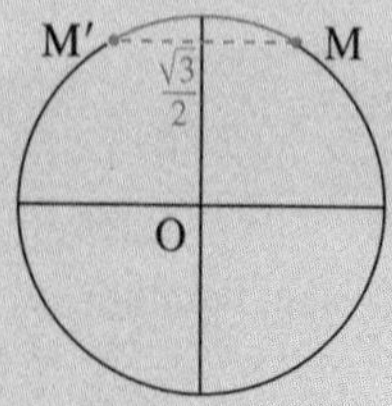

Le seul nombre réel de $[0 ; \pi]$ ayant pour image M est $\frac{\pi}{3}$.

Le seul nombre réel de $[0 ; \pi]$ ayant pour image M′ est $\frac{2\pi}{3}$. Les nombres réels de $[0 ; \pi]$ dont le sinus est strictement supérieur à $\frac{\sqrt{3}}{2}$ ont une image sur l'arc de cercle dessiné en couleur. Ce sont les nombres de l'intervalle $\left]\frac{\pi}{3} ; \frac{2\pi}{3}\right[$.

Conclusion :

Les solutions de l'inéquation $\sin x > \frac{\sqrt{3}}{2}$ dans l'intervalle $[0 ; \pi]$ sont les nombres de l'intervalle $\left]\frac{\pi}{3} ; \frac{2\pi}{3}\right[$.

27 On a $\sin x = -\frac{5}{13}$, donc $\sin^2 x = \left(-\frac{5}{13}\right)^2 = \frac{25}{169}$.

Comme $\sin^2 x = 1 - \cos^2 x$, il vient $1 - \cos^2 x = \frac{25}{169}$, d'où :

$$\cos^2 x = 1 - \frac{25}{169} = \frac{144}{169}.$$

On en déduit que :

$$\cos x = \sqrt{\frac{144}{169}} = \frac{12}{13} \text{ ou } \cos x = -\sqrt{\frac{144}{169}} = -\frac{12}{13}.$$

Comme $x \in \left[-\frac{\pi}{2} ; \frac{\pi}{2}\right]$, le cosinus de x est positif. Par conséquent, la valeur exacte de $\cos x$ est $\frac{12}{13}$.

28 Pour tout $x \in \mathbb{R}$:

$$\cos^4 x - \sin^4 x = (\cos^2 x)^2 - (\sin^2 x)^2$$
$$= (\cos^2 x - \sin^2 x)(\cos^2 x + \sin^2 x).$$

Or, $\cos^2 x + \sin^2 x = 1$, et $\cos^2 x = 1 - \sin^2 x$.

On obtient $(\cos^2 x - \sin^2 x)(\cos^2 x + \sin^2 x) = (1 - \sin^2 x - \sin^2 x) \times 1$
$= 1 - 2\sin^2 x$.

Par conséquent, pour tout $x \in \mathbb{R}$, $\cos^4 x - \sin^4 x = 1 - 2\sin^2 x$.

Statistiques

8 Statistiques

I VOCABULAIRE STATISTIQUE

La statistique étudie les caractères des individus d'une population. Les valeurs du caractère sont appelées modalités. Si ces modalités sont numériques, le caractère étudié est dit quantitatif. Sinon, il est dit qualitatif.
Si des modalités numériques sont rassemblées en plusieurs catégories à l'aide d'intervalles, chacune de ces catégories est appelée classe. La longueur de l'intervalle est appelée amplitude d'une classe.

II QUELQUES PARAMÈTRES STATISTIQUES

1. Moyenne

Définition

On considère p nombres réels $x_1, x_2, \dots, x_p$. On note $\bar{x}$ la moyenne arithmétique de ces nombres : $\bar{x} = \dfrac{x_1 + x_2 + \cdots + x_p}{p}$.

Calcul d'une moyenne avec des fréquences

On considère une série statistique quantitative. Les modalités sont $x_1, x_2, \dots, x_p$, les effectifs correspondants sont $n_1, n_2, \dots, n_p$. L'effectif total est $N = n_1 + n_2 + \cdots + n_p$.
La fréquence d'une modalité est le quotient de l'effectif de cette modalité par l'effectif total.
La somme des fréquences est toujours égale à 1.
La moyenne de la série statistique est :

$$\bar{x} = \frac{n_1x_1 + n_2x_2 + \cdots + n_px_p}{N} = f_1x_1 + f_2x_2 + \cdots + f_px_p.$$

Propriétés de linéarité de la moyenne

On considère deux séries de p nombres réels $x_1, x_2, \dots, x_p$ et $y_1, y_2, \dots, y_p$, de moyennes $\bar{x}$ et $\bar{y}$. Soit k un nombre réel quelconque.

- La moyenne de la série de nombres $x_1 + y_1, x_2 + y_2, \dots, x_p + y_p$ est $\bar{x} + \bar{y}$.
- La moyenne de la série de nombres $kx_1, kx_2, \dots, kx_p$ est $k\bar{x}$.
- La moyenne de la série de nombres $x_1 + k, x_2 + k, \dots, x_p + k$ est $\bar{x} + k$.

■ **Moyennes avec des sous-groupes**

On considère une série de p valeurs, réparties en deux groupes de p_1 et p_2 valeurs, de moyennes $\overline{x}_1$ et $\overline{x}_2$. La moyenne de la série est :

$$\overline{x} = \frac{p_1\overline{x}_1 + p_2\overline{x}_2}{p_1 + p_2}.$$

2. Mode

Il s'agit d'une modalité pour laquelle la fréquence est la plus élevée. Il peut y avoir plusieurs modes. Si les valeurs sont regroupées en classes, on appelle classe modale une classe pour laquelle la fréquence est la plus élevée.

3. Médiane

Un nombre M est une médiane d'une série statistique quantitative lorsqu'il y a autant de valeurs supérieures à M que de valeurs inférieures à M.
En d'autres termes, il s'agit d'une valeur qui partage la population étudiée en deux groupes de même taille : 50 % des valeurs sont inférieures ou égales à M et 50 % des valeurs sont supérieures ou égales à M.
En pratique, pour déterminer une médiane, on commence par les valeurs de la série statistique par ordre croissant.

4. Étendue

Il s'agit de la différence entre la valeur maximale et la valeur minimale de la série.

III ÉCHANTILLONNAGE

1. Définition

Si une population est trop importante pour l'étudier complètement, on utilise un échantillonnage de cette population.
Si une expérience aléatoire est répétée n fois, la série statistique obtenue est un échantillon de taille n. On peut alors déterminer la distribution des fréquences de cet échantillon.

2. Fluctuation d'échantillonnage

Pour une même expérience aléatoire, les distributions de fréquences de deux échantillons de même taille sont le plus souvent différentes. On appelle ceci la fluctuation d'échantillonnage. Le même phénomène s'observe avec le sondage de deux groupes de même taille, mais composés de personnes différentes : les résultats seront le plus souvent différents.
On admettra aussi que plus la taille de l'échantillon est grande, plus la distribution des fréquences s'approche de la distribution théorique des fréquences.

EXERCICES D'APPLICATION

MOYENNE

1 | ★ | 2 min | ▶ P. 168

Dans un groupe composé de 18 hommes et 24 femmes, la taille moyenne est de 1,71 m, et la taille moyenne des hommes est de 1,75 m.
Quelle est la taille moyenne des femmes ?

2 | ★ | 5 min | ▶ P. 168

Lors d'un trimestre, un élève a eu quatre notes : trois notes à coefficient 1, et une note à coefficient 2. Sa moyenne actuelle est de 10,4.
Quelle note lui faut-il, au cinquième et dernier devoir, pour être certain de finir le trimestre avec au moins 10 de moyenne :
a. si le coefficient du cinquième devoir est 1 ?
b. si le coefficient du cinquième devoir est 2 ?

3 | ★ | 2 min | ▶ P. 168

Calculer rapidement et sans calculatrice la moyenne des cinq nombres : 1 004 ; 991 ; 1 003 ; 1 008 ; 995.

4 | ★ | 5 min | ▶ P. 168

Au bac, lors de l'épreuve de mathématiques, les trois classes de Terminale d'un lycée obtiennent des moyennes respectives de 11,2 ; 12 et 9,5.
a. Peut-on dire que la moyenne générale des élèves de Terminale est égale à 10,9 ?
b. Les effectifs des trois classes sont respectivement 31, 30 et 35.
Quelle est la moyenne des élèves de Terminale dans ce lycée ?

5 | ★ | 2 min | ▶ P. 168

Le tableau donne la répartition des élèves d'une classe de Seconde, selon le nombre de frères et sœurs :

Nombre de frères et sœurs	0	1	2	3	4
Nombre d'élèves dans la classe	7	13	10	4	1

Calculer le nombre moyen de frères et sœurs.

6

★ | 5 min | ▸ P. 168

Dans une classe de Seconde, on demande aux élèves combien de temps, en heures, ils consacrent à leur travail chaque soir de la semaine :
- 10 % des élèves répondent 0 heure ;
- 30 % répondent 1 heure ;
- 50 % répondent 2 heures ;
- et 10 % répondent 3 heures.

Calculer le temps moyen de travail quotidien des élèves de cette classe.

MÉDIANE

7

★ | 2 min | ▸ P. 169

Déterminer la médiane *M* de cette série :
40 – 44 – 47 – 49 – 50 – 50 – 51 – 53 – 54 –
55 – 55 – 57 – 58 – 59 – 59 – 60 – 60 – 61.

8

★ | 2 min | ▸ P. 169

Le tableau donne la répartition selon l'âge dans un groupe d'étudiants :

Âge	20	21	22	23	24
Effectif	5	13	15	10	6

Déterminer la médiane.

9

★ | 5 min | ▸ P. 169

La remise des devoirs par un professeur aux élèves de sa classe donne lieu aux résultats suivants : la moyenne est 8, la médiane est 9, l'étendue est 15, la note minimale étant 2.

a. Comme les notes sont un peu faibles, le professeur, de très bonne humeur ce jour-là, décide d'augmenter la note de chaque élève de deux points.
Donner les nouvelles valeurs de la moyenne, de la médiane, de l'étendue, et des notes extrêmes.

b. Finalement, il se ravise et décide d'augmenter la note de chaque élève de 10 %.
Donner les nouvelles valeurs de la moyenne, de la médiane, de l'étendue et des notes extrêmes.

FLUCTUATION D'ÉCHANTILLONNAGE

10

★ 5 min ▶ P. 169

Une compagnie aérienne procède à l'évaluation de l'efficacité de son standard téléphonique. Une étude considère que 20 % des appels téléphoniques ont pour objet l'achat d'un billet.

Dans un échantillon de 100 appels, on en compte 18 dont l'objet est un achat de billets.

Dans un deuxième échantillon de 100 individus, on en compte 29.

Dans un troisième échantillon de 200 individus, on en compte 44.

a. Commenter la représentativité des échantillons utilisés.

b. Combien d'appels ayant pour objet un achat de billet peut-on s'attendre à trouver dans un échantillon de 2 000 appels téléphoniques ?

EFFECTIFS CUMULÉS CROISSANTS

11

★ 5 min ▶ P. 169

Le segment ci-contre, tracé dans un repère $(O\,;\vec{i},\vec{j})$ a pour extrémités les points de coordonnées $(10\,;40)$ et $(30\,;90)$.

a. Déterminer (par un calcul) l'abscisse du point de ce segment ayant une ordonnée égale à 60.

b. Déterminer (par un calcul) l'ordonnée du point de ce segment ayant une abscisse égale à 23.

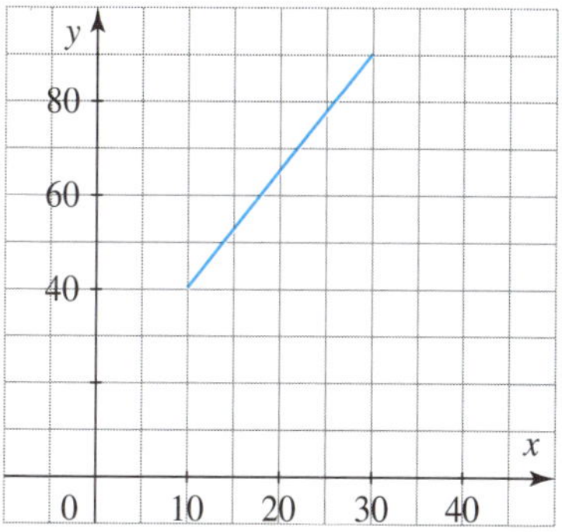

12

★ 10 min ▶ P. 170

On a représenté ci-contre la courbe des effectifs cumulés croissants d'une série statistique.

a. Quel est l'effectif total de cette série ?

b. Combien de valeurs de cette série sont-elles inférieures à 40 ?

c. Combien de valeurs de cette série sont-elles supérieures à 30 ?

d. Déterminer la médiane par le calcul.

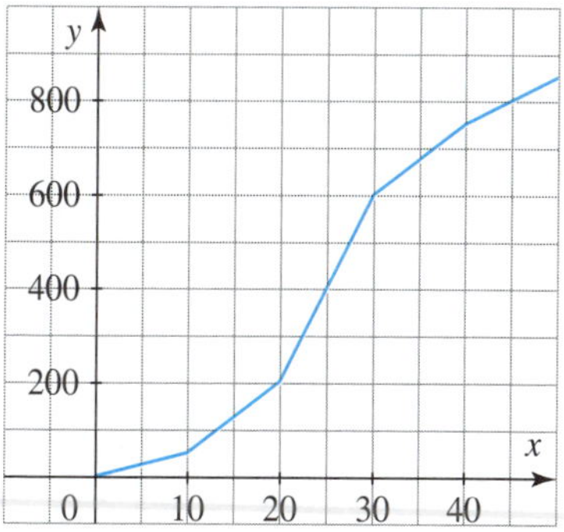

EXERCICES D'ENTRAÎNEMENT

13

★ | 10 min | ▶ P. 170

a. Si l'on considère la population d'un pays, le salaire moyen est-il supérieur ou inférieur au salaire médian ?

b. Dans une entreprise, le salaire mensuel moyen est 1 700 euros, le salaire mensuel médian est 1 500 euros, et l'étendue des salaires est 60 000 euros. Compléter le tableau.

	Moyenne	Médiane	Étendue
Les salaires sont augmentés de 80 euros par mois			
Les salaires sont multipliés par 1,01			

14

★★ | 10 min | ▶ P. 170

Dans un groupe mixte de 90 personnes, la moyenne globale des salaires est de 1 891 euros. La moyenne des salaires des hommes est de 1 940 euros, la moyenne des salaires des femmes est de 1 850 euros. Quel est le nombre d'hommes et le nombre de femmes dans ce groupe ?

15

★★ | 30 min | ▶ P. 171

Une étude statistique portant sur le poids de 1 200 filles à la naissance a permis d'obtenir les données suivantes.

Poids à la naissance (en gramme)	Effectifs	Fréquences (en %)	Fréquences cumulées Croissantes (en %)
[1 000 ; 1 500[	3		
[1 500 ; 2 000[	10		
[2 000 ; 2 500[	46		
[2 500 ; 3 000[	255		
[3 000 ; 3 500[	536		
[3 500 ; 4 000[	288		
[4 000 ; 4 500[	62		100

a. Compléter le tableau.
b. Calculer une estimation du poids moyen des filles.
c. Tracer la courbe des pourcentages cumulés.
On placera les poids en abscisse (graduer de 1 000 à 4 500), et les pourcentages cumulés en ordonnée.
d. Lire graphiquement le % de filles dont le poids à la naissance est compris entre 2 250 g et 3 750 g.
e. Déterminer graphiquement la médiane m.
f. Retrouver cette médiane par le calcul.

16

★★ | 15 min | ▶ P. 172

Avant une élection politique, un institut de sondage publie les résultats d'une enquête pour les trois candidats en lice, appelés A, B et C.
Le nombre de personnes interrogées n est égal à 1 100.
Le tableau suivant indique les intentions de vote pour chaque candidat :

Candidat	A	B	C
Intentions de vote	407	374	319

a. Calculer les fréquences d'intentions de vote pour chaque candidat.
b. L'institut de sondage précise que l'indice de confiance pour cette étude est de 95 %.
Cela signifie qu'il y a 95 % de chances que la fréquence réelle d'intentions de vote pour le candidat A appartienne à l'intervalle :

$$\left[f_A - \frac{1}{\sqrt{n}}\ ;\ f_A + \frac{1}{\sqrt{n}}\right].$$

Il en est de même pour les candidats B et C.
Écrire les intervalles pour chaque candidat.
c. Peut-on envisager, à l'aide de ces intervalles, un résultat différent de celui annoncé par le sondage ?
d. Déterminer la taille minimale de l'échantillon pour être certain de l'ordre annoncé.

17

★★ | 10 min | ▶ P. 173

On étudie ici les durées des communications d'un standard téléphonique.
Sur le graphique ci-contre, on a représenté les effectifs cumulés croissants en ordonnée, et les durées en secondes en abscisse.
Les durées des communications ont été regroupées en classes de même amplitude. La 1re classe est la classe [0 ; 30[.

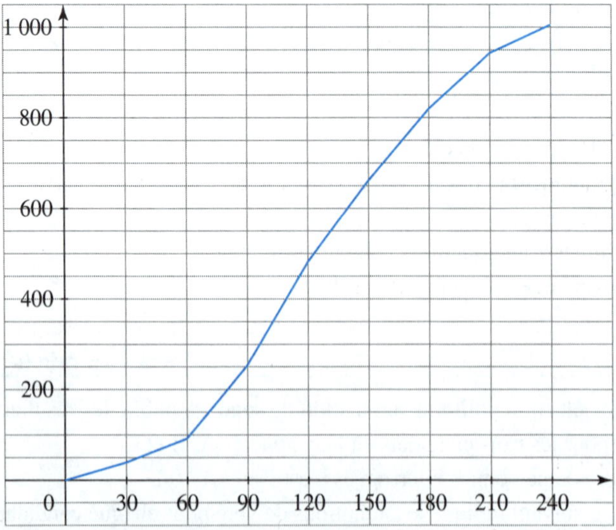

Pour chaque question, une seule réponse est correcte.

Quel est le nombre total de communications téléphoniques étudiées ?	30	100	240	1 000
Quelle est l'amplitude d'une classe ?	8	30	200	240
Quel est l'effectif de la 3e classe ?	3	90	150	240
Quel est le centre de la dernière classe ?	225	240	930	965
Quelle est la médiane ?	50	120	123	500
Quel est le nombre de communications dont la durée dépasse 3 minutes ?	180	190	620	810
Quelle est la durée maximale des 200 communications les plus courtes ?	0	82	178	890

CONTRÔLE

18 QCM | ★ | 5 points, 10 min | ▶ P. 173

Pour chacune des questions, une et une seule proposition est exacte.

1. La médiane des 100 nombres entiers de 1 à 100 est :

a. 49,5. **b.** 50. **c.** 50,5. **d.** 51.

2. Lequel est un paramètre de dispersion ?

a. le mode. **b.** la moyenne. **c.** la médiane. **d.** l'étendue.

3. Si les valeurs d'une série numérique sont toutes augmentées de 10 %, alors leur moyenne est :

a. multipliée par 10. **b.** multipliée par 1,1.
c. multipliées par 0,1. **d.** Cela dépend de l'effectif total de la série.

4. Dans une classe de 35 élèves, il y a 20 filles et 15 garçons. La moyenne des filles est 11,5, celle des garçons est 10,1. La moyenne de la classe est :

a. 10,7. **b.** 10,8. **c.** 10,9. **d.** 11.

5. Dans la situation de la question précédente, en supposant que le professeur ajoute un point aux cinq copies les plus faibles, comment est modifiée la moyenne de la classe ?

a. Elle est augmentée de $\frac{1}{7}$. **b.** Elle est augmentée de $\frac{1}{5}$.
c. Elle est augmentée de 1. **d.** Elle est augmentée de 0,1.

19 | ★★ | 5 points, 20 min | ▶ P. 173

Un contrôle d'alcoolémie a donné les résultats suivants un samedi soir à la sortie d'une discothèque :

Taux d'alcool (en mg/L)	]0 ; 0,1]	]0,1 ; 0,3]	]0,3 ; 0,5]	]0,5 ; 0,8]	]0,8 ; 2]	]2 ; 4]	Total
Effectif	25	95	90	60	25	5	300

a. Calculer une estimation du taux moyen d'alcoolémie.
b. Que peut-on dire du taux médian d'alcoolémie ?
c. Quelle est la classe modale ?
d. Si le taux constaté est supérieur à 0,8 mg/L, c'est un délit. Quelle est la proportion de conducteurs en délit ce soir-là ?
e. Représenter l'histogramme de cette série.

CONTRÔLE

20

★ 2 points, 5 min ▶ P. 174

Dans un groupe de 120 personnes, la moyenne globale des âges est de 28 ans.
La moyenne des âges des 50 hommes est de 33 ans.
Calculer la moyenne des âges des femmes.
(On donnera une réponse arrondie au mois près, comme par exemple 26 ans et 8 mois.)

21

★★ 5 points, 10 min ▶ P. 175

On considère cinq séries différentes de 100 nombres. Chacun des nombres peut être 1, 2 ou 3.
Répondre aux questions suivantes en justifiant rapidement.

• Série A : La moyenne est 2, et il y a 30 fois le nombre 1.
Combien y a-t-il de fois le nombre 3 ?

• Série B : La médiane est 3.
Quelle est la plus petite moyenne possible ?

• Série C : La médiane est 1,5.
Combien y a-t-il de fois le nombre 1 ?

• Série D : L'étendue est 1 et la moyenne est strictement supérieure à 2.
Que peut-on dire de cette série ?

• Série E : La moyenne est 3.
Que peut-on dire de cette série ?

22

★ 3 points, 5 min ▶ P. 175

On effectue un sondage. À la question : « Combien de fois allez-vous au cinéma par mois ? », voici les pourcentages de réponses obtenues :

Nombre de séances/mois	0	1	2	3	4	5
Pourcentage	40 %	25 %	18 %	10 %	5 %	2 %

a. Calculer le nombre de séances moyen par mois.

b. Déterminer la médiane.

23 ★★ 10 points, 30 min ▸ P. 175

L'étude statistique sur une plantation de 500 pommiers a permis d'établir la courbe des **effectifs cumulés croissants** ci-après, en fonction de la production de pommes, exprimée en kg de fruits.

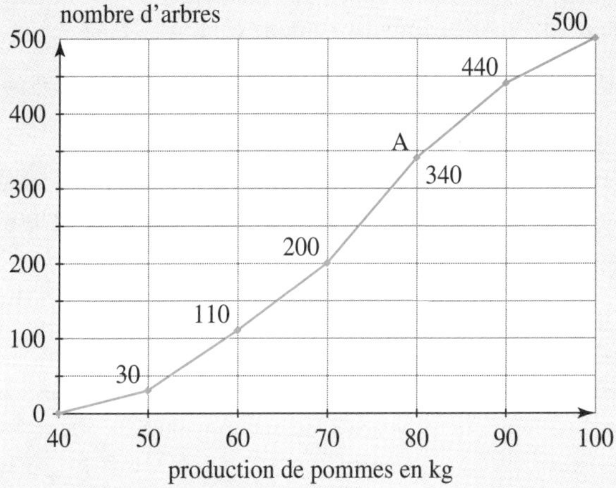

1. Interpréter les coordonnées du point A.
2. Compléter le tableau des effectifs :

Classe (nombre de kg de pommes)	[40 ; 50[	[50 ; 60[	[60 ; 70[	[70 ; 80[	[80 ; 90[	[90 ; 100]
Effectifs (nombre de pommiers)						

3. En expliquant rapidement votre réponse, donner la classe modale. L'amplitude des classes est-elle constante ?
4. **a.** Montrer que la production moyenne d'un pommier dans ce verger peut être estimée à environ 72,6 kg.
b. Cet exploitant destine sa production entière à la fabrication de cidre. Avec 100 kg de pommes, on peut produire 60 litres de cidre.
Quel est le volume de cidre, exprimé en litres, produit par cet exploitant ?
5. **a.** Lire sur le graphique la médiane.
Donner une valeur approchée à 1 kg près.
b. Retrouver cette médiane par le calcul.
6. Quel est le pourcentage d'arbres dans cette plantation dont la production de pommes est comprise entre 60 et 80 kg ?

CORRIGÉS

1 Les tailles sont exprimées en mètres. La somme des tailles est égale à : $42 \times 1{,}71 = 71{,}82$,
et la somme des tailles des hommes est égale à : $18 \times 1{,}75 = 31{,}5$.
La somme des tailles des femmes est donc égale à : $71{,}82 - 31{,}5 = 40{,}32$.
Ainsi, la taille moyenne des femmes est égale à : $\dfrac{40{,}32}{24} = 1{,}68$.

2 Nombre total de points obtenus après quatre devoirs : $5 \times 10{,}4 = 52$.
a. La somme des coefficients sera égale à 6. Pour obtenir une moyenne de 10, il lui faut 60 points. Comme il en a déjà obtenu 52, une note de 8 au moins au dernier devoir est nécessaire.
b. La somme des coefficients sera égale à 7. Pour obtenir une moyenne de 10, il lui faut 70 points. Comme il en a déjà obtenu 52, 18 points au moins sont nécessaires au dernier devoir. Le coefficient du dernier devoir étant 2, la note requise pour terminer le trimestre avec une moyenne de 10 est 9.

3 En effectuant la moyenne des différences par rapport à 1 000, on obtient :

$$\frac{4 - 9 + 3 + 8 - 5}{5} = 0{,}2.$$

Par conséquent, la moyenne des 5 nombres est égale à 1 000,2.

4 **a.** En effectuant la moyenne des nombres 11,2 ; 12, et 9,5, on trouve effectivement 10,9. Mais ce nombre ne correspond à rien, car il faut considérer les effectifs de chaque classe.
b. $\dfrac{11{,}2 \times 31 + 12 \times 30 + 9{,}5 \times 35}{96} \approx 10{,}83$. En tenant compte des effectifs, on obtient une moyenne de 10,83, en arrondissant au centième près.

5 $\dfrac{7 \times 0 + 13 \times 1 + 10 \times 2 + 4 \times 3 + 1 \times 4}{35} = \dfrac{49}{35} = 1{,}4$.
Dans cette classe, le nombre moyen de frères et sœurs est de 1,4.

6 Les pourcentages donnés sont en fait des fréquences (0,1 pour 10 %, 0,3 pour 30 %, …) pour chacune des modalités qui sont ici le nombre d'heures de travail quotidien. La moyenne est donc :

$$0{,}1 \times 0 + 0{,}3 \times 1 + 0{,}5 \times 2 + 0{,}1 \times 3 = 1{,}6.$$

Le temps de travail quotidien moyen des élèves de cette classe est donc de 1,6 heure, soit 1 heure et 36 minutes.

7 L'effectif total est 18. La médiane est donc la moyenne de la 9e et de la 10e valeur lorsque celles-ci sont classées dans l'ordre croissant.
On trouve donc 54,5.

8 L'effectif total est 49. La médiane est donc la 25e valeur de l'âge si ces valeurs sont classées dans l'ordre croissant. Comme 18 étudiants ont 21 ans ou moins et 33 étudiants ont 22 ans ou moins, alors la médiane est 22 ans.

9 Précisons d'abord que la note maximale est 17.
a. Si la note de chaque élève est relevée de deux points :
la moyenne devient 10, la médiane devient 11, l'étendue est inchangée, la note minimale devient 4, la note maximale devient 19.
b. Si la note de chaque élève est augmentée de 10 % :
la moyenne devient 8,8, la médiane devient 9,9, l'étendue devient 16,5, la note minimale devient 2,2, la note maximale devient 18,7.

10 **a.** Dans un échantillon de 100 appels, on pouvait s'attendre à obtenir 20 appels ayant pour objet l'achat d'un billet. Pour le premier échantillon, l'écart entre 18 et 20 est suffisamment faible pour être dû aux fluctuations d'échantillonnage. La représentativité de l'échantillon semble correcte.
Pour le deuxième échantillon, l'écart entre 29 et 20 est assez important. La représentativité de l'échantillon peut être mise en doute.
Pour le troisième échantillon, on pouvait s'attendre à compter 40 appels ayant pour objet l'achat d'un billet. L'écart entre 44 et 40 est suffisamment faible pour être dû aux fluctuations d'échantillonnage. La représentativité de l'échantillon semble correcte.
b. On peut s'attendre à obtenir en théorie 20 % de 2 000, soit 400 appels ayant pour objet l'achat d'un billet. Les fluctuations d'échantillonnage laissent penser que ce nombre, en pratique, sera situé autour de cette valeur de 400. Si le nombre observé est nettement différent de 400 (par exemple 600), alors on pourra mettre en doute la représentativité de l'échantillon.

11 **a.** Notons A et B les extrémités du segment et C le point de coordonnées $(x\ ;\ 60)$. En écrivant que les coefficients directeurs des droites (AC) et (AB) sont identiques, on obtient :

$$\frac{60-40}{x-10}=\frac{90-40}{30-10} \Leftrightarrow \frac{20}{x-10}=\frac{5}{2} \Leftrightarrow x-10=20\times\frac{2}{5} \Leftrightarrow x=18\,.$$

Ainsi, l'abscisse du point de ce segment ayant une ordonnée égale à 60 est 18.

b. Notons D le point de coordonnées $(23\ ;\ y)$. En écrivant que les coefficients directeurs des droites (AD) et (AB) sont identiques, on obtient :

$$\frac{y-40}{23-10}=\frac{90-40}{30-10} \Leftrightarrow \frac{y-40}{13}=\frac{5}{2} \Leftrightarrow y-40=13\times\frac{5}{2} \Leftrightarrow x=72{,}5\,.$$

Ainsi, l'ordonnée du point de ce segment ayant une abscisse égale à 23 est 72,5.

12 **a.** L'ordonnée maximale est l'effectif total, il s'agit de 850.
b. 750 valeurs sont inférieures à 40.
c. 600 valeurs sont inférieures à 30, donc 250 valeurs sont supérieures à 30.
d. La médiane m est l'abscisse du point C de cette courbe ayant une ordonnée égale à la moitié de l'effectif total, soit 425. Ainsi, les coordonnées de C sont $(m\ ;\ 425)$. Ce point est sur le segment d'extrémités A et B, points de coordonnées $A(20\ ;\ 200)$ et $B(30\ ;\ 600)$. En écrivant que les coefficients directeurs des droites (AC) et (AB) sont identiques, on obtient :

$$\frac{425-200}{m-20}=\frac{600-200}{30-20} \Leftrightarrow \frac{225}{m-20}=40 \Leftrightarrow m-20=\frac{225}{40} \Leftrightarrow m=25{,}625.$$

La médiane est donc égale à 25,625.

13 **a.** On peut considérer qu'il y a beaucoup de salaires faibles ou moyens, alors qu'il y a, relativement, peu de salaires très importants. Contrairement à la moyenne, la médiane n'est pas sensible aux valeurs extrêmes que sont ces revenus importants. Ainsi, le salaire moyen sera supérieur au salaire médian.
b.

	Moyenne	**Médiane**	**Étendue**
Les salaires sont augmentés de 80 euros par mois	1 780	1 580	60 000
Les salaires sont multipliés par 1,01	1 717	1 515	60 600

14 Soit x le nombre de femmes dans ce groupe. Le nombre d'hommes est alors $90-x$. La masse salariale (somme des salaires distribués) globale est, en euros, $90\times 1\ 891$. La masse salariale pour les hommes est $(90-x)\times 1\ 940$, alors que pour les femmes, c'est $x\times 1\ 850$. On obtient donc l'équation :

$(90-x)\times 1\ 940+x\times 1\ 850=90\times 1\ 891$, équivalente à :

$$\begin{aligned}90\times 1\ 940-1\ 940x+1\ 850x&=90\times 1\ 891\\ -90x&=90\times 1\ 891-90\times 1\ 940\\ -x&=1\ 891-1\ 940\\ x&=49\,.\end{aligned}$$

Il y a donc 49 femmes et 41 hommes dans ce groupe.

15 **a.** Si nécessaire, les nombres ont été arrondis à 0,01 près.

« Poids » à la naissance (en gramme)	Effectifs	Fréquences (en %)	Fréquences cumulées croissantes (en %)
[1 000 ; 1 500[	3	0,25	0,25
[1 500 ; 2 000[	10	0,83	1,08
[2 000 ; 2 500[	46	3,83	4,91
[2 500 ; 3 000[	255	21,25	26,16
[3 000 ; 3 500[	536	44,67	70,83
[3 500 ; 4 000[	288	24	94,83
[4 000 ; 4 500[	62	5,17	100

b. Pour chaque classe, on calcule son centre.
Le « poids » moyen des filles à la naissance, exprimé en grammes, est alors :

$$\frac{3 \times 1\ 250 + 10 \times 1\ 750 + 46 \times 2\ 250 + 255 \times 2\ 750 + 536 \times 3\ 250}{1\ 200}$$

$$+ \frac{288 \times 3\ 750 + 62 \times 4\ 250}{1\ 200} \approx 3\ 259{,}58\ .$$

On peut même arrondir ce résultat à 3 260 grammes.

c.

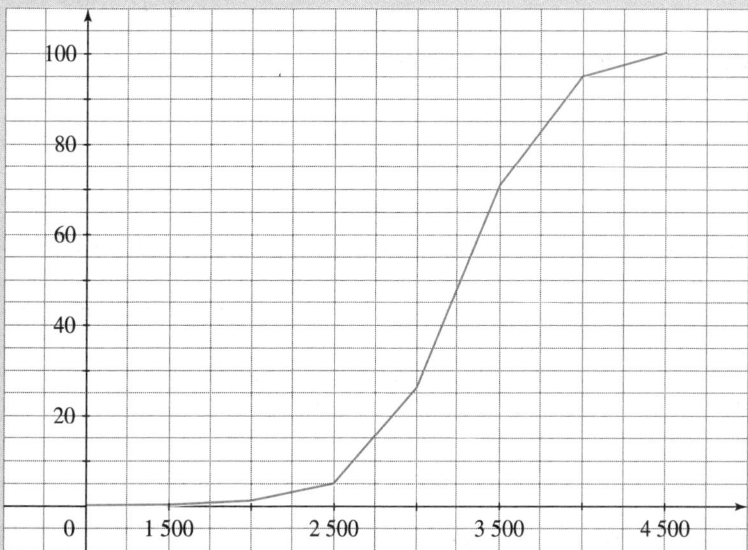

d. Pour l'abscisse 2 250, on lit une ordonnée de 2. Pour l'abscisse 3 750, on lit une ordonnée de 83. Par conséquent, le pourcentage de filles dont le poids à la naissance est compris entre 2 250 g et 3 750 g est environ égal à 81 %.

e. L'abscisse du point de cette courbe dont l'ordonnée est 50 est environ égale à 3 250. La médiane est environ 3 250 grammes.
f. Soit C le point dont l'abscisse est la médiane m. Les coordonnées de ce point sont $C(m\ ;\ 50)$; il est situé sur le segment d'extrémités A et B de coordonnées $A(3\,000\ ;\ 26{,}16)$ et $B(3\,500\ ;\ 70{,}83)$.
En écrivant que les coefficients directeurs des droites (AC) et (AB) sont identiques, on obtient :

$$\frac{50-26{,}16}{m-3\,000}=\frac{70{,}83-26{,}16}{3\,500-3\,000} \Leftrightarrow \frac{23{,}84}{m-3\,000}=\frac{44{,}67}{500}$$
$$\Leftrightarrow m-3\,000$$
$$\Leftrightarrow 500\times\frac{23{,}84}{44{,}67}$$
$$\Leftrightarrow m\approx 3\,267,$$

en arrondissant à l'entier le plus proche.
La médiane est environ égale à 3 267 grammes.

16 **a.** $f_A=\frac{407}{1\,100}=0{,}37\ ;\ f_B=\frac{374}{1\,100}=0{,}34\ ;\ f_C=\frac{319}{1\,100}=0{,}29$.

b. $$\left[f_A-\frac{1}{\sqrt{n}}\ ;f_A+\frac{1}{\sqrt{n}}\right]=\left[0{,}37-\frac{1}{\sqrt{1\,100}}\ ;\ 0{,}37+\frac{1}{\sqrt{1\,100}}\right]$$
$$=[0{,}34\ ;\ 0{,}40]$$

$$\left[f_B-\frac{1}{\sqrt{n}}\ ;f_B+\frac{1}{\sqrt{n}}\right]=\left[0{,}34-\frac{1}{\sqrt{1\,100}}\ ;\ 0{,}34+\frac{1}{\sqrt{1\,100}}\right]$$
$$=[0{,}31\ ;\ 0{,}37]$$

$$\left[f_C-\frac{1}{\sqrt{n}}\ ;f_C+\frac{1}{\sqrt{n}}\right]=\left[0{,}29-\frac{1}{\sqrt{1\,100}}\ ;\ 0{,}29+\frac{1}{\sqrt{1\,100}}\right]$$
$$=[0{,}26\ ;\ 0{,}32].$$

c. Oui, au lieu de l'ordre annoncé ABC, l'ordre des candidats pourrait être ACB ou BAC.
d. L'écart des fréquences annoncées entre les candidats A et B est de 0,03. Si le nombre $\frac{1}{\sqrt{n}}$ est inférieur à 0,015, alors les deux intervalles auront une intersection vide et A sera toujours devant B.
L'écart entre B et C étant plus important, B sera aussi toujours devant C.

$$\frac{1}{\sqrt{n}}<0{,}015 \Leftrightarrow \sqrt{n}>\frac{1}{0{,}015} \Leftrightarrow n>\left(\frac{1}{0{,}015}\right)^2.$$

Or, $\left(\frac{1}{0{,}015}\right)^2\approx 4\,444{,}4$. Ainsi, avec un échantillon de taille supérieure ou égale à 4 445 personnes, on aurait un ordre ABC avec un indice de confiance de 95 %.

17 Les réponses sont en gras.

Quel est le nombre total de communications téléphoniques étudiées ?	30	100	240	**1 000**
Quelle est l'amplitude d'une classe ?	8	**30**	200	240
Quel est l'effectif de la 3e classe ?	3	90	**150**	240
Quel est le centre de la dernière classe ?	**225**	240	930	965
Quelle est la médiane ?	50	120	**123**	500
Quel est le nombre de communications dont la durée dépasse 3 minutes ?	180	**190**	620	810
Quelle est la durée maximale des 200 communications les plus courtes ?	0	**82**	178	890

18 1. Réponse **c.** La 50e valeur de la série est 50 et la 51e est 51.
2. Réponse **d.** Les trois autres paramètres sont des paramètres de position.
3. Réponse **b.** Si une valeur de la série x est augmentée de 10 % de sa valeur, cela signifie que l'on obtient $x + x \times \frac{10}{100} = x + 0{,}1x = 1{,}1x$.
4. Réponse **c.** $\frac{20 \times 11{,}5 + 15 \times 10{,}1}{35} = 10{,}9$.
5. Réponse **a.** $\frac{35 \times 10{,}9 + 5}{35} = 10{,}9 + \frac{5}{35} = 10{,}9 + \frac{1}{7}$.

19 **a.** On utilise la valeur centrale de chaque classe :

$$\frac{25 \times 0{,}05 + 95 \times 0{,}2 + 90 \times 0{,}4 + 60 \times 0{,}65 + 25 \times 1{,}4 + 5 \times 3}{300} \approx 0{,}48.$$

Le taux moyen d'alcoolémie relevé ce soir-là était de 0,48 mg/L environ.

b.

Taux d'alcool (en mg/L)	]0 ; 0,1]	]0,1 ; 0,3]	]0,3 ; 0,5]	]0,5 ; 0,8]	]0,8 ; 2]	]2 ; 4]
Effectif cumulé croissant	25	120	210	270	295	300

En cumulant les effectifs, on remarque que les 150e et 151e personnes contrôlées se situent dans la classe]0,3 ; 0,5]. La médiane se trouve donc dans cet intervalle.

On peut éventuellement estimer ce taux médian par interpolation linéaire : cela signifie que l'on suppose que les taux des 90 personnes de la troisième classe sont répartis uniformément dans l'intervalle.
En imaginant le polygone des effectifs cumulés croissants, cela revient à chercher la médiane M, ordonnée d'un point d'abscisse 150 sur un segment d'extrémités les points de coordonnées $(120\ ;\ 0{,}3)$ et $(210\ ;\ 0{,}5)$.

On obtient : $\frac{0{,}5-0{,}3}{210-120}=\frac{0{,}5-\text{M}}{210-150} \Leftrightarrow 0{,}5-\text{M}=\frac{12}{90} \Leftrightarrow \text{M} \approx 0{,}37$. Par cette méthode, le taux médian d'alcoolémie relevé ce soir-là était d'environ 0,37 mg/L.

c. C'est la classe $]0{,}1\ ;\ 0{,}3]$, celle qui a le plus fort effectif.

d. 30 conducteurs sur 300 étaient en situation de délit, soit 10 %.

e. Rappel : dans un histogramme, les effectifs sont proportionnels aux aires des rectangles. Ici, 1 carreau = 2 conducteurs.
Exemple de construction d'un rectangle, celui correspondant à la troisième classe. La longueur de l'intervalle est 0,2, donc la largeur du rectangle est de 2 carreaux. Pour représenter un effectif de 90 conducteurs, il faut 45 carreaux, donc la hauteur du rectangle sera de 22,5 carreaux.

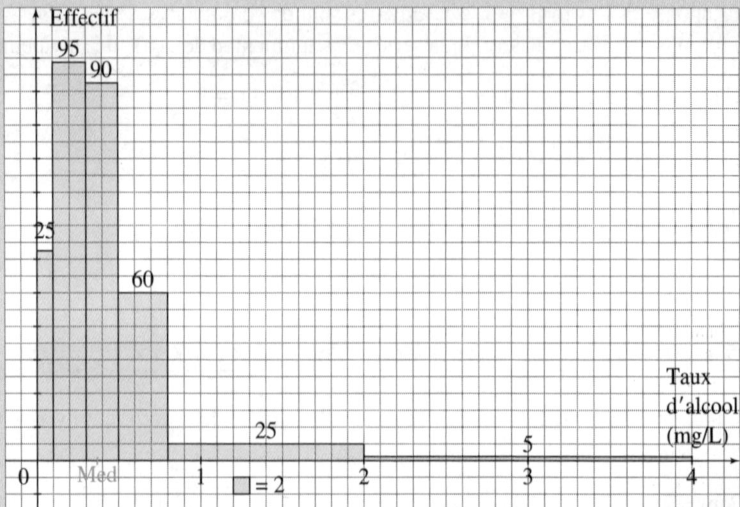

20 La somme des âges des 120 personnes est $120 \times 28 = 3\ 360$ ans, alors que la somme des âges des hommes est $50 \times 33 = 1\ 650$ ans. La somme des âges des 70 femmes est donc : $3\ 360 - 1\ 650 = 1\ 710$.

L'âge moyen des femmes est donc $\frac{1\ 710}{70} \approx 24{,}43$. La partie décimale 0,43 correspond à un nombre de mois égal à $0{,}43 \times 12 \approx 5{,}2$.
Par conséquent, l'âge moyen des femmes est donc 24 ans et 5 mois.

21 • Série A. Comme la moyenne est 2, il y autant de fois le nombre 1 que le nombre 3, c'est-à-dire 30 fois.

• Série B. Avec 100 nombres, la médiane est la moyenne du 50e et du 51e si ceux-ci sont écrits dans l'ordre croissant. Si cette médiane est égale à 3, cela signifie que le 50e nombre est un 3. En prenant les 49 premiers nombres égaux à 1, afin de rendre la moyenne la plus petite possible, on obtient :

$$\frac{49 \times 1 + 51 \times 3}{100} = 2{,}02\,.$$

• Série C. Nécessairement, le 50e nombre est un 1, le 51e est un 2.
Les 49 premiers sont aussi des 1, il y a donc 50 fois le nombre 1.

• Série D. Si l'étendue est 1, la série est composée de 1 et de 2, ou de 2 et de 3. Puisque la moyenne est strictement supérieure à 2, c'est qu'il n'y a que des 2 et des 3 dans cette série.

• Série E. La série est composée exclusivement de 3. En effet, s'il n'y avait qu'un seul 1 ou 2, la moyenne serait strictement inférieure à 3.

22 **a.** Le nombre moyen de séances est :

$$0{,}4 \times 0 + 0{,}25 \times 1 + 0{,}18 \times 2 + 0{,}1 \times 3 + 0{,}05 \times 4 + 0{,}02 \times 5 = 1{,}21\,.$$

b. Puisque le nombre de séances par mois est de 0 pour 40 % des gens interrogés et 1 pour 65 % des gens interrogés, la médiane est 1. En effet, 50 % des gens interrogés vont au cinéma au plus 1 fois par mois.

23 1. Les coordonnées du point A sont $(80\,;\,340)$. Elles signifient que, parmi les 500 arbres dans cette plantation, 340 arbres ont une production de pommes inférieure ou égale à 80 kg.

2.

Classe (nombre de kg de pommes)	[40 ; 50[	[50 ; 60[	[60 ; 70[	[70 ; 80[	[80 ; 90[	[90 ; 100[
Effectifs (nombre de pommiers)	30	80	90	140	100	60

3. La classe modale est celle dont l'effectif est le plus important. Il s'agit de la classe $[70\,;\,80[$.
L'amplitude des classes est constante, elle est égale à 10 kg.

4. **a.** Pour chaque classe, on va utiliser son centre :

$$\frac{30 \times 45 + 80 \times 55 + 90 \times 65 + 140 \times 75 + 100 \times 85 + 60 \times 95}{500} = 72{,}6\,.$$

Ainsi, la production moyenne d'un pommier dans ce verger peut être estimée à 72,6 kg.

b. La production totale de pommes dans ce verger est de $500 \times 72{,}6 = 36\ 300$ kg.

Comme 100 kg de pommes donnent 60 litres de cidre, le nombre de litres de cidre total est : $\dfrac{36\ 300 \times 60}{100} = 21\ 780$.

L'exploitant peut donc obtenir 21 780 litres de cidre.

5. **a.** La médiane est l'abscisse du point de la courbe d'ordonnée 250 (la moitié de l'effectif total) : nous lisons environ 73 kg.

b. La médiane se trouve dans la classe $[70\ ;\ 80[$; nous allons donc utiliser les points K et A de coordonnées $\mathrm{K}(70\ ;\ 200)$ et $\mathrm{A}(80\ ;\ 340)$. Notons *m* la médiane, c'est l'abscisse d'un point de coordonnées $\mathrm{M}(m\ ;\ 250)$.

En écrivant que les coefficients directeurs des droites (KM) et (KA) sont identiques, on obtient :

$$\frac{250-200}{m-70} = \frac{340-200}{80-70} \Leftrightarrow m-70 = 50 \times \frac{10}{140}$$
$$\Leftrightarrow m \approx 73{,}57.$$

6. Il y a 110 arbres dont la production est inférieure à 60 kg, et 340 dont la production est inférieure à 80 kg. Par conséquent, il y a 230 arbres dont la production est comprise entre 60 et 80 arbres.

Or, $\dfrac{230}{500} \times 100 = 46$. Donc 46 % des arbres ont une production comprise entre 60 et 80 kg de pommes.

Géométrie

9

Géométrie dans le plan

I RAPPELS DE QUELQUES THÉORÈMES ET RÉSULTATS

1. Droites remarquables du triangle

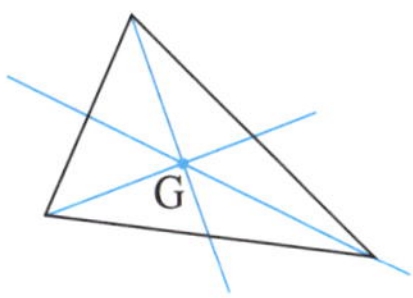

Les trois **médianes** d'un triangle sont concourantes en un point qui est le centre de gravité du triangle. Ce centre de gravité G se situe aux deux tiers de chaque médiane en partant du sommet.

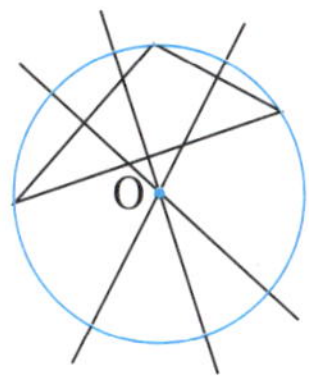

Les trois **médiatrices** d'un triangle sont concourantes en un point qui est le centre O du cercle circonscrit au triangle.

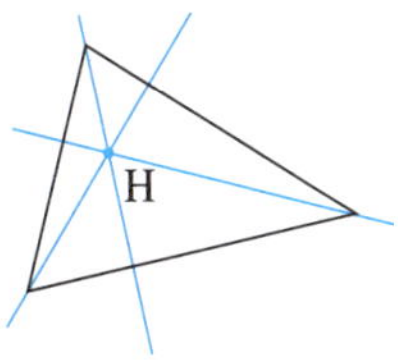

Les trois **hauteurs** d'un triangle sont concourantes en un point H qui est l'orthocentre du triangle.

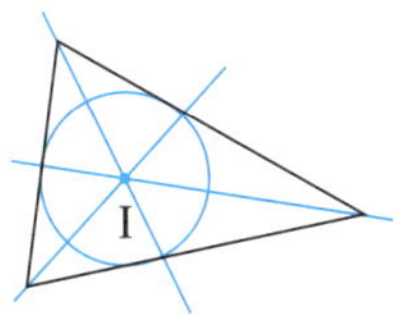

Les trois **bissectrices** d'un triangle sont concourantes en un point I qui est le centre du cercle inscrit dans le triangle.

2. Triangle rectangle

Théorème de Pythagore

Dans un triangle rectangle, le carré de l'hypoténuse est égal à la somme des carrés des deux autres côtés.

Réciproque du théorème de Pythagore

Réciproquement, si dans un triangle, le carré d'un côté est égal à la somme des carrés des deux autres côtés, alors ce triangle est rectangle.

Triangle rectangle inscrit dans un cercle

Si on joint un point d'un cercle aux deux extrémités d'un diamètre, alors le triangle obtenu est rectangle en ce point.

Réciproquement, le centre du cercle circonscrit à un triangle rectangle est le milieu de l'hypoténuse.

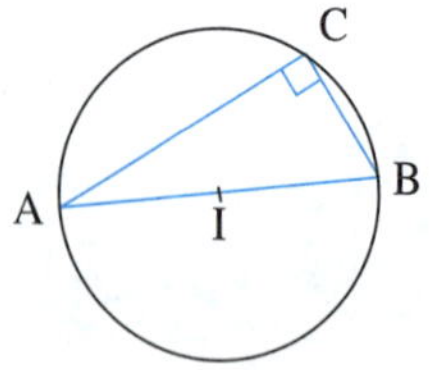

3. Le théorème de Thalès et sa réciproque

Théorème de Thalès

Si trois points A, B et C sont alignés dans le même ordre que trois points alignés A, B′ et C′, et si (BB′) // (CC′), alors on a :

$$\frac{AB}{AC} = \frac{AB'}{AC'} = \frac{BB'}{CC'}.$$

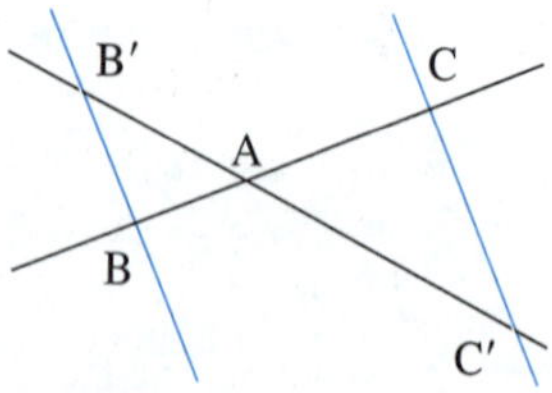

Réciproque du théorème de Thalès

Si trois points A, B et C sont alignés dans le même ordre que trois points alignés A, B′ et C′, et si $\frac{AB}{AC} = \frac{AB'}{AC'}$, alors (BB′) // (CC′).

4. Le théorème de la droite des milieux et sa réciproque

Théorème de la droite des milieux

Si dans un triangle, une droite passe par les milieux de deux côtés, alors elle est parallèle au troisième côté.

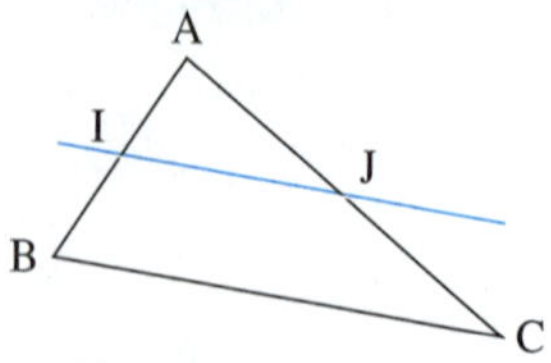

Réciproque du théorème de la droite des milieux

Si dans un triangle, une droite passe par le milieu d'un côté et est parallèle à un deuxième côté, alors elle passe par le milieu du troisième côté.

5. Angles

Si deux angles sont opposés par le sommet, alors ils sont égaux.

Sur la figure, $\widehat{AIJ} = \widehat{LIB}$ et $\widehat{AIL} = \widehat{BIJ}$.

On considère deux droites parallèles et une droite qui leur est sécante. Les angles correspondants sont égaux, les angles alternes internes sont égaux.

Sur la figure, $\widehat{AIL} = \widehat{CJL} = \widehat{BIK} = \widehat{DJK}$ et $\widehat{BIL} = \widehat{DJL} = \widehat{AIK} = \widehat{CJK}$.

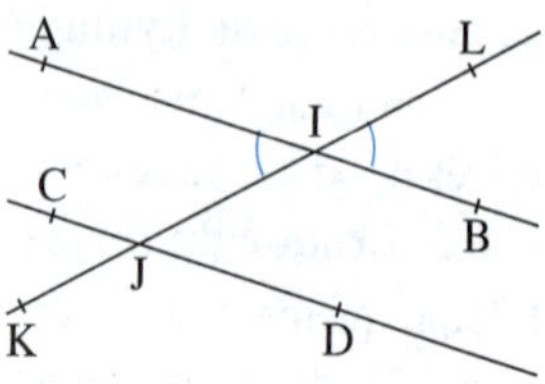

■ **Théorème de l'angle inscrit**

L'angle au centre est égal au double de l'angle inscrit qui intercepte le même arc.

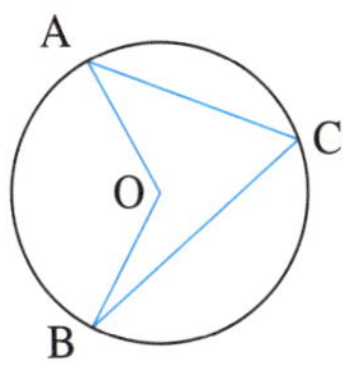

Sur la figure, on dit que l'angle $\widehat{ACB}$ intercepte l'arc $\overset{\frown}{AB}$.

On a $\widehat{AOB} = 2\widehat{ACB}$.

■ **Conséquence importante**

Deux angles inscrits dans un cercle qui interceptent le même arc sont égaux.

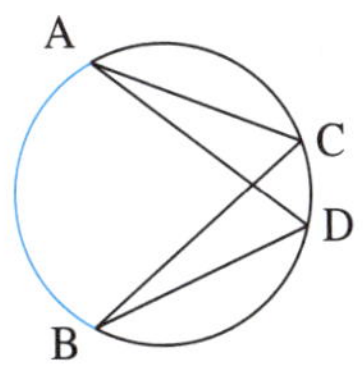

Sur la figure, l'arc $\overset{\frown}{AB}$ est intercepté par les deux angles $\widehat{ACB}$ et $\widehat{ADB}$. Ces deux angles sont donc égaux.

6. Trigonométrie du triangle rectangle

Dans un triangle rectangle, si α est la mesure en degrés d'un angle aigu, on a :

- $\cos\alpha = \dfrac{\text{côté adjacent}}{\text{hypoténuse}}$;
- $\sin\alpha = \dfrac{\text{côté opposé}}{\text{hypoténuse}}$;
- $\tan\alpha = \dfrac{\text{côté opposé}}{\text{coté adjacent}}$.

Pour tout angle aigu α, $(\cos\alpha)^2 + (\sin\alpha)^2 = 1$ et $\tan\alpha = \dfrac{\sin\alpha}{\cos\alpha}$.

Valeurs remarquables d'angles simples :

α	30°	45°	60°
cos α	$\frac{\sqrt{3}}{2}$	$\frac{\sqrt{3}}{2}$	$\frac{1}{2}$
sin α	$\frac{1}{2}$	$\frac{\sqrt{2}}{2}$	$\frac{\sqrt{3}}{2}$
tan α	$\frac{\sqrt{3}}{2}$	1	$\sqrt{3}$

II TRANSFORMATIONS DU PLAN

1. Rappel des transformations du plan connues

On note M un point quelconque du plan, et M′ son image par une transformation du plan. Avec une notation similaire à celle employée pour les fonctions, si f est une transformation du plan, on note $f : \mathrm{M} \mapsto \mathrm{M}'$ ou $f(\mathrm{M}) = \mathrm{M}'$.

Transformation	Quelques caractéristiques	Figure
Réflexion d'axe Δ (symétrie orthogonale par rapport à Δ).	• Δ est la médiatrice du segment [MM′]. • Points invariants : les points de la droite Δ.	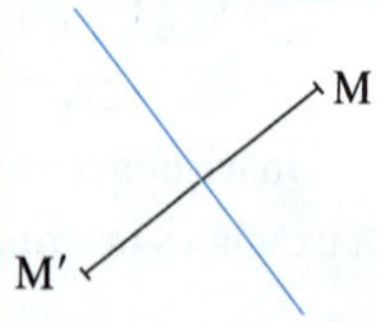
Symétrie centrale de centre O.	• O milieu de [MM′]. • Point invariant : O	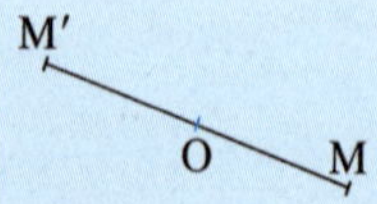
Rotation de centre O, d'angle α.	• Le sens est direct (ou positif) si on tourne dans le sens inverse des aiguilles d'une montre. Il est indirect (ou négatif) sinon. • $\alpha \neq 0°$, $\alpha \neq 360°$, • $\widehat{\mathrm{MOM}'} = \alpha$ et $\mathrm{OM} = \mathrm{OM}'$. • Point invariant : O	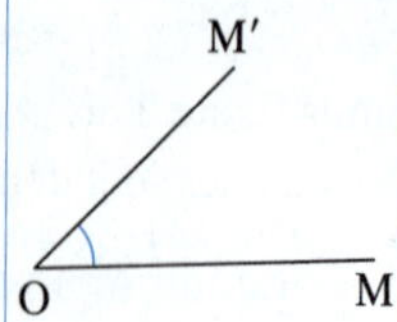
Translation de vecteur $\vec{u}$.	• $\vec{u} \neq \vec{0}$. • Si $\vec{u} = \overrightarrow{\mathrm{AB}}$, $\overrightarrow{\mathrm{MM}'} = \overrightarrow{\mathrm{AB}}$. • Point invariant : Aucun.	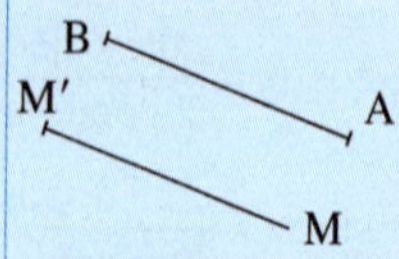

2. Isométries

Une transformation est une isométrie lorsqu'elle conserve les distances.

■ Théorème

Toutes les transformations rappelées ci-dessus sont des isométries. Elles conservent aussi l'alignement, les angles, ainsi que les aires.

■ Théorème

Par l'une de ces transformations :

• L'image d'une droite est une droite (parallélisme et orthogonalité sont conservés).

• L'image d'un segment est un segment (ils ont même longueur, les milieux se correspondent).

• L'image d'un cercle est un cercle (ils ont même rayon, les centres se correspondent).

• L'image d'un polygone est un polygone de même nature.

EXERCICES D'APPLICATION

DROITES REMARQUABLES DU TRIANGLE

1 ★ 10 min ▶ P. 190

On considère un cercle $\mathscr{C}$ de diamètre $[MN]$. A et B sont deux points du cercle $\mathscr{C}$. Les droites (AN) et (BM) se coupent en un point I. Les droites (MA) et (NB) se coupent en un point J.
Montrer que les droites (IJ) et (MN) sont perpendiculaires.

2 ★★ 15 min ▶ P. 190

ABCD est un parallélogramme de centre O, et M un point à l'extérieur de ce parallélogramme. I est le milieu de $[AM]$ et J le milieu de $[MB]$.
Montrer que les droites (CI), (DJ) et (OM) sont concourantes.

THÉORÈME DE THALÈS

3 ★★ 20 min ▶ P. 190

ABCD est un trapèze. Ses diagonales $[DB]$ et $[AC]$ se coupent en R. Les droites (AD) et (BC) se coupent en S. I est le milieu de la base $[AB]$ et J celui de la base $[CD]$. Montrer que les quatre points R, S, I et J sont alignés.

TRIGONOMÉTRIE

4 ★ 10 min ▶ P. 191

Sur la figure ci-contre, $[AB]$ représente le bord de la plage, I une île proche du rivage et V un voilier.
L'angle $\widehat{IAB}$ est droit, l'angle $\widehat{ABI}$ a une mesure de 75°, et l'angle $\widehat{IBV}$ a une mesure de 7°.
La distance AB est de 200 m.
Calculer la distance entre le voilier et l'île, arrondie au mètre près.

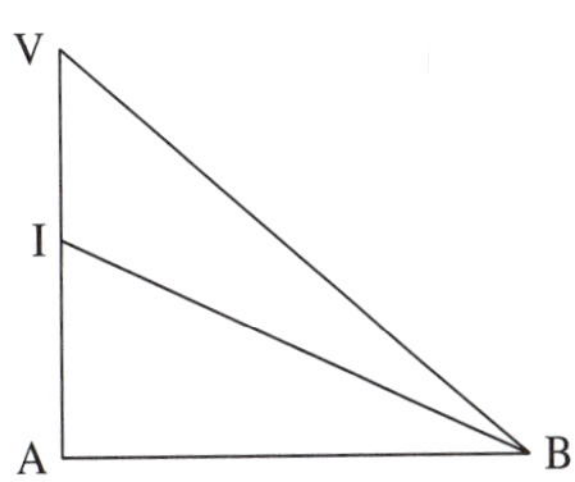

ANGLES

5 ★ 10 min ▶ P. 191

$[AB]$ est un diamètre du cercle $\mathscr{C}$ de centre O. M est un point de $\mathscr{C}$, distinct de A et B. La bissectrice de l'angle $\widehat{MAB}$ recoupe le cercle en N. Montrer que $NB = NM$.

6

★★★ | 20 min | ▸ P. 191

A, B, C et D sont quatre points d'un cercle $\mathscr{C}$ de centre O.
M, P, N et Q sont les milieux des arcs $\overset{\frown}{AB}$, $\overset{\frown}{BC}$, $\overset{\frown}{CD}$ et $\overset{\frown}{DA}$. (Cela revient à dire, par exemple, que (OM) est la bissectrice de l'angle $\widehat{AOB}$.)
Montrer que les droites (MN) et (PQ) sont perpendiculaires.

Isométries

7

★ | 10 min | ▸ P. 192

ABCD est un carré de centre I. On construit à l'extérieur du carré les triangles équilatéraux ABE, BCF, CDG, et DAH. Compléter :

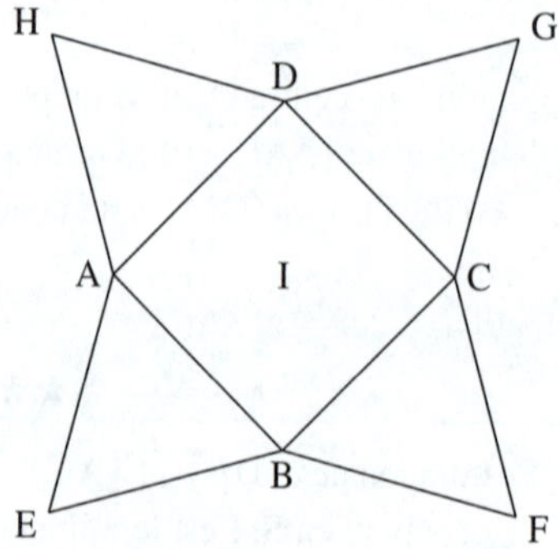

L'image de B par la translation de vecteur $\overrightarrow{CD}$ est ……
L'image de D par la symétrie de centre I est ……
L'image de [CF] par la rotation de centre I et d'angle 90° dans le sens direct est ……
L'image de (CG) par la translation de vecteur $\overrightarrow{GA}$ est ……
L'image du point d'intersection des droites (BC) et (FD) par la symétrie de centre I est le point d'intersection de …… et ……
La symétrie axiale qui transforme A en C est ……
La translation qui transforme (BC) en (EG) est ……
Le centre de la rotation d'angle 90° dans le sens direct qui transforme A en C est ……
La rotation de centre I et d'angle 90° dans le sens indirect transforme B en ……
L'image de [DG] par la rotation de centre G et d'angle 60° dans le sens direct est ……

8 | ★ | 10 min | ▸ P. 192

On considère trois points distincts alignés A, B et C. I est un point qui n'appartient pas à la droite (AB). Les points M, N, et P sont tels que AIM, BIN, et CIP sont trois triangles équilatéraux, construits comme le montre la figure ci-contre. Montrer que les points M, N, et P sont alignés.

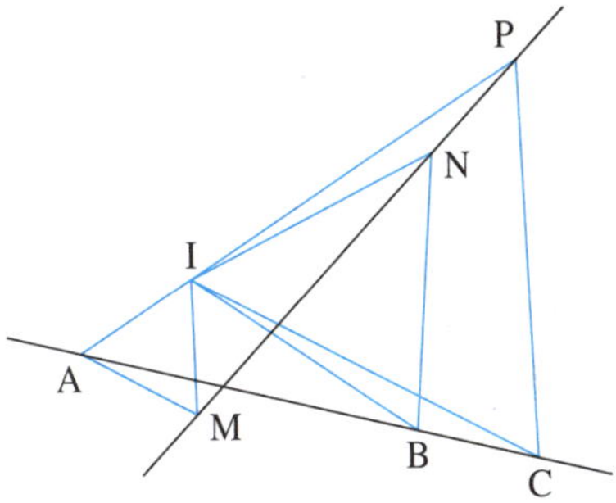

9 | ★ | 10 min | ▸ P. 192

On considère deux points A et B, et un troisième point I sur la médiatrice de [AB] (I n'est pas le milieu de [AB]). On appelle R la rotation de centre I qui transforme A en B. Cette rotation transforme B en C.

a. Montrer que la droite (IB) est la médiatrice du segment [AC].

b. Que représente le point I pour le triangle ABC ?

EXERCICES D'ENTRAÎNEMENT

10 | ★★ | 20 min | ▸ P. 193

On considère un triangle quelconque ABC, et H son orthocentre.

Soit R la rotation de centre A et d'angle 90° dans le sens direct.

a. Faire une figure et construire les points B′ et C′, images respectives des points B et C par la rotation R.

b. Montrer que les droites (AH) et (B′C′) sont parallèles.

c. Construire le point D dont l'image par R est le point B.

Montrer que A est le milieu du segment [B′D].

d. Montrer que la droite (AH) est la médiane issue du point A dans le triangle ADC′.

11

★★ | 20 min | ▸ P. 193

On considère le triangle MNP rectangle en M. On trace la hauteur de ce triangle issue de M. Elle coupe $[NP]$ en H.

I et J sont les milieux respectifs de $[MN]$ et de $[MP]$.

a. Montrer que les triangles MIH et MJH sont des triangles isocèles respectivement en I et en J.

b. Montrer que la droite (IJ) est la médiatrice du segment $[MH]$.

c. Montrer que les droites (HI) et (HJ) sont perpendiculaires.

12

★★ | 20 min | ▸ P. 194

On considère un triangle AIB rectangle isocèle en I.

Soit $\mathscr{C}$ le cercle de diamètre $[AB]$ et $\mathscr{C}'$ le cercle de centre I passant par A et B.

Soit J un point de $\mathscr{C}'$ distinct de A et B. La droite (AJ) coupe le cercle $\mathscr{C}$ en K.

a. Calculer la mesure de l'angle $\widehat{BJA}$.

b. Montrer que le triangle BJK est rectangle isocèle.

13

★★ | 20 min | ▸ P. 194

On considère un triangle équilatéral IJK et son cercle circonscrit $\mathscr{C}$. Soit M un point quelconque du petit arc $\overset{\frown}{IJ}$.

a. Montrer que $\widehat{IJK} = \widehat{IMK}$.

b. Soit P le point du segment $[MK]$ tel que $MI = MP$. Montrer que MIP est un triangle équilatéral.

c. Montrer que $MJ = PK$.

d. En déduire que $MI + MJ = MK$.

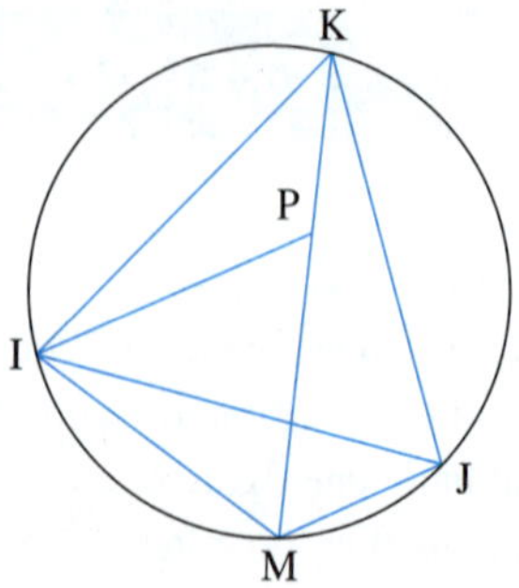

14

★★ | 15 min | ▸ P. 194

On considère un triangle ABC.

La médiatrice de $[AB]$ coupe (AC) en I.

La médiatrice de $[AC]$ coupe (AB) en J.

Ces deux médiatrices se coupent en K.

Montrer que les droites (IJ) et (AK) sont perpendiculaires.

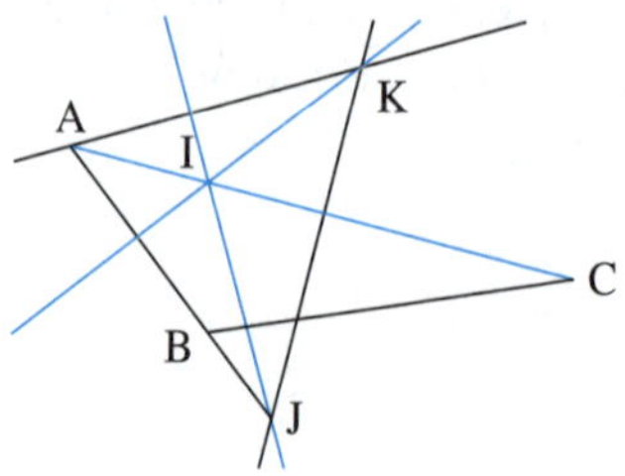

CONTRÔLE

15 QCM

★★ 3 points, 15 min ▶ P. 195

Pour chacune des questions, une et une seule proposition est exacte.

1. L'aire d'un triangle équilatéral de côté 5 cm est :

a. $\dfrac{5\sqrt{3}}{2}$ cm^2. **b.** $\dfrac{5\sqrt{3}}{4}$ cm^2.

c. $\dfrac{25\sqrt{3}}{4}$ cm^2. **d.** $25\sqrt{3}$ cm^2.

2. Le périmètre du cercle circonscrit à un triangle équilatéral de côté 10 est :

a. 10π. **b.** $10\pi\sqrt{3}$.

c. $\dfrac{100\pi}{3}$. **d.** $\dfrac{20\pi\sqrt{3}}{3}$.

3. Soit FUN un triangle, et E un point du segment $[FN]$. Pour que FUN, FEU et NUE soient isocèles respectivement en F, en E, et en U, la mesure de l'angle $\widehat{F}$ en degrés doit être égale à :

a. 24. **b.** 30. **c.** 36. **d.** 45.

16 VRAI OU FAUX ?

★ 5 points, 25 min ▶ P. 195

Dire si les affirmations suivantes sont vraies ou fausses.

1. Parmi les droites remarquables dans les triangles (hauteurs, médianes, médiatrices et bissectrices), seules les médianes sont un point de concours toujours situé à l'intérieur du triangle.

2. Les médianes d'un triangle quelconque le partagent en six parties de même aire.

3. Si $AB = AC$ et si $\widehat{BAC} = 45°$, alors A est l'image de B par une rotation de centre C et d'angle 45°.

4. ABC est un triangle quelconque tel que E est le milieu de $[AB]$, la bissectrice de l'angle $\widehat{ABC}$ coupe (AC) en D, et $ED = AE$.
Alors D est le milieu de $[AC]$.

5. M et H sont deux points d'un cercle $\mathscr{C}$. Le cercle $\mathscr{C}'$ de centre H est sécant avec le cercle $\mathscr{C}$ en R et U. Alors (MH) est la bissectrice de l'angle $\widehat{RMU}$.

17

★★ 5 points, 30 min ▶ P. 196

HAL est un triangle, Z est son orthocentre, et [AB], [HI], [LM] sont ses hauteurs.

1. **a.** Montrer que les points I, H, B et L sont cocycliques.

b. En déduire que $\widehat{ZIB} = \widehat{ZLB}$.

c. Montrer que $\widehat{ZIM} = \widehat{ZAM}$, puis que $\widehat{HAB} = \widehat{HLM}$.

2. **a.** Montrer que (ZI) est la bissectrice de l'angle $\widehat{BIM}$.

b. Montrer que Z est le centre du cercle inscrit dans le triangle IBM.

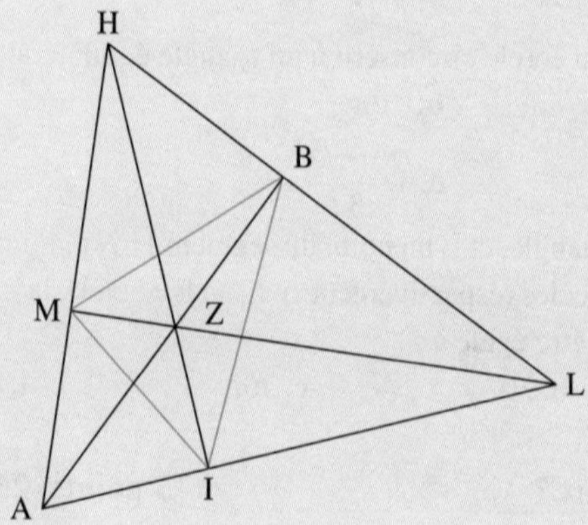

18

★ 3 points, 15 min ▶ P. 197

Soit ABCD un parallélogramme de centre I et E le point tel que C est le milieu de [AE].

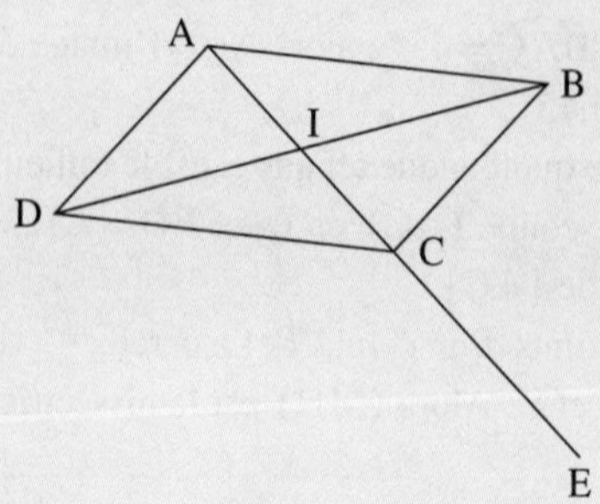

a. Prouver que $\overrightarrow{IC} = \frac{1}{3}\overrightarrow{IE}$.

b. En déduire ce que représente le point C pour le triangle DBE.

c. Montrer que la droite (BC) coupe le segment [DE] en son milieu.

19 | ★★ | 4 points, 25 min | ▸ P. 198

O et I sont deux points distincts non diamétralement opposés d'un cercle $\mathscr{C}$ de centre Z et U est le symétrique de I par rapport à Z. À tout point R de $\mathscr{C}$ autre que I, O et U, on associe l'orthocentre T du triangle ROI.

1. Montrer que $(RT) \,//\, (UO)$, puis que $(OT) \,//\, (UR)$.

2. **a.** En déduire que TOUR est un parallélogramme.

b. Préciser l'image de R par la translation de vecteur $\overrightarrow{UO}$.

3. Déterminer l'ensemble décrit par le point T lorsque R décrit $\mathscr{C}$ sauf les points I, O et U. Construire cet ensemble.

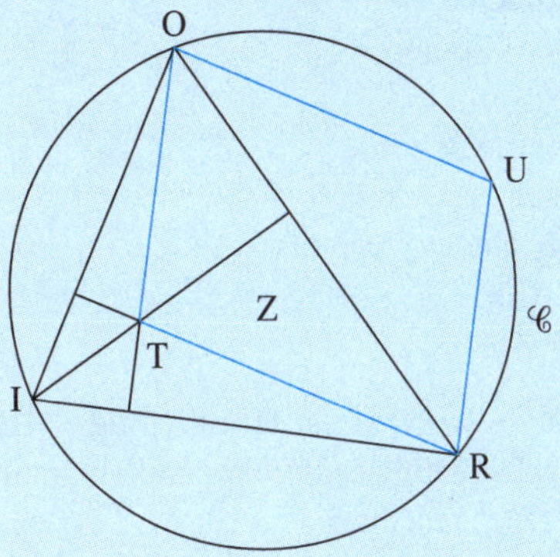

Corrigés

1 Les triangles AMN et BMN sont inscrits dans le cercle de diamètre [MN], donc ils sont rectangles, respectivement en A et en B.
Dans le triangle JMN, (MB) est la hauteur issue de M, et (NA) est la hauteur issue de N. Le point d'intersection de ces deux droites est I, il s'agit donc de l'orthocentre du triangle JMN.
La troisième hauteur de ce triangle, celle qui est issue de J, est la droite (IJ). Cette hauteur est perpendiculaire à (MN).

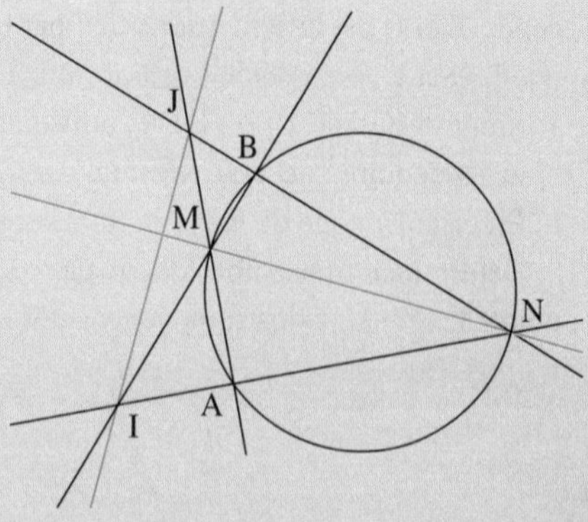

2 Dans le triangle DBM, J est le milieu de [MB], donc (DJ) est la médiane issue de D. O étant le centre du parallélogramme, il est le milieu de [BD]. (OM) est donc la médiane issue de M. Ces deux médianes se coupent en un point G, centre de gravité du triangle DBM. Ce point G est tel que :

$$\overrightarrow{MG} = \frac{2}{3}\overrightarrow{MO}.$$

Dans le triangle ACM, I est le milieu de [AM], donc (CI) est la médiane issue de C. O étant le centre du parallélogramme, il est le milieu de [AC]. (OM) est donc la médiane issue de M. Ces deux médianes se coupent en un point G′, centre de gravité du triangle ACM. Ce point G′ est tel que $\overrightarrow{MG'} = \frac{2}{3}\overrightarrow{MO}$.

On en déduit que $\overrightarrow{MG'} = \overrightarrow{MG}$, d'où $G = G'$. Cela signifie que les droites (CI), (DJ) et (OM) sont concourantes.

3 S, D, A et S, C, B sont alignés dans le même ordre et (AB) // (DC).

D'après le théorème de Thalès, on a $\frac{SD}{SA} = \frac{SC}{SB} = \frac{DC}{AB}$.

On a aussi $\frac{DC}{AB} = \frac{2DJ}{2AI} = \frac{DJ}{AI}$. On a donc $\frac{SD}{SA} = \frac{DJ}{AI}$.

Soit J′ le point de [DC] tel que S, J′ et I soient alignés. On a, toujours d'après le théorème de Thalès, $\frac{SD}{SA} = \frac{DJ'}{AI}$, d'où $DJ' = DJ$.

Comme J et J′ sont tous deux sur le segment [DC], on a J = J′, ce qui assure que les points S, J, et I sont alignés.
D, R, B et C, R, A sont alignés dans le même ordre et (AB) // (DC).

D'après le théorème de Thalès, on a $\frac{RD}{RB}=\frac{RC}{RA}=\frac{CD}{AB}$.

On a aussi $\frac{CD}{AB}=\frac{2CJ}{2AI}=\frac{CJ}{AI}$. On a donc $\frac{RC}{RA}=\frac{CJ}{AI}$.
Soit J″ le point de [DC] tel que I, R et J″ soient alignés. Toujours d'après le théorème de Thalès :

$$\frac{RC}{RA}=\frac{CJ''}{AI}\text{, d'où } CJ''=CJ.$$

Comme J et J″ sont tous deux sur le segment [DC], on a J = J″, ce qui assure que les points R, J et I sont alignés.
Conclusion : les points S, R, J et I sont alignés.

4 $\tan 75°=\frac{IA}{AB}$, d'où $IA=200\times\tan 75°$.

$\tan 82°=\frac{AV}{AB}$,
d'où $AV=200\times\tan 82°$.
$IV=AV-IA=200\times\tan 82°-200\times\tan 75°=200(\tan 82°-\tan 75°)$.
La distance entre le voilier et l'île est, arrondie au mètre près, 677 m.

5 Les angles $\widehat{MBN}$ et $\widehat{MAN}$ sont inscrits dans $\mathscr{C}$ et interceptent le même arc, donc ils sont de même mesure : $\widehat{MBN}=\widehat{MAN}$.
Les angles $\widehat{BMN}$ et $\widehat{BAN}$ sont inscrits dans $\mathscr{C}$ et interceptent le même arc, donc ils sont de même mesure : $\widehat{BMN}=\widehat{NAB}$.
Comme N appartient à la bissectrice de $\widehat{MAB}$, on a $\widehat{MAN}=\widehat{NAB}$.
On en déduit que $\widehat{MBN}=\widehat{BMN}$. Par conséquent, le triangle MNB est isocèle en N, d'où NB = NM.

6 On a :

$$\widehat{POM}=\widehat{BOM}+\widehat{POB}=\frac{1}{2}\widehat{BOA}+\frac{1}{2}\widehat{COB}=\frac{1}{2}(\widehat{BOA}+\widehat{COB})=\frac{1}{2}\widehat{CAO}.$$

On a aussi :

$$\widehat{QON}=\widehat{QOD}+\widehat{DON}=\frac{1}{2}\widehat{AOD}+\frac{1}{2}\widehat{DOC}=\frac{1}{2}(\widehat{AOD}+\widehat{DOC})=\frac{1}{2}\widehat{AOC}.$$

D'où : $\widehat{POM}+\widehat{QON}=\frac{1}{2}(\widehat{CAO}+\widehat{AOC})=\frac{1}{2}\times 360°=180°$.

(On dit que $\widehat{POM}$ et $\widehat{QON}$ sont supplémentaires.)

$\widehat{PNM}$ est inscrit dans $\mathscr{C}$ et intercepte l'arc $\overset{\frown}{PM}$, d'où $\widehat{PNM}=\frac{1}{2}\widehat{POM}$.

$\widehat{QPN}$ est inscrit dans $\mathscr{C}$ et intercepte l'arc $\overset{\frown}{QN}$, d'où $\widehat{QPN} = \frac{1}{2}\widehat{QON}$.

$\widehat{PNM} + \widehat{QPN} = \frac{1}{2}(\widehat{POM} + \widehat{QON}) = 90°$.

(On dit que $\widehat{PNM}$ et $\widehat{QPN}$ sont complémentaires.)
Conclusion : On note I le point d'intersection des droites (MN) et (PQ). Dans le triangle NIP, la somme des trois angles est égale à 180°. Deux d'entre eux étant complémentaires, le troisième est droit : $\widehat{NIP} = 90°$. Par conséquent, les droites (QP) et (NM) sont perpendiculaires.

7 L'image de B par la translation de vecteur $\overrightarrow{CD}$ est **A**.
L'image de D par la symétrie de centre I est **B**.
L'image de [CF] par la rotation de centre I et d'angle 90° dans le sens direct est [**DG**]. L'image de (CG) par la translation de vecteur $\overrightarrow{GA}$ est (**EA**).
L'image du point d'intersection des droites (BC) et (FD) par la symétrie de centre I est le point d'intersection de (**DA**) et (**HB**).
La symétrie axiale qui transforme A en C est **la symétrie d'axe (BD)**. Une translation qui transforme (BC) en (EG) est **la translation de vecteur $\overrightarrow{BI}$**.
Le centre de la rotation d'angle 90° dans le sens direct qui transforme A en C est **D**.
La rotation de centre I et d'angle 90° dans le sens indirect transforme B en **A**.
L'image de [DG] par la rotation de centre G et d'angle 60° est [**CG**].

8 Considérons la rotation de centre I et d'angle 60° dans le sens direct.
Comme AIM, BIN, et CIP sont trois triangles équilatéraux, la mesure des angles $\widehat{AIM}$, $\widehat{BIN}$ et $\widehat{CIP}$ est égale à 60°. Cela signifie que, par cette rotation, l'image de A est M, l'image de B est N, et l'image de C est P.
Comme une rotation conserve l'alignement et que les points A, B, et C sont alignés, alors les points M, N, et P sont alignés.

9 **a.** Une rotation conserve les longueurs. $R(A) = B$ et $R(B) = C$, donc IA = IB = IC, mais aussi AB = BC. Cela implique que les points I et B appartiennent tous deux à la médiatrice de [AC]. Cette médiatrice est donc la droite (IB).
b. Comme IA = IB = IC, les points A, B, et C appartiennent à un cercle de centre I. Ainsi, I est le centre du cercle circonscrit au triangle ABC.

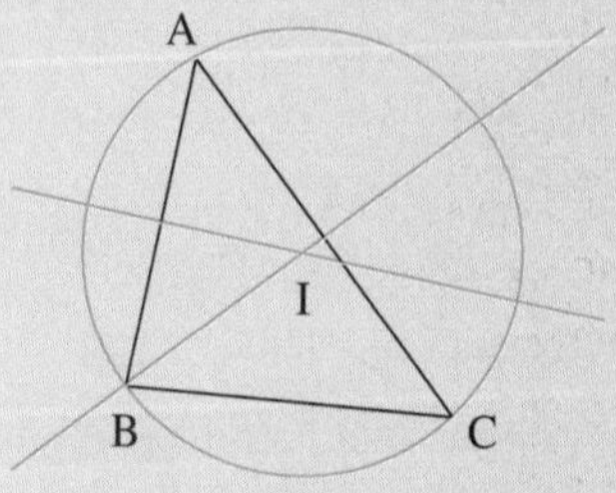

10 **a.** Voir figure ci-contre.

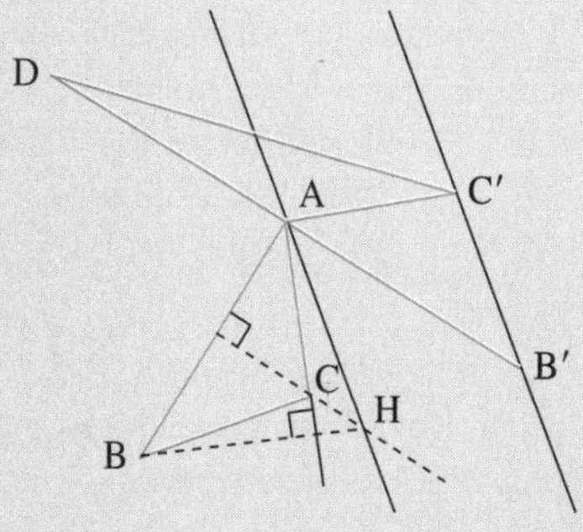

b. H est l'orthocentre du triangle ABC, donc (AH) et (BC) sont perpendiculaires.
Par la rotation R, les images de B et C sont B′ et C′. Comme l'angle de la rotation est 90°, (BC) et (B′C′) sont perpendiculaires. On en déduit que les droites (AH) et (B′C′) sont parallèles.
c. On a $R(\mathrm{D}) = \mathrm{B}$ et $R(\mathrm{B}) = \mathrm{B'}$.
Comme $\widehat{\mathrm{DAB'}} = \widehat{\mathrm{DAB}} + \widehat{\mathrm{BAB'}}$, une mesure de $\widehat{\mathrm{DAB'}}$ est 180°. Cela signifie que les points D, A, et B′ sont alignés.
De plus, $\mathrm{DA} = \mathrm{AB}$ et $\mathrm{AB} = \mathrm{AB'}$, ce qui implique que $\mathrm{DA} = \mathrm{AB'}$.
On en déduit que A est le milieu de [B′D].
d. Dans le triangle DC′B′, A est le milieu de [B′D] et (AH) est parallèle à (B′C′). D'après le théorème de la droite des milieux, on en déduit que (AH) coupe [DC′] en son milieu.
La droite (AH) est donc la médiane issue de A du triangle ADC′.

11 **a.** H est le pied de la hauteur issue de M dans le triangle MNP, donc MHN est un triangle rectangle en H. Le centre du cercle circonscrit à MNH est donc le milieu de l'hypoténuse I. On a donc $\mathrm{IM} = \mathrm{IH} = \mathrm{IN}$. On en déduit que MIH est un triangle isocèle en I.

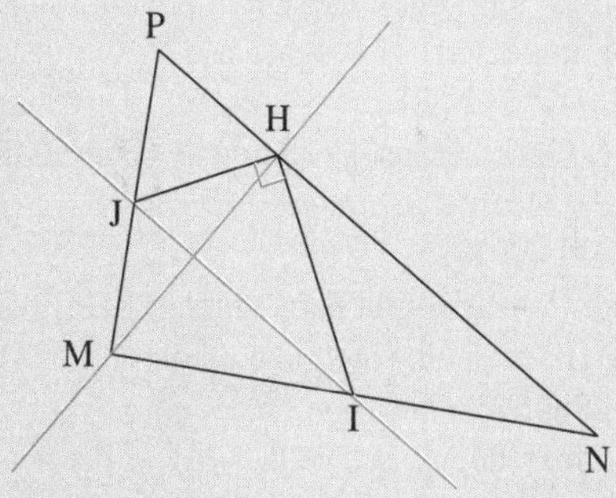

De même, MHP est un triangle rectangle en H, et le centre de son cercle circonscrit est J.
On a donc $\mathrm{JH} = \mathrm{JM} = \mathrm{JP}$, d'où MJH est un triangle isocèle en J.
b. $\mathrm{IM} = \mathrm{IH}$, donc I appartient à la médiatrice de [MH].
$\mathrm{JM} = \mathrm{JH}$, donc J appartient à la médiatrice de [MH].
(IJ) est donc la médiatrice du segment [MH].
c. Considérons la symétrie par rapport à la droite (IJ). L'image de M est H, donc l'image de MIJ est HIJ. La symétrie conserve les angles, donc $\widehat{\mathrm{IMJ}} = \widehat{\mathrm{IHJ}}$. L'angle $\widehat{\mathrm{IMJ}}$ étant droit, il en est de même pour l'angle $\widehat{\mathrm{IHJ}}$.
Par conséquent, les droites (HI) et (IJ) sont perpendiculaires.

12 **a.** L'angle $\widehat{BJA}$ est inscrit dans le cercle $\mathscr{C}'$ et intercepte l'arc $\overset{\frown}{AB}$. L'angle au centre associé est $\widehat{BIA}$. Or, une mesure de $\widehat{BIA}$ est 90°, donc une mesure de $\widehat{BJA}$ est 45°.

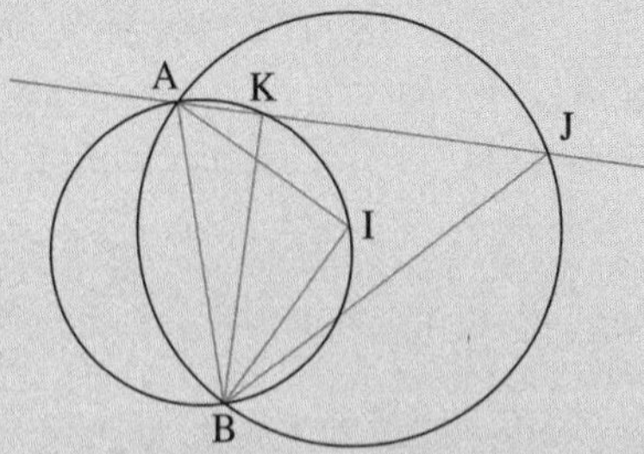

b. Le triangle BAK est inscrit dans le cercle $\mathscr{C}$, de diamètre $[AB]$. Le triangle BAK est donc rectangle en K. On en déduit que les droites (KJ) et (BK) sont perpendiculaires, et que le triangle BKJ est rectangle en K. La somme des mesures des angles aigus de ce triangle est égale à 90°. Comme une mesure de $\widehat{BJK}$ est 45°, une mesure de $\widehat{JBK}$ est aussi 45°. Par conséquent, le triangle BKJ est rectangle isocèle en K.

13 **a.** Les angles $\widehat{IJK}$ et $\widehat{IMK}$ sont inscrits dans le cercle $\mathscr{C}$ et interceptent le même arc $\overset{\frown}{IK}$. Ils sont donc de même mesure : $\widehat{IJK} = \widehat{IMK}$.
Cette mesure est 60°, puisque IJK est un triangle équilatéral.
b. $MI = MP$, donc le triangle MIP est isocèle en M. Par conséquent, on a $\widehat{MIP} = \widehat{MPI}$.
P est un point du segment $[MK]$, donc d'après la question **a.**, une mesure de l'angle $\widehat{IMP}$ est égale à 60°. On en déduit que la mesure des deux angles $\widehat{MIP}$ et $\widehat{MPI}$ est égale à 60°. Le triangle MIP est donc équilatéral.
c. Considérons la rotation de centre I, d'angle 60° dans le sens direct. L'image de M est P, l'image de J est K. La rotation conserve les longueurs, donc $MJ = PK$.
d. P est un point du segment $[MK]$, donc $MK = MP + PK$.
MIP étant un triangle équilatéral, on a $MP = MI$.
D'après la question précédente, $MJ = PK$.
On en déduit que $MK = MP + PK = MI + MJ$.

14 La médiatrice de $[AB]$ est la droite (KI), donc (KI) et (AB) sont perpendiculaires. Comme J appartient à (AB), (KI) et (AJ) sont perpendiculaires. Ainsi, dans le triangle AJK, (KI) est la hauteur issue de K.
La médiatrice de $[AC]$ est la droite (KJ), donc (KJ) et (AC) sont perpendiculaires. Comme I appartient à (AC), (KJ) et (AI) sont perpendiculaires. Ainsi, dans le triangle AJK, (AI) est la hauteur issue de A.
Ces deux hauteurs se coupent en I, qui est donc l'orthocentre du triangle AJK. La troisième hauteur est celle qui est issue de J, c'est la droite (IJ). Elle est perpendiculaire à (AK).

15 1. Réponse **c.** La longueur d'une hauteur est $\frac{5\sqrt{3}}{2}$. L'aire du triangle est donc $\frac{25\sqrt{3}}{4}$.

2. Réponse **d.** Le rayon de ce cercle est égal aux deux-tiers d'une médiane, qui est aussi une hauteur : $\frac{2}{3} \times 10\ \frac{\sqrt{3}}{2} = \frac{10\sqrt{3}}{3}$.

D'où le périmètre du cercle : $2\pi \times \frac{10\sqrt{3}}{3} = \frac{20\pi\sqrt{3}}{3}$.

3. Réponse **c.** Notons x la mesure de l'angle $\widehat{F}$.
FEU est isocèle en E, donc $\widehat{FEU} = 180 - 2x$.
$\widehat{FEU}$ et $\widehat{NEU}$ sont supplémentaires, donc :

$$\widehat{NEU} = 180 - (180 - 2x) = 2x.$$

NUE est isocèle en U, donc $\widehat{UNE} = 2x$.
FUN est isocèle en F, donc $\widehat{FUN} = 2x$.
La somme des angles du triangle FUN est égale à 180°, donc :

$$x + 2x + 2x = 180 \Leftrightarrow 5x = 180 \Leftrightarrow x = 36°.$$

16 1. **Faux**. C'est vrai pour les médianes qui se coupent en un point appelé centre de gravité, toujours intérieur au cercle, mais il y a aussi les bissectrices qui se coupent en un point qui est le centre du cercle inscrit.

2. **Vrai**.
Soit ABC un triangle quelconque. Les médianes $[AA']$, $[BB']$, et $[CC']$ se coupent en G, centre de gravité du triangle ABC.
H et H′ sont les pieds des hauteurs issues de A et de G dans ABC et BC.
On va utiliser :

aire d′un triangle $= \frac{\text{base} \times \text{hauteur}}{2}$.

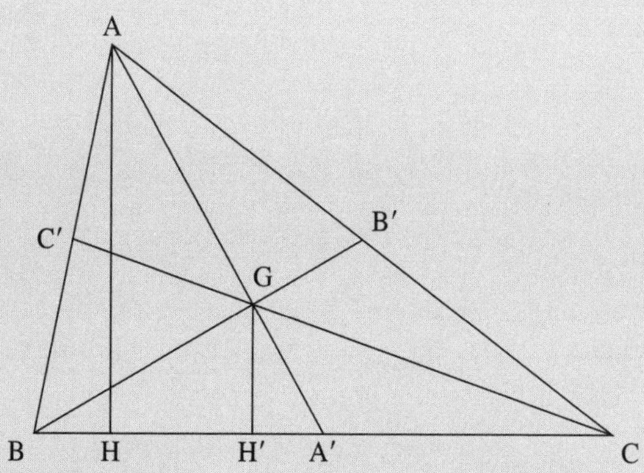

aire $(BGC) = \frac{BC \times GH'}{2}$ et aire $(ABC) = \frac{BC \times AH}{2}$.

Or, en utilisant le théorème de Thalès :

$$\frac{GH'}{HA}=\frac{A'G}{A'A}=\frac{1}{3},$$

d'où $\text{aire}(BGC)=\dfrac{BC\times\frac{1}{3}AH}{2}=\dfrac{1}{3}\,\dfrac{BC\times AH}{2}=\dfrac{1}{3}\,\text{aire}(ABC)$.

De plus :

$$\text{aire}(BGA')=\frac{BA'\times GH'}{2}=\frac{\frac{1}{2}BC\times GH'}{2}=\frac{1}{2}\,\frac{BC\times GH'}{2}=\frac{1}{2}\,\text{aire}(BGC)$$

Par conséquent :

$$\text{aire}(BGA')=\frac{1}{2}\,\text{aire}(BGC)=\frac{1}{2}\times\frac{1}{3}\,\text{aire}(ABC)=\frac{1}{6}\,\text{aire}(ABC).$$

Ce calcul peut être refait pour chacune des six parties délimitées par les trois médianes. Ainsi, les médianes d'un triangle quelconque le partagent en six parties de même aire.

3. **Faux**. C est l'image de B par une rotation de centre A et d'angle 45°.

4. **Vrai**. $ED = EA = EB$, donc EDB est un triangle isocèle en E.
On a donc $\widehat{EBD}=\widehat{EDB}$. Puisque (BD) est la bissectrice de l'angle $\widehat{ABC}$, on a aussi $\widehat{EBD}=\widehat{DBC}$.
On en déduit $\widehat{DBC}=\widehat{EDB}$. Ce sont des angles alternes-internes définis par la sécante (BD) aux droites (ED) et (BC), donc ces droites (ED) et (BC) sont parallèles. D'après le théorème de la droite des milieux, (ED) coupe le côté $[AC]$ en son milieu.

5. **Vrai**. Les angles $\widehat{RMH}$ et $\widehat{RUH}$ inscrits dans $\mathscr{C}$ interceptent l'arc $\overset{\frown}{RO}$, donc $\widehat{RMH}=\widehat{RUH}$. Les angles $\widehat{HRU}$ et $\widehat{HMU}$ inscrits dans $\mathscr{C}$ interceptent l'arc $\overset{\frown}{SO}$, donc $\widehat{HRU}=\widehat{HMU}$.
On a aussi $HR = HU$ car R et U sont sur le cercle $\mathscr{C}'$ de centre H. On en déduit que HRU est un triangle isocèle en H et que $\widehat{HRU}=\widehat{RUH}$.
Par conséquent, $\widehat{RMH}=\widehat{HMU}$, ce qui montre que (MH) est la bissectrice de l'angle $\widehat{RMU}$.

17 1. **a.** Soit $\mathscr{C}$ le cercle de diamètre $[ZL]$. ZIL et ZBL sont des triangles rectangles en I et B, donc ces deux points appartiennent à $\mathscr{C}$. Ainsi, I, Z, B et L sont cocycliques.

b. $\widehat{ZIB}$ et $\widehat{ZLB}$ sont deux angles inscrits dans $\mathscr{C}$ qui interceptent le même arc $\overset{\frown}{ZB}$, donc $\widehat{ZIB}=\widehat{ZLB}$.

c. De même, en considérant le cercle $\mathscr{C}'$ de diamètre $[ZA]$, on prouve que I, Z, M et A sont cocycliques, puis que $\widehat{ZIM}=\widehat{ZAM}$, car ils sont inscrits dans $\mathscr{C}'$ et interceptent le même arc $\overset{\frown}{ZM}$.
Enfin, en considérant le cercle $\mathscr{C}''$ de diamètre $[LA]$, on prouve que A, M, B et L sont cocycliques, puis que $\widehat{MAB}=\widehat{BLM}$, car ils sont inscrits dans $\mathscr{C}''$ et interceptent le même arc $\overset{\frown}{BM}$. Et puisque $\widehat{MAB}=\widehat{BLM}$, on en déduit $\widehat{HAB}=\widehat{HLM}$.

2. **a.** D'une part, on a $\widehat{ZIB} = \widehat{ZLB}$ avec $\widehat{ZLB} = \widehat{HLM}$, d'où $\widehat{ZIB} = \widehat{HLM}$.
D'autre part, on a $\widehat{ZIM} = \widehat{ZAM}$ avec $\widehat{ZAM} = \widehat{HAB}$, d'où $\widehat{ZIM} = \widehat{HAB}$.
Et comme on a montré que $\widehat{HAB} = \widehat{HLM}$, on en déduit que $\widehat{ZIB} = \widehat{ZIM}$, ce qui signifie que (ZI) est la bissectrice de l'angle $\widehat{BIM}$.
b. Par un même raisonnement, on montre que (ZB) est la bissectrice de l'angle $\widehat{MIB}$ et que (ZM) est la bissectrice de l'angle $\widehat{BMI}$. Z est le point de concours des bissectrices du triangle IBM, il est donc le centre du cercle inscrit dans ce triangle.

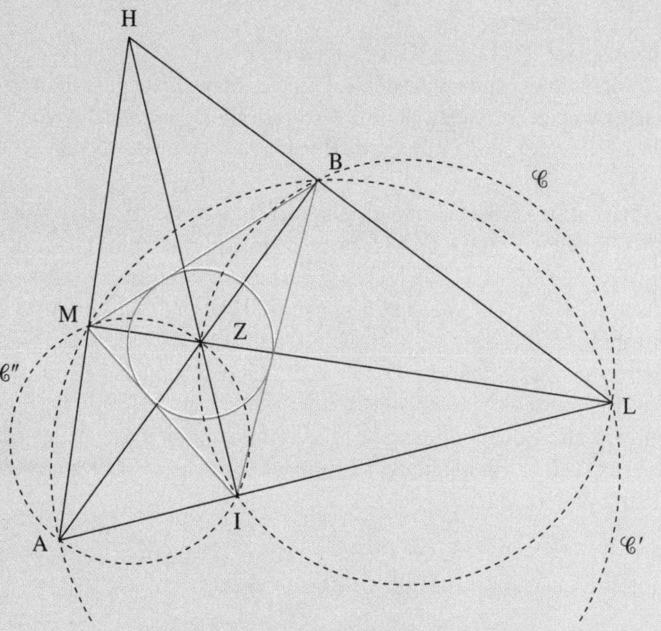

18 **a.** ABCD est un parallélogramme de centre I, donc $\overrightarrow{IC} = \frac{1}{2}\overrightarrow{AC}$.

C est le milieu de $[AE]$, donc $\overrightarrow{CE} = \overrightarrow{AC}$. On en déduit que :

$$2\overrightarrow{IC} = \overrightarrow{CE} \Leftrightarrow 2\overrightarrow{IC} = \overrightarrow{CI} + \overrightarrow{IE} \Leftrightarrow 3\overrightarrow{IC} = \overrightarrow{IE} \Leftrightarrow \overrightarrow{IC} = \frac{1}{3}\overrightarrow{IE}.$$

b. Dans le triangle DBE, I est le milieu du côté $[DB]$. Ainsi, (EI) est la médiane de ce triangle issue de E. Comme $\overrightarrow{IC} = \frac{1}{3}\overrightarrow{IE}$, C est le centre de gravité du triangle DBE.
c. Dans le triangle DBE, (BC) est la médiane issue de B, elle coupe le côté $[DE]$ en son milieu.

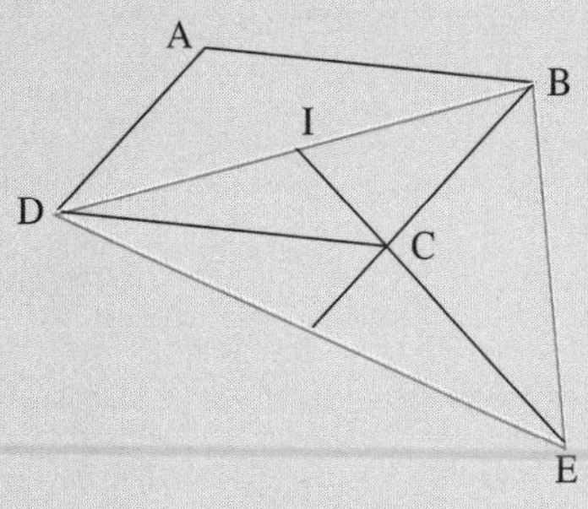

19 1. T est l'orthocentre du triangle ROI, donc (RT) et (OI) sont perpendiculaires.
[IU] est un diamètre du cercle $\mathscr{C}$ et O appartient à $\mathscr{C}$, donc (OI) et (UO) sont perpendiculaires.
Par conséquent, (RT) et (UO) sont parallèles.
T est l'orthocentre du triangle ROI, donc (OT) et (IR) sont perpendiculaires.
[IU] est un diamètre du cercle $\mathscr{C}$ et R appartient à $\mathscr{C}$, donc (IR) et (UR) sont perpendiculaires.
Par conséquent, (OT) et (UR) sont parallèles.
2. **a.** D'après la question précédente, les côtés opposés du quadrilatère TOUR sont deux à deux parallèles, donc c'est un parallélogramme.
b. On a $\overrightarrow{RT} = \overrightarrow{UO}$, donc l'image de R par la translation de vecteur $\overrightarrow{UO}$ est le point T.
3. L'image d'un cercle par une translation est un cercle de même rayon.
Ainsi, si R décrit $\mathscr{C}$ sauf I, O et U, alors son image T décrit un cercle $\mathscr{C}'$ privé des images I', O', et U' de I, O et U par cette translation.
Précisons que $U' = O$, puisque l'image de U par la translation de vecteur $\overrightarrow{UO}$ est O.
Ce cercle $\mathscr{C}'$ passe donc par O, O', et I', on peut donc le définir comme le cercle circonscrit à ces trois points.
On notera aussi que I appartient à ce cercle, car si R est diamétralement opposé à O sur $\mathscr{C}$, son image est I. Enfin, le centre de $\mathscr{C}'$ est l'image Z' de Z par la translation.

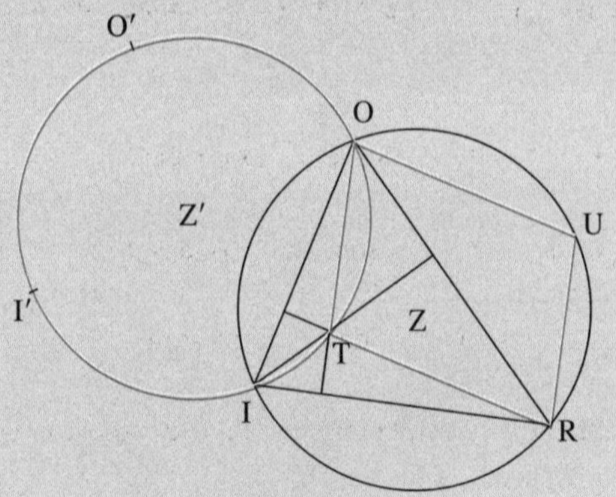

10

Triangles isométriques, triangles semblables

I TRIANGLES ISOMÉTRIQUES

Définition

Deux triangles sont isométriques lorsque leurs trois côtés ont respectivement la même longueur.

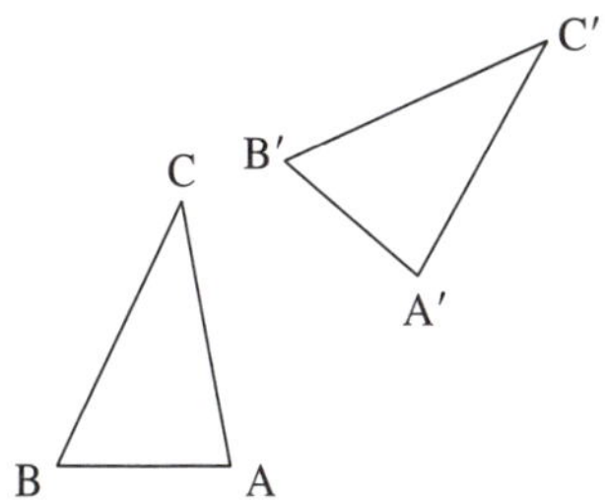

! **Sur la figure, les deux triangles isométriques ABC et abc sont tels que : AB = A′B′, AC = A′C′ et BC = B′C′.**
On dit que (A ; A′), (B ; B′) et (C ; C′) sont des couples de points homologues.

Propriété

Si deux triangles sont isométriques, alors ils ont des angles de même mesure.

Théorème

Pour prouver que deux triangles sont isométriques, il suffit de prouver l'une des situations suivantes :

• Les deux triangles ont un angle de même mesure compris entre deux côtés de même longueur.

• Les deux triangles ont un côté de même longueur adjacent à deux angles de même mesure.

• L'un des deux triangles est l'image de l'autre par une isométrie.

II TRIANGLES SEMBLABLES

Définition

Deux triangles sont semblables lorsque leurs trois angles ont respectivement la même mesure.

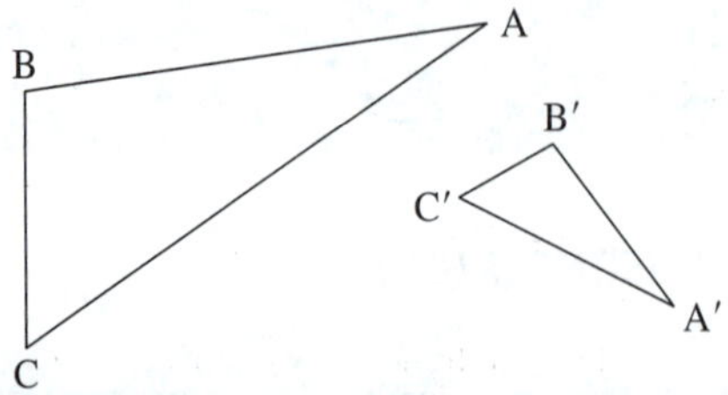

> **!** **Sur la figure, les deux triangles ABC et abc sont semblables : on a $\widehat{A} = \widehat{A'}$, $\widehat{B} = \widehat{B'}$, et $\widehat{C} = \widehat{C'}$.**
> **On dit que (A ; A′), (B ; B′) et (C ; C′) sont des couples de points homologues.**

Si deux triangles sont isométriques, alors ils sont semblables. La réciproque n'est pas toujours vraie.

Théorème

Pour que deux triangles soient semblables, il suffit de prouver l'une des situations suivantes :

- Les deux triangles ont respectivement deux angles de même mesure.
- Les deux triangles ont respectivement leurs trois côtés de longueurs proportionnelles.
- Les deux triangles ont un angle de même mesure compris entre deux côtés de longueurs proportionnelles.

Rapport de similitude

Soit ABC et abc deux triangles semblables, de telle façon que $\widehat{A} = \widehat{A'}$, $\widehat{B} = \widehat{B'}$, et $\widehat{C} = \widehat{C'}$. Les longueurs étant proportionnelles, il existe un nombre réel strictement positif k, appelé rapport de similitude, tel que :

$$k = \frac{AB}{A'B'} = \frac{BC}{B'C'} = \frac{AC}{A'C'}.$$

- Si $0 < k < 1$, k est un rapport de réduction.
- Si $k > 1$, c'est un rapport d'agrandissement.
- Si $k = 1$, les triangles sont isométriques.

Le rapport des aires des deux triangles est $k^2 = \dfrac{\text{aire (ABC)}}{\text{aire (A'B'C')}}$.

EXERCICES D'APPLICATION

TRIANGLES ISOMÉTRIQUES

1 VRAI OU FAUX ? | ★ | 15 min | ▶ P. 210

Les affirmations suivantes sont-elles vraies ou fausse ? Justifier la réponse.

a. Deux triangles ayant deux côtés de même longueur et un angle de même mesure sont isométriques.

b. Si deux triangles ont la même hypoténuse, alors ils sont isométriques.

c. Dans un triangle, la bissectrice d'un angle partage ce triangle en deux triangles isométriques.

2 | ★ | 10 min | ▶ P. 210

Sur la figure ci-contre, ABCDEF est un hexagone régulier de centre O. Dire, sans justifier, si les affirmations suivantes sont vraies ou fausses.

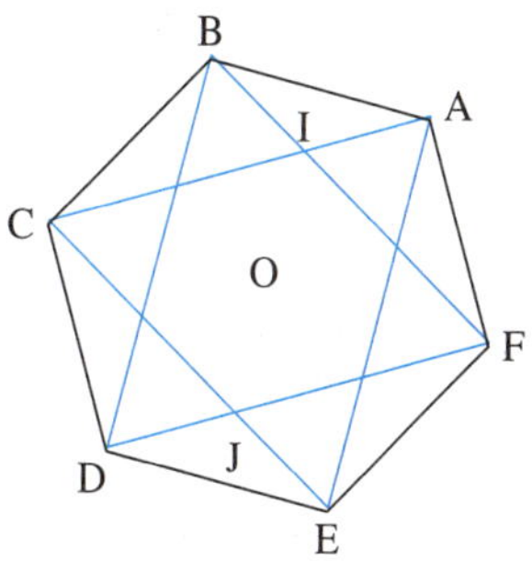

a. Les triangles ABC et CDE sont isométriques.

b. Les triangles ACE et BDF sont isométriques.

c. Les triangles AIF et CDJ sont isométriques.

d. Les triangles OBC et ODE sont isométriques.

e. Les triangles OIB et OJA sont isométriques.

f. Le triangle IJF est équilatéral.

g. L'angle $\widehat{IAF}$ est droit.

3 | ★ | 10 min | ▶ P. 210

ABCD est un parallélogramme de centre O. Une droite passant par O coupe la droite (AB) en K et la droite (CD) en L. Le but est de prouver que O est le milieu du segment [KL] . Compléter la démonstration :

- $\widehat{KOA}$ = …… , car ce sont des angles ……
- Comme ABCD est un parallélogramme, on a (AB) // …… Les angles alternes-internes $\widehat{OAB}$ et … sont donc égaux. De plus, comme K ∈ [AB] et ……, on en déduit que $\widehat{OAB} = \widehat{OAK}$ et…… Par conséquent, $\widehat{OAK}$ = ……

• Comme ABCD est un parallélogramme, O est le milieu de …… On a donc OA = ……
Les deux triangles …… et …… ont un côté de même longueur …… à deux angles de mêmes mesures, donc ces deux triangles sont ……
On en déduit les égalités : …… = …… et …… = …… . De cette dernière égalité, on déduit que …

4 | ★ | 10 min | ▸ p. 211

ABC et AEF sont deux triangles isocèles en A tels que $\widehat{BAC} = \widehat{EAF}$.
a. Montrer que $\widehat{BAE} = \widehat{CAF}$.
b. Prouver que les triangles EAB et FAC sont isométriques.
c. En déduire que $BE = CF$.

Triangles semblables

5 | ★ | 5 min | ▸ p. 211

On reprend la figure de l'exercice 2. Dire, sans justifier, si les affirmations suivantes sont vraies ou fausses.
a. Les triangles AIB et CFJ sont semblables.
b. Les triangles AIB et DFE sont semblables.
c. Les triangles DJE et FIJ sont semblables.

6 | ★ | 5 min | ▸ p. 211

Soit RST un triangle tel que $RS = 4$, $ST = 2$, $RT = 3$.
H est un point du segment [RS] tel que $RH = 3$.
K est un point à l'extérieur du triangle RST tel que :

$$RK = 2{,}25 \text{ et } KH = 1{,}5.$$

Calculer les rapports $\frac{RH}{RS}$, $\frac{HK}{ST}$ et $\frac{KR}{TR}$, puis compléter le texte :

Les triangles …… et … ont leurs côtés …… dans le rapport ……
Ces triangles sont donc ……

On a donc $\widehat{RHK} =$ ……, $\widehat{HKR} =$ ……, et $\widehat{KRH} =$ ……

De plus, on a aussi $\frac{\text{aire (RHK)}}{\text{aire (RST)}} =$ ……

7

★★ | 10 min | ▸ P. 211

Soit $\mathscr{C}$ un cercle et A, B, C et D quatre points de ce cercle. I est le point d'intersection de (AC) et (BD). Montrer que les triangles IAB et IDC sont semblables.

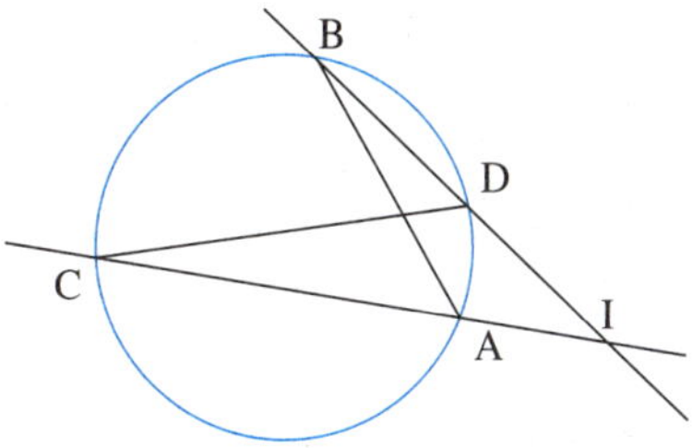

8

★★ | 20 min | ▸ P. 211

AEFD est un rectangle. B est le milieu de [AE], C le milieu de [DF] et le segment [BC] partage le rectangle en deux carrés de côté 4. K est le milieu de [CF], I celui de [CK] et L celui de [BK].

a. Calculer KA et FL.

b. Montrer que les triangles ABK et FKL sont semblables. Préciser les couples de points homologues.

c. En déduire que les droites (AK) et (LF) sont parallèles.

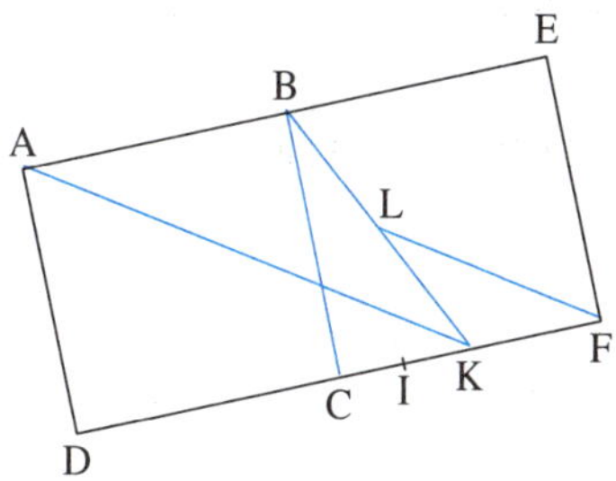

EXERCICES D'ENTRAÎNEMENT

9

★★ | 20 min | ▸ P. 212

ABCD est un parallélogramme de centre I. Les triangles ABM et CDN sont rectangles isocèles en B et en D.

a. Démontrer que MBI et NDI sont isométriques.

b. En déduire que les points M, I et N sont alignés.

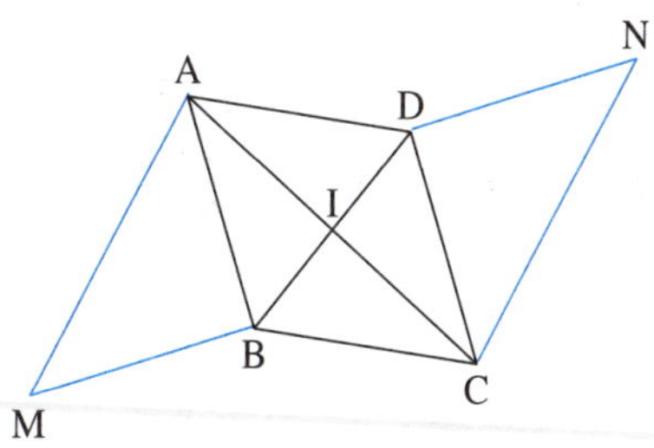

10

★★ 20 min ▸ P. 212

ABC est un triangle équilatéral.
(DF) est la perpendiculaire à (AB) en B.
(EF) est la perpendiculaire à (BC) en C.
(DE) est la perpendiculaire à (AC) en A.

a. Montrer que les triangles AEC et CFB sont isométriques.

b. Citer sans justifier un troisième triangle isométrique avec les deux précédents.

c. En déduire que FED est un triangle équilatéral.

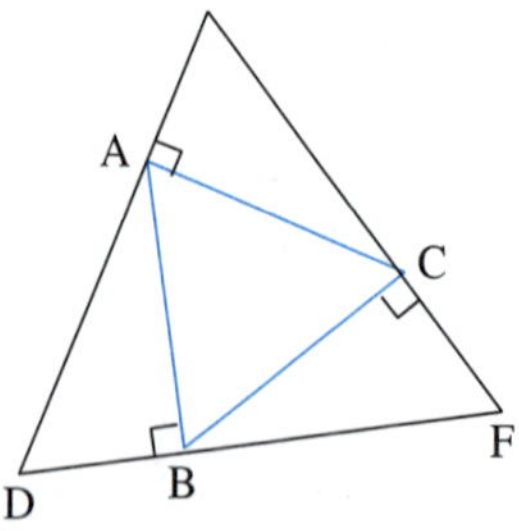

11

★★ 30 min ▸ P. 213

[AB] est une corde du cercle $\mathscr{C}$ de centre O. Le point P est un point de la droite (AB). La droite $\mathscr{D}$, passant par P, est tangente au cercle $\mathscr{C}$ en T. Le point T′ est diamétralement opposé à T.

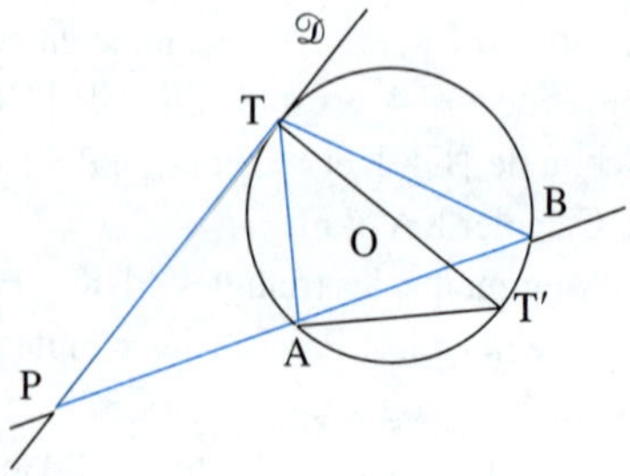

a. Montrer que les angles $\widehat{ATT'}$ et $\widehat{TBA}$ sont complémentaires.

b. Montrer que les angles $\widehat{ATT'}$ et $\widehat{PTA}$ sont complémentaires.

c. En déduire que les triangles TPA et BPT sont semblables.

d. Montrer que $PT^2 = PA \times PB$.

e. On donne maintenant $AB = 5$, $OA = 3$ et $AP = 4$. Calculer OP.

12

★★ 30 min ▸ P. 214

On considère le demi-cercle de diamètre [AB], de centre O. E est un point quelconque du demi-cercle tel que (OE) et (OA) ne soient pas perpendiculaires. On trace la tangente au cercle en E. Les tangentes au cercle en A et B coupent la tangente en E respectivement en I et J.

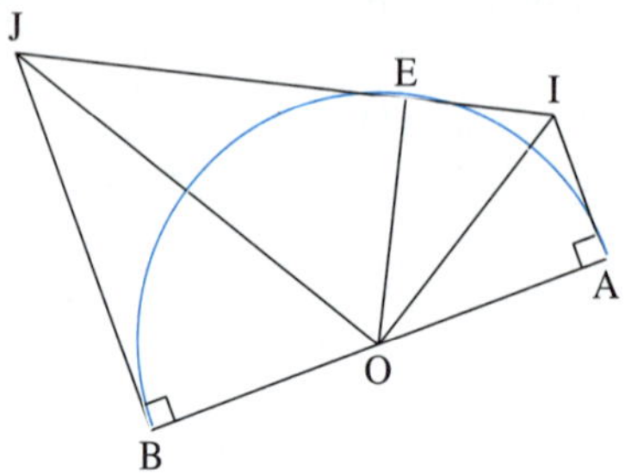

1. a. Montrer que les triangles OAI et OEI sont isométriques.
b. Citer deux autres triangles isométriques.
c. En déduire que le triangle IOJ est rectangle.
2. a. Montrer que les triangles OEI et OEJ sont semblables.
b. On note r le rayon du cercle. Montrer que $AI \times BJ = r^2$.

13

★★ | 30 min | ▶ P. 214

ABC est un triangle. La bissectrice de BAC coupe (BC) en I. La parallèle à (AC) passant par B coupe (AI) en D.
1. Faire une figure.
2. Montrer que le triangle ABD est isocèle.
3. Montrer que les triangles IAC et IDB sont semblables.
4. En déduire que $\frac{IB}{IC} = \frac{AB}{AC}$.
5. Quel est le rapport des aires des triangles IDB et IAC si $AB = 1$ et $AC = 2$?

14

★★★ | 20 min | ▶ P. 215

ABCD est un parallélogramme. R est un point du segment [AB] . La droite (DR) coupe la diagonale (AC) en S et la droite (BC) en T.
Sachant que $DS = 9$ et $SR = 6$, déterminer la longueur TR.

15

★★★ | 45 min | ▶ P. 215

ABCD est un carré. I et J sont les milieux des segments [CD] et [DA] . La droite (AI) coupe la droite (BJ) en M et la droite (BD) en N.

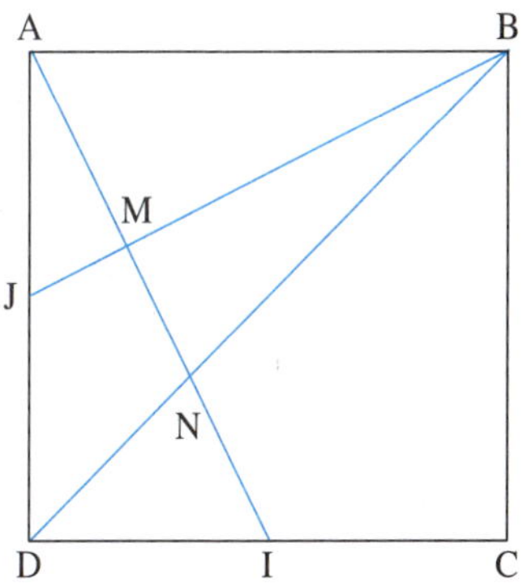

a. Montrer que les triangles AMB et ADI sont semblables.
b. En déduire que les droites (AI) et (BJ) sont perpendiculaires.
c. Montrer que les triangles AJB et AMJ sont semblables.
d. Quelle fraction de l'aire du carré représente l'aire du triangle AJM ?

CONTRÔLE

16 QCM

★ 5 points, 20 min ▶ P. 216

Pour chacune des questions, une seule proposition est exacte.

1. Si deux triangles sont rectangles et isocèles, alors ils sont :

a. isométriques.

b. semblables.

c. ni isométriques ni semblables.

2. Soit ABCD un rectangle, avec $AB > BC$. On place le point E sur $[DC]$ de telle façon que (BD) et (AE) soient perpendiculaires. Alors les triangles ADE et BCD sont :

a. isométriques.

b. semblables.

c. ni isométriques ni semblables.

3. CIA et KGB sont deux triangles tels que $\widehat{I} = \widehat{K}$ et $\widehat{A} = \widehat{B}$. Alors :

a. $\frac{IA}{KG} = \frac{IC}{KB}$.

b. $\frac{IA}{KB} = \frac{IC}{KG}$.

c. $IA = KB$.

d. CIA et KGB sont isométriques.

4. Les côtés de OBI mesurent le tiers de ceux du triangle WAN. Alors le rapport des aires des deux triangles est égal à :

a. 3. **b.** 6. **c.** 9. **d.** 27.

5. Sur la figure ci-dessous, on donne :
$WE = 2$, $OE = 4$, $PR = 8$ et $\widehat{WOE} = \widehat{PRE}$.

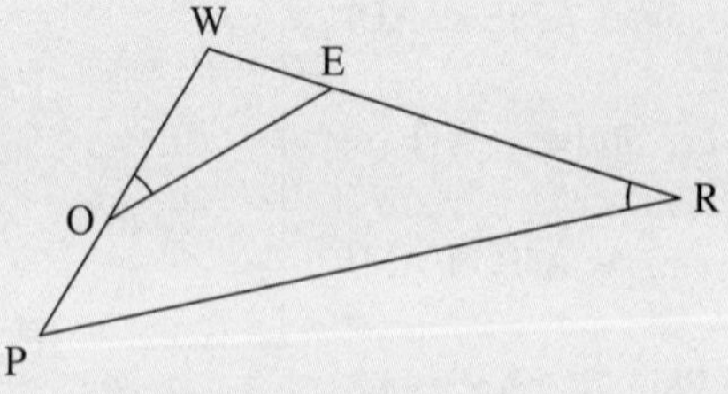

Alors :

a. $WP = 2$.

b. $WP = 4$.

c. $WP = 8$.

d. on ne peut pas calculer WP.

17 | ★★ | 5 points, 20 min | ▶ P. 217

Deux cercles $\mathscr{C}$ et $\mathscr{C}'$ de centres O et O′ se coupent en A et B.

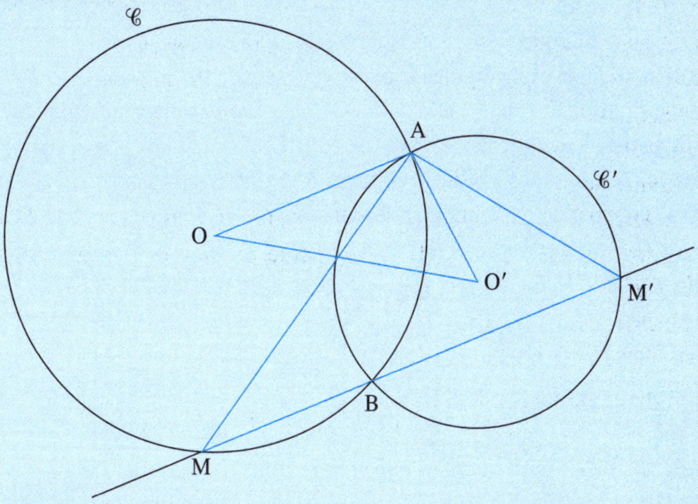

a. Expliquer pourquoi (OO′) est la bissectrice des angles $\widehat{AO'B}$ et $\widehat{AOB}$.

b. Une droite passant par B coupe C et C′ respectivement en M et M′.
Montrer que les triangles AMM′ et AOO′ sont semblables.

CONTRÔLE

18 QCM ★ 5 points, 20 min ▸ P. 217

Pour chacune des questions, une seule proposition est exacte.

1. Si deux triangles sont équilatéraux, alors ils sont :

a. isométriques. **b.** semblables. **c.** ni isométriques ni semblables.

2. Soit un cercle $\mathscr{C}$ et quatre points A, I, M et E sur ce cercle, de telle façon que les cordes [AM] et [IE] se coupent en R, point intérieur au cercle $\mathscr{C}$. Alors :

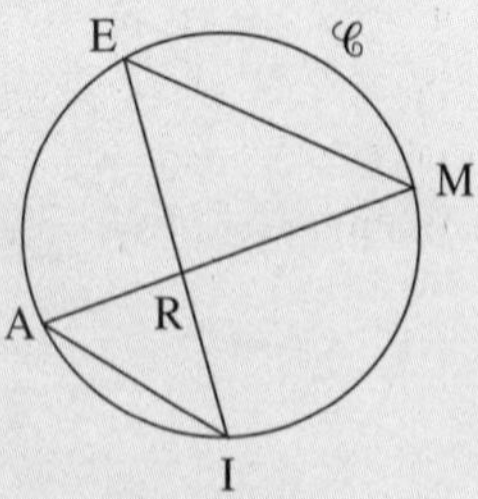

a. $\frac{RA}{RM} = \frac{RI}{RE}$.

b. $RA \times RM = RI \times RE$.

c. $\frac{EM}{AI} = \frac{EA}{MI}$.

3. CUP et TEA sont deux triangles tels que $CU = AE$, $TE = UP$, et $TA = CP$. Alors :

a. $\widehat{U} = \widehat{A}$. **b.** $\widehat{P} = \widehat{T}$. **c.** $\widehat{P} = \widehat{E}$. **d.** $\widehat{C} = \widehat{T}$.

4. EAU et VIN sont deux triangles tels que $\frac{EU}{VI} = \frac{AU}{IN} = \frac{EU}{VN}$, alors :

a. $\widehat{N} = \widehat{U}$. **b.** $\widehat{I} = \widehat{U}$. **c.** $\widehat{N} = \widehat{A}$. **d.** $\widehat{E} = \widehat{I}$.

5. ROND est un trapèze de bases [RO] et [ND]. I est le point d'intersection des diagonales.

Les triangles ROI et NID sont :

a. isométriques. **b.** semblables. **c.** isocèles. **d.** rectangles.

19 ★★ 5 points, 10 min ▸ P. 218

TIC est un triangle, A est le point de la demi-droite [CI) tel que $\widehat{CTA} = \widehat{CIT}$.

a. Montrer que les triangles TIC et TAC sont semblables.

b. Calculer TC sachant que $CI = 16$ et $CA = 9$.

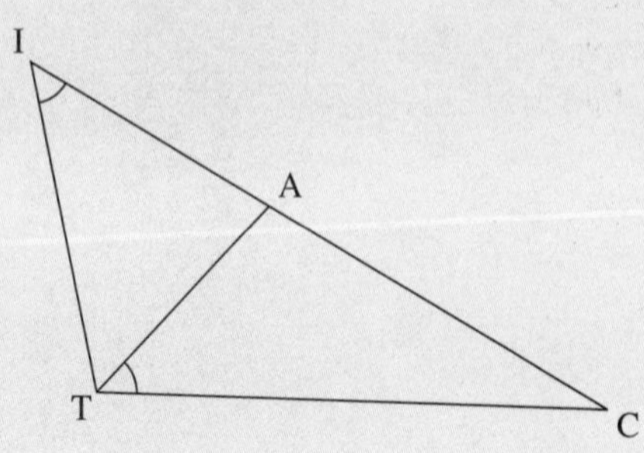

CONTRÔLE

20 ★ | 4 points, 10 min ▶ P. 218

Soit $\mathscr{C}$ un cercle de diamètre [AB].
Soit D un point de [AB] distinct de A et $\mathscr{C}'$ le cercle de diamètre [AD]. Une droite passant par A coupe $\mathscr{C}$ en M et $\mathscr{C}'$ en N.
Montrer que les triangles ABM et ADN sont semblables.

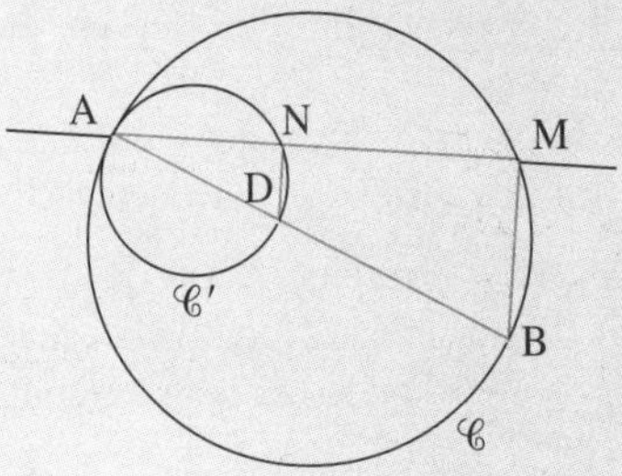

21 ★★ | 5 points, 10 min ▶ P. 218

Dans un cercle $\mathscr{C}$ on considère deux cordes de même longueur [AB] et [CD]. On note P le point d'intersection des droites (AD) et (BC).

a. Démontrer que les triangles PAB et PCD sont isométriques.

b. En déduire que (OP) est la médiatrice du segment [BD].

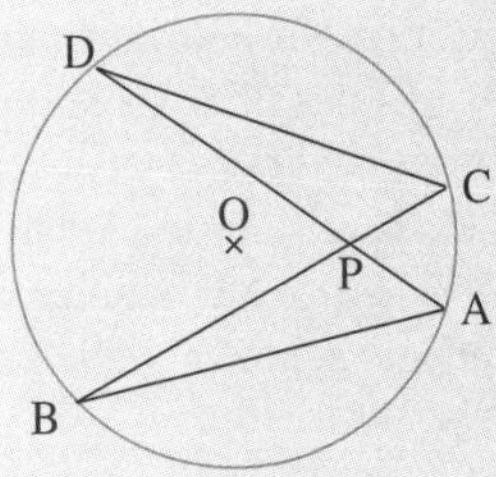

22 ★★ | 11 points, 35 min ▶ P. 218

On donne :
AB = AC = AD = 5 et
BC = CD = CE = 4.

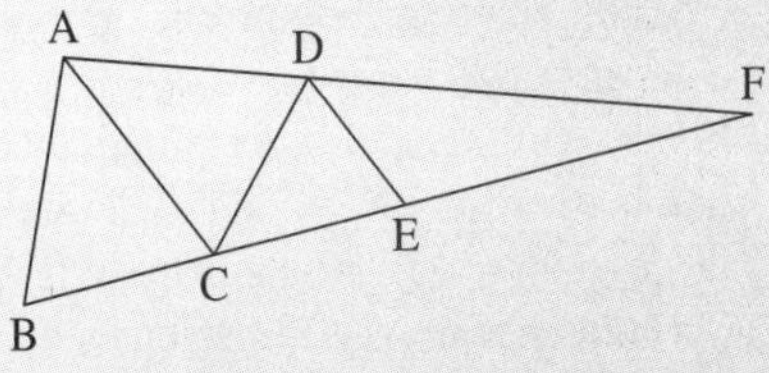

1. **a.** Montrer que les triangles ACD et CED sont semblables.

b. Prouver que DE = 3,2.

c. Montrer que les droites (AC) et (DE) sont parallèles.

2. On note $x = \text{FE}$.

a. Établir l'égalité $\dfrac{x}{x+4} = \dfrac{\text{DE}}{\text{AC}}$.

Calculer x.

b. De la même façon, calculer FD.

CORRIGÉS

1 **a. Faux**. L'affirmation est imprécise, l'angle doit être adjacent aux deux côtés évoqués.
On peut se trouver dans la situation suivante où les deux triangles ABC et ARC sont tels que $\widehat{RAC} = \widehat{CAB}$ et $AR = BC$. Ils ont donc en commun deux longueurs de côtés et une mesure d'angle, mais ils ne sont pas isométriques.

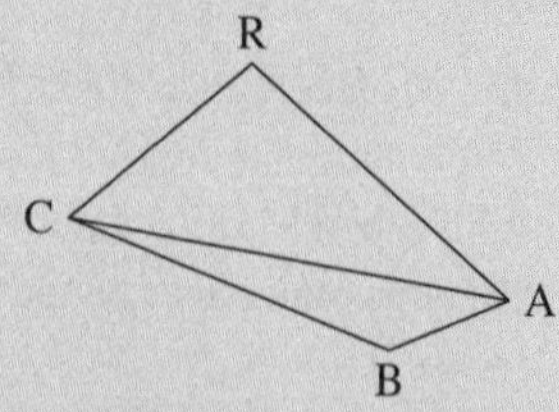

b. Faux. Dire qu'un triangle a une hypoténuse sous-entend qu'il est rectangle. Ainsi, nos deux triangles ont un angle de même mesure (l'angle droit) et un côté de même longueur. Mais cela ne suffit pas pour en faire deux triangles isométriques.
On peut se trouver dans la situation suivante où ABM et ANB sont deux triangles rectangles de même hypoténuse mais ne sont pas isométriques.

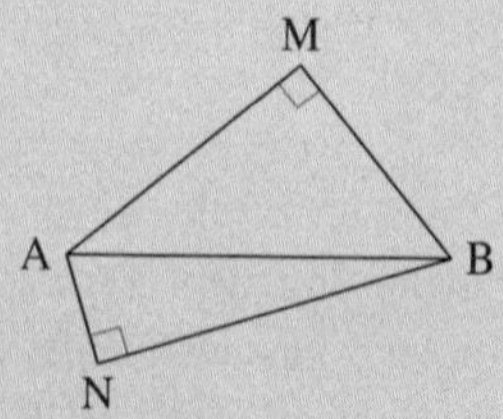

! **M et N se trouvent sur le cercle de diamètre [AB].**

c. Faux. La bissectrice va donner deux triangles avec un angle de même mesure et un côté de même longueur (le côté en commun), mais ça ne suffit pas.
On peut se trouver dans la situation suivante, où la bissectrice (AK) de l'angle $\widehat{CAB}$ partage le triangle ABC en deux triangles ABK et AKC qui ne sont pas isométriques.

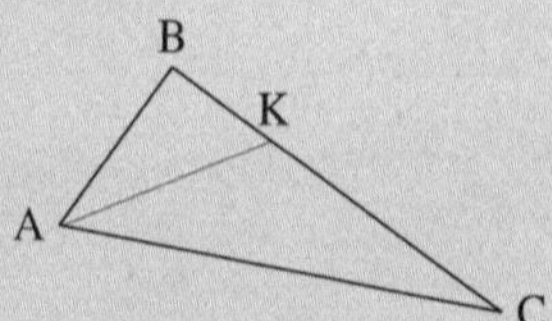

2 **a. Vrai**. **b. Vrai**. **c. Vrai**. **d. Vrai**. **e. Faux**. **f. Vrai** **g. Vrai**.

3 $\widehat{KOA} = \widehat{LOC}$, car ce sont des angles **opposés par leur sommet**.
• Comme ABCD est un parallélogramme, on a $(AB) // (\mathbf{DC})$. Les angles alternes-internes $\widehat{OAB}$ et $\widehat{OCD}$ sont donc égaux. De plus, comme $K \in [AB]$ et $\mathbf{L} \in [\mathbf{CD}]$, on en déduit que $\widehat{OAB} = \widehat{OAK}$ et $\widehat{\mathbf{OCD}} = \widehat{\mathbf{OCL}}$.
Par conséquent, $\widehat{OAK} = \widehat{\mathbf{OCL}}$.

• Comme ABCD est un parallélogramme, O est le milieu de [**AC**]. On a donc OA = **OC**.
Les deux triangles **OAK** et **OCL** ont un côté de même longueur **adjacent** à deux angles de même mesure, donc ces deux triangles sont **isométriques**.
On en déduit les égalités : **AK = CL** et **OK = OL**. De cette dernière égalité, on déduit que **O est le milieu de** [**KL**].

4 **a.** $\widehat{BAE} = \widehat{BAC} + \widehat{CAE} = \widehat{EAF} + \widehat{CAE} = \widehat{CAF}$
b. Comme ABC est isocèle en A, on a AB = AC. Comme AEF est isocèle en A, on a AE = AF.
Les triangles EAB et FAC ont un angle de même mesure compris entre deux côtés de même longueur, ils sont donc isométriques.
c. Comme EAB et FAC sont isométriques, on en déduit la troisième égalité de longueurs : BE = CF.

5 **a. Vrai.** **b. Vrai.** **c. Faux.**

6 $\frac{RH}{RS} = \frac{3}{4}$; $\frac{HK}{ST} = \frac{1{,}5}{2} = \frac{3}{4}$;

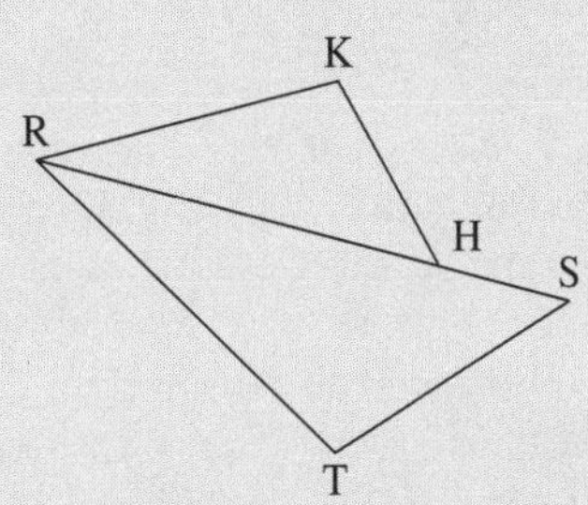

$\frac{KR}{TR} = \frac{2{,}25}{3} = \frac{3}{4}$.
Les triangles **RHK** et **RST** ont leurs côtés proportionnels dans le rapport $\frac{3}{4}$. Ces triangles sont donc semblables. On a donc :
$\widehat{RHK} = \widehat{\mathbf{RST}}$, $\widehat{HKR} = \widehat{\mathbf{STR}}$,
et $\widehat{KRH} = \widehat{\mathbf{TRS}}$.

De plus, on a aussi $\frac{\text{aire (RHK)}}{\text{aire (RST)}} = \left(\frac{\mathbf{3}}{\mathbf{4}}\right)^2 = \frac{\mathbf{9}}{\mathbf{16}}$.

7 Les angles $\widehat{ABD}$ et $\widehat{ACD}$ sont inscrits dans le cercle $\mathscr{C}$ et interceptent le même arc $\overset{\frown}{AD}$. Ils sont donc égaux. Les deux triangles IAB et IDC ont aussi un angle en commun, on a $\widehat{BIA} = \widehat{DIC}$. Par conséquent, ces deux triangles ayant deux angles en commun, ils sont semblables.

8 **a. Calcul de KA**
AEFD est un rectangle, donc l'angle $\widehat{FDA}$ est droit. Comme K est le milieu de [CF], il est sur le segment [DF]. Il s'ensuit que l'angle $\widehat{KDA}$ est droit.
D'après le théorème de Pythagore, $AK^2 = AD^2 + DK^2$.
Or, DK = DC + CK = 4 + 2 = 6 ;
d'où $AK^2 = 4^2 + 6^2 = 16 + 36 = 52$ et $AK = \sqrt{52} = 2\sqrt{13}$.

Calcul de FL

I est le milieu de $[CK]$ et L le milieu de $[BK]$. D'après le théorème de la droite des milieux dans le triangle KBC, $(LI) // (BC)$ et $LI = \frac{BC}{2} = 2$.

Or, $(FC) \perp (BC)$, donc $(FC) \perp (LI)$, ce qui signifie que l'angle $\widehat{FIL}$ est droit. D'après le théorème de Pythagore, $FL^2 = FI^2 + IL^2$.

Or, $FI = FK + KI = 2 + 1 = 3$, d'où $FL^2 = 3^2 + 2^2 = 9 + 4 = 13$ et $FL = \sqrt{13}$.

b. On a $\frac{AK}{LF} = \frac{2\sqrt{13}}{\sqrt{13}} = 2$; $\frac{AB}{FK} = \frac{4}{2} = 2$; $\frac{BK}{KL} = 2$ puisque L est le milieu de $[BK]$. Les deux triangles ABK et FKL ont leurs côtés de longueurs proportionnelles, donc ils sont semblables.

Les couples de points homologues sont $(A ; F)$, $(B ; K)$ et $(K ; L)$.

c. Les droites (LF) et (AK) sont coupées par la droite (LK), ainsi les angles $\widehat{BKA}$ et $\widehat{KLF}$ sont alternes-internes. Ces angles sont égaux car les triangles ABK et FKL sont semblables.

On en déduit que les droites (LF) et (AK) sont parallèles.

9 **a.** • Comme ABCD est un parallélogramme, ses diagonales se coupent en leur milieu, donc $IB = ID$.

• Comme ABM et CDN sont isocèles en B et en D, on a $BM = BA$ et $DC = DN$. De plus, comme ABCD est un parallélogramme, $BA = DC$.

On en déduit que $BM = DN$.

• Comme ABM et CDN sont rectangles en B et en D, on a $\widehat{ABM} = \widehat{CDN} = 90°$. De plus, comme $(AB) // (CD)$, les angles alternes-internes $\widehat{DBA}$ et $\widehat{BDC}$ sont égaux. Comme $I \in [BD]$, on a $\widehat{IBA} = \widehat{IDC}$.

Par ailleurs, on a $\widehat{IBM} = \widehat{IBA} + \widehat{ABM} = \widehat{IBA} + 90°$ et

$\widehat{IDN} = \widehat{IDC} + \widehat{CDN} = \widehat{IDC} + 90°$.

On en déduit que $\widehat{IBM} = \widehat{IDN}$.

Les triangles MBI et NDI ont un angle de même mesure compris entre deux côtés de mêmes longueurs, ils sont donc isométriques.

b. Afin de prouver l'alignement des points M, I, et N, nous allons montrer que l'angle $\widehat{NIM}$ est plat.

On a $\widehat{NIM} = \widehat{NID} + \widehat{DIA} = \widehat{AIM}$.

Comme MBI et NDI sont isométriques, on a $\widehat{MIB} = \widehat{NID}$.

On en déduit :

$$\widehat{NIM} = \widehat{MIB} + \widehat{DIA} + \widehat{AIM} = \widehat{DIA} + \widehat{AIB} = \widehat{DIB} = 180°.$$

L'angle $\widehat{NIM}$ est donc plat. Par conséquent, les points M, I et N sont alignés.

10 **a.** • Comme (DE) est la perpendiculaire à (AC) en A, on a $\widehat{CAE} = 90°$. Comme (EF) est la perpendiculaire à (BC) en C, on a $\widehat{BCF} = 90°$. On a donc $\widehat{CAE} = \widehat{BCF}$.

• Comme ABC est un triangle équilatéral, on a $AC = BC$.
• D'autre part, on a aussi $\widehat{CBA} = \widehat{ACB} = 60°$.
On a $\widehat{ECA} = \widehat{ECF} - \widehat{BCF} - \widehat{ACB} = 180° - 90° - 60° = 30°$.
De plus, $\widehat{FBC} = \widehat{FBD} - \widehat{ABD} - \widehat{CBA}$. Comme (DF) est la perpendiculaire à (AB) en B, on a $\widehat{ABD} = 90°$, d'où $\widehat{FBC} = 180° - 90° - 60° = 30°$.
Finalement, $\widehat{ECA} = \widehat{FBC}$.
Les triangles AEC et CFB ont un côté de même longueur adjacent à deux angles de mêmes mesures, donc ils sont isométriques.
b. Le troisième triangle est ADB.
c. Les trois triangles AEC, CFB, et ADB étant isométriques, on en déduit les égalités de longueurs :
$AE = CF = BD$ et $DA = EC = FB$.
Alors $DA + AE = EC + CF = FB + BD$, d'où $DE = EF = FD$.
On en déduit que le triangle FED est équilatéral.

11 **a.** $\widehat{TT'A}$ et $\widehat{TBA}$ sont des angles inscrits dans le cercle $\mathscr{C}$ et interceptent le même arc $\overset{\frown}{TA}$. Ils sont donc égaux.
$TT'A$ est un triangle inscrit dans le cercle $\mathscr{C}$ et $[TT']$ est un diamètre, donc il est rectangle en A. On a donc $\widehat{TT'A} + \widehat{ATT'} = 90°$, ce qui donne $\widehat{TBA} + \widehat{ATT'} = 90°$. Les angles $\widehat{ATT'}$ et $\widehat{TBA}$ sont donc complémentaires.
b. La droite (PT) est tangente au cercle en T, et $[TT']$ est un diamètre, donc l'angle $\widehat{PTT'}$ est droit. Comme $\widehat{PTA} + \widehat{ATT'} = \widehat{PTT'}$, les angles $\widehat{ATT'}$ et $\widehat{PTA}$ sont complémentaires.
c. Les angles $\widehat{ATT'}$ et $\widehat{TBA}$ sont complémentaires, ainsi que les angles $\widehat{ATT'}$ et $\widehat{PTA}$. On en déduit que $\widehat{TBA} = \widehat{PTA}$. Les triangles TPA et BPT ont aussi un angle en commun. Ils ont donc deux angles respectivement de même mesure, ce qui assure qu'ils sont semblables.
d. On en déduit l'égalité des rapports de proportionnalité :
$$\frac{TP}{BP} = \frac{TA}{BT} = \frac{PA}{PT}.$$
Avec un produit en croix, on obtient $PT^2 = PA \times PB$.
e. On a $PB = PA + AB = 4 + 5 = 9$, d'où :
$$PT^2 = PA \times PB = 4 \times 9 = 36.$$
Notons que $PT = 6$, mais c'est un résultat inutile.
L'angle droit évoqué à la première question implique que PTO est rectangle en T.
$[TO]$ est un rayon du cercle, de même que $[OA]$, donc $TO = OA = 3$.
Avec le théorème de Pythagore, on obtient :
$OP^2 = PT^2 + TO^2 = 36 + 9 = 45$. Finalement, $OP = \sqrt{45} = 3\sqrt{5}$.

12 1. **a.** On a $OA = OE = r$ et $[OI]$ est un côté commun aux deux triangles rectangles OAI et OEI. Le théorème de Pythagore donne $AI^2 = OI^2 - OA^2$. $EI^2 = OI^2 - OE^2$. Il vient $AI^2 = EI^2$, d'où $AI = EI$.
Par conséquent, les triangles OAI et OEI ont leurs trois côtés de même longueur, donc ils sont isométriques.
b. Pour les mêmes raisons, OEJ et OBJ sont isométriques.
c. L'isométrie des triangles ci-dessus permet d'écrire les égalités d'angles :

$$\widehat{AOI} = \widehat{IOE} \text{ et } \widehat{EOJ} = \widehat{JOB}.$$

On a donc $\widehat{IOJ} = \widehat{IOE} + \widehat{EOJ} = \frac{1}{2}\widehat{AOE} + \frac{1}{2}\widehat{EOB} = \frac{1}{2}\widehat{AOB} = 90°$.
Par conséquent, le triangle IOJ est rectangle en O.
2. **a.** (IJ) est la tangente au cercle en E, donc OEJ est rectangle en E. $\widehat{EJO}$ et $\widehat{EOJ}$ sont donc complémentaires.
IOJ est rectangle en O, donc $\widehat{IOE}$ et $\widehat{EOJ}$ sont complémentaires.
On en déduit que $\widehat{EJO} = \widehat{IOE}$.
On a aussi $\widehat{OEJ} = \widehat{OEI}$ qui sont deux angles droits.
Les triangles OEI et OEJ ont deux angles respectivement de même mesure, donc ils sont semblables.
b. On en déduit les rapports de proportionnalité :

$$\frac{OE}{JE} = \frac{OI}{JO} = \frac{EI}{EO}, \text{ ce qui donne } \frac{r}{JE} = \frac{EI}{r}.$$

Avec le produit en croix, il vient $EI \times EJ = r^2$. D'après la question 1. **a.** : $EI = AI$ et $EJ = BJ$, ce qui donne finalement $AI \times BJ = r^2$.

13 1.

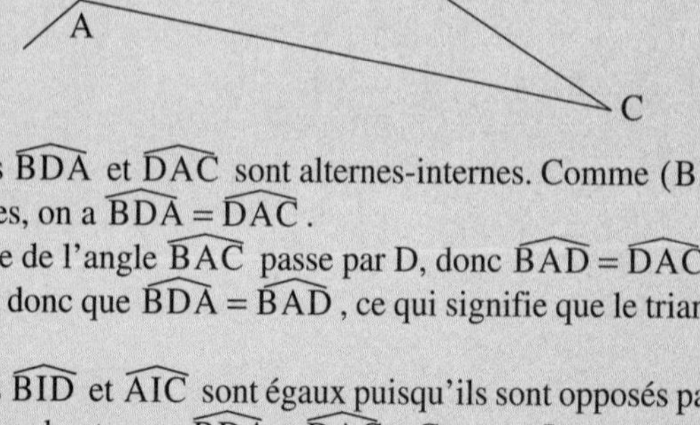

2. Les angles $\widehat{BDA}$ et $\widehat{DAC}$ sont alternes-internes. Comme (BD) et (AC) sont parallèles, on a $\widehat{BDA} = \widehat{DAC}$.
La bissectrice de l'angle $\widehat{BAC}$ passe par D, donc $\widehat{BAD} = \widehat{DAC}$.
On en déduit donc que $\widehat{BDA} = \widehat{BAD}$, ce qui signifie que le triangle ABD est isocèle en B.
3. Les angles $\widehat{BID}$ et $\widehat{AIC}$ sont égaux puisqu'ils sont opposés par le sommet.
On a vu plus haut que $\widehat{BDA} = \widehat{DAC}$. Comme I est sur (AD), alors $\widehat{BDI} = \widehat{IAC}$.
Les triangles IAC et IDB ont deux angles respectivement de même mesure, donc ils sont semblables.

4. On en déduit les rapports de proportionnalité :

$$\frac{ID}{IA} = \frac{IB}{IC} = \frac{BD}{AC}.$$

ABD étant isocèle en B, on a $AB = BD$. On obtient donc :

$$\frac{IB}{IC} = \frac{AB}{AC}.$$

5. Le rapport de similitude est $\frac{IB}{IC} = \frac{AB}{AC} = \frac{1}{2}$.

Par conséquent, le rapport des aires est $\frac{\text{aire (IDB)}}{\text{aire (IAC)}} = \left(\frac{1}{2}\right)^2 = \frac{1}{4}$.

14 Les droites (AB) et (CD) étant parallèles, le théorème de Thalès permet d'écrire :

$$\frac{SR}{SD} = \frac{SA}{SC} = \frac{AR}{DC} = \frac{6}{9} = \frac{2}{3}.$$

(En d'autres termes, les triangles ASR et DSC sont semblables.)
ABCD est un parallélogramme, donc $AB = CD$. On a donc :

$$\frac{AR}{DC} = \frac{AR}{AB} = \frac{2}{3}, \text{ d'où } \frac{BR}{AB} = \frac{BR}{CD} = \frac{1}{3}.$$

Les droites (BR) et (CD) étant parallèles, le théorème de Thalès donne cette fois :

$$\frac{TR}{TD} = \frac{BR}{CD} = \frac{1}{3}.$$

(Les triangles TBR et TCD sont semblables.)

On en déduit TR : $\frac{TR}{TD} = \frac{1}{3} \Leftrightarrow \frac{TR}{TR + 9 + 6} = \frac{1}{3}$

$$\Leftrightarrow 3TR = TR + 15$$
$$\Leftrightarrow 2TR = 15$$
$$\Leftrightarrow TR = 7{,}5.$$

15 **a.** On a $AB = CD$ et $AJ = DI$ puisque I et J sont les milieux de deux côtés du carré.
De plus, les angles $\widehat{BAJ}$ et $\widehat{ADI}$ sont deux angles droits, ils sont donc égaux.
Les triangles ABJ et DAI, ayant un angle de même mesure compris entre deux côtés de même longueur, sont donc isométriques. On en déduit alors que $\widehat{ABJ} = \widehat{DAI}$.
$\widehat{BAM}$ et $\widehat{AID}$ sont deux angles alternes-internes définis par la sécante (AI) aux droites (AB) et (CD). Comme ABCD est un carré, ces deux droites sont parallèles. On en déduit donc que $\widehat{BAM} = \widehat{AID}$.
Ainsi, les triangles AMB et ADI, ayant respectivement deux angles de même mesure, sont semblables.

b. On en déduit que $\widehat{BMA} = \widehat{ADI}$. Or $\widehat{ADI}$ est droit donc $\widehat{BMA}$ aussi. Cela signifie que les droites (AI) et (BJ) sont perpendiculaires.
c. Les deux triangles AJB et AMJ ont un angle en commun : $\widehat{MJA} = \widehat{BJA}$. On a aussi $\widehat{AMJ} = \widehat{JAB}$ qui sont deux angles droits.
Les deux triangles AJB et AMJ, ayant deux angles respectivement de même mesure, sont semblables.
d. On en déduit les rapports de proportionnalité :

$$\frac{AJ}{BJ} = \frac{AM}{AB} = \frac{JM}{JA}.$$

Supposons que ABCD soit un carré de côté 1. J est le milieu de $[AD]$, donc $AJ = \frac{1}{2}$.

Le triangle JAB étant rectangle en A, le théorème de Pythagore donne :

$$BJ^2 = BA^2 + AJ^2$$
$$= 1^2 + \left(\frac{1}{2}\right)^2 = 1 + \frac{1}{4} = \frac{5}{4}.$$

BJ étant une longueur, on en déduit $BJ = \sqrt{\frac{5}{4}} = \frac{\sqrt{5}}{2}$.

Ainsi, $\frac{AJ}{BJ} = \frac{\frac{1}{2}}{\frac{\sqrt{5}}{2}} = \frac{1}{\sqrt{5}}$, donc $\frac{\text{aire }(AJM)}{\text{aire }(AJB)} = \left(\frac{1}{\sqrt{5}}\right)^2 = \frac{1}{5}$.

De plus, l'aire du triangle AJB est :

$$\frac{1}{2}(AB \times AJ) = \frac{1}{2}\left(AB \times \frac{AD}{2}\right) = \frac{AB \times AD}{4}.$$

Par conséquent, l'aire du triangle AJM est $\frac{1}{5} \times \frac{AB \times AD}{4} = \frac{AB \times AD}{20}$.

Comme l'aire du carré ABCD est $AB \times AD$, on en déduit que l'aire du triangle AJM représente $\frac{1}{20}$ de l'aire du carré ABCD.

16 1. Réponse **b.** Les deux triangles ont un angle de même mesure (l'angle droit) compris entre deux côtés de longueurs proportionnelles, ils sont donc semblables.
2. Réponse **b.** Les angles $\widehat{DBA}$ et $\widehat{EAB}$ sont complémentaires, ainsi que $\widehat{EAD}$ et $\widehat{EAB}$. D'autre part, les angles alternes internes $\widehat{DBA}$ et $\widehat{BDC}$ sont égaux. On en déduit $\widehat{BDC} = \widehat{EAD}$. On a aussi $\widehat{BCD} = \widehat{ADE}$. Ainsi, les deux triangles ADE et BCD, ayant deux angles respectivement de même mesure, sont semblables.
3. Réponse **b.** Les triangles sont semblables, on a aussi $\widehat{C} = \widehat{G}$. Ils ont leurs côtés de longueurs proportionnelles : $\frac{IA}{KB} = \frac{IC}{KG}$.

4. Réponse **c.** Le rapport des longueurs est 3, donc le rapport des aires est $3^2 = 9$.

5. Réponse **b.** Les deux triangles OWE et PWR sont semblables puisqu'ils ont deux angles de même mesure :

$$\widehat{WOE} = \widehat{PRE} \text{ et } \widehat{OWE} = \widehat{PWR}.$$

Alors $\frac{WP}{WE} = \frac{WR}{WO} = \frac{PR}{OE}$.

On obtient :

$$\frac{WP}{2} = \frac{8}{4}, \text{ d'où } WP = 4.$$

17 **a.** $AO' = BO'$ et $AO = BO$ donc (OO') est la médiatrice du segment $[AB]$ et aussi la bissectrice de l'angle $\widehat{AO'B}$ et de l'angle $\widehat{AOB}$. On a donc $\widehat{AO'O} = \frac{1}{2}\widehat{AO'B}$, et $\widehat{AOO'} = \frac{1}{2}\widehat{AOB}$.

b. En utilisant le théorème de l'angle inscrit dans le cercle $\mathscr{C}$, on a $\widehat{AMB} = \frac{1}{2}\widehat{AOB}$.

Par conséquent, on obtient $\widehat{AMB} = \widehat{AOO'}$, et donc $\widehat{AMM'} = \widehat{AOO'}$.

De même, dans le cercle $\mathscr{C}'$, $\widehat{AM'B} = \frac{1}{2}\widehat{AO'B}$, d'où $\widehat{AM'B} = \widehat{AO'O}$ et

$\widehat{AM'M} = \widehat{AO'O}$.

Les triangles AMM' et AOO', ayant deux angles respectivement de même mesure, sont donc semblables.

18 1. Réponse **b.** Les deux triangles ont respectivement leurs trois côtés de longueurs proportionnelles, ils sont donc semblables.

2. Réponse **b.** On a $\widehat{ARI} = \widehat{MRE}$, en tant qu'angles opposés par le sommet. On a aussi $\widehat{IAM} = \widehat{IEM}$, car ces deux angles, inscrits dans le cercle $\mathscr{C}$, interceptent le même arc $\overset{\frown}{IM}$. D'où $\widehat{IAR} = \widehat{REM}$. Ainsi, les deux triangles AIR et MER, ayant deux angles respectivement de même mesure, sont semblables. Leurs côtés ont des longueurs proportionnelles :

$$\frac{RA}{RE} = \frac{RI}{RM} = \frac{AI}{EM},$$

d'où $RA \times RM = RI \times RE$.

3. Réponse **b.** Les triangles sont isométriques, ils ont donc des angles respectivement de mêmes mesures :

$$\widehat{P} = \widehat{T}\,,\ \widehat{E} = \widehat{U}\,,\ \text{et } \widehat{C} = \widehat{A}\,.$$

4. Réponse **a.** Les triangles ont leurs côtés de longueurs proportionnelles, ils sont donc semblables :

$$\widehat{E} = \widehat{V}\,,\ \widehat{A} = \widehat{I}\,,\ \text{et } \widehat{U} = \widehat{N}\,.$$

5. Réponse **b.** Les bases étant parallèles, on a une configuration de Thalès, les triangles ROI et NID sont donc semblables.

19 **a.** On a par hypothèse $\widehat{CTA} = \widehat{CIT}$.
De plus, les deux triangles ont un angle en commun : $\widehat{TCA} = \widehat{TCI}$. Ainsi, les deux triangles TIC et TAC, ayant deux angles respectivement de même mesure, sont semblables.
b. Les longueurs des côtés de ces deux triangles sont proportionnelles, donc $\frac{TC}{IC} = \frac{AC}{TC} = \frac{AT}{TI}$, ce qui permet d'obtenir :

$$TC^2 = IC \times AC\,,\ \text{d'où } TC = \sqrt{16 \times 9} = 12\,.$$

20 Dans le cercle $\mathscr{C}$, $[AB]$ est un diamètre et M est sur $\mathscr{C}$. L'angle $\widehat{AMB}$ est donc droit.
Dans le cercle $\mathscr{C}'$, $[AD]$ est un diamètre et N est sur $\mathscr{C}'$. L'angle $\widehat{AND}$ est donc droit.
Par conséquent, $\widehat{AMB} = \widehat{AND}$.
D appartient à (AB) et N appartient à (AM), donc $\widehat{DAN} = \widehat{BMA}$.
Les triangles ABM et ADN ont deux angles de même mesure, donc ils sont semblables.

21 **a.** $\widehat{DCB}$ et $\widehat{DAB}$ sont deux angles inscrits dans $\mathscr{C}$ qui interceptent le même arc $\overset{\frown}{BD}$, donc ils sont de même mesure.
$\widehat{ABC}$ et $\widehat{ADC}$ sont deux angles inscrits dans $\mathscr{C}$ qui interceptent le même arc $\overset{\frown}{AC}$, donc ils sont de même mesure.
De plus, on a $AB = CD$.
Les triangles PAB et PCD ont un côté de même longueur adjacent à deux angles de même mesure, donc ils sont isométriques.
b. On en déduit l'égalité de longueurs : $PB = PD$.
B et D sont sur le cercle de centre O, donc $OB = OD$.
O et P sont donc tous deux sur la médiatrice de $[BD]$. Cette médiatrice est donc la droite (OP).

22 1. **a.** $AB = AC = AD$, donc les triangles ABC et ACD sont isocèles en A. De plus, $BC = CD$. Donc les triangles ABC et ACD ont leurs trois côtés de même longueur, ils sont donc isométriques.

Notons x la mesure de l'angle $\widehat{BAC}$. On a donc :

$$\widehat{ABC} = \widehat{ACB} = \widehat{ACD} = \frac{180 - x}{2}.$$

Par conséquent, $\widehat{DCE} = 180 - 2 \times \frac{180 - x}{2} = 180 - (180 - x) = x$.

On a donc $\widehat{DCE} = \widehat{CAD}$.

De plus, $\frac{AC}{CE} = \frac{AD}{CD} = \frac{5}{4}$.

Les triangles ACD et CDE ont un angle de même mesure compris entre deux côtés de longueurs proportionnelles, donc ils sont semblables.

b. On en déduit le troisième rapport de longueurs :

$$\frac{CD}{DE} = \frac{5}{4}, \text{ d'où } DE = \frac{4}{5} CD = \frac{4}{5} \times 4 = \frac{16}{5} = 3{,}2.$$

c. La sécante (CD) à (AC) et (DE) définit deux angles $\widehat{ACD}$ et $\widehat{CDE}$ alternes-internes.

Ces angles étant égaux, cela signifie que les droites (AC) et (DE) sont parallèles.

2. **a.** Le théorème de Thalès permet d'écrire :

$$\frac{FE}{FC} = \frac{FD}{FA} = \frac{ED}{CA}.$$

En notant $x = FE$, on obtient :

$$\frac{x}{x+4} = \frac{3{,}2}{5} \Leftrightarrow 5x = 3{,}2(x+4)$$
$$\Leftrightarrow 5x = 3{,}2x + 12{,}8$$
$$\Leftrightarrow 5x - 3{,}2x = 12{,}8$$
$$\Leftrightarrow 1{,}8x = 12{,}8$$
$$\Leftrightarrow x = \frac{12{,}8}{1{,}8}$$
$$\Leftrightarrow x = \frac{64}{9}.$$

b. En notant $y = FD$, on obtient :

$$\frac{y}{y+5} = \frac{3{,}2}{5} \Leftrightarrow 5y = 3{,}2(y+5)$$
$$\Leftrightarrow 5y = 3{,}2y + 16$$
$$\Leftrightarrow 5y - 3{,}2y = 16$$
$$\Leftrightarrow 1{,}8y = 16$$
$$\Leftrightarrow y = \frac{16}{1{,}8}$$
$$\Leftrightarrow y = \frac{80}{9}.$$

11 Géométrie dans l'espace

■ Tous les résultats de géométrie plane sont utilisables dans n'importe quel plan de l'espace.

■ Un plan peut être déterminé de quatre façons différentes :
- par trois points non alignés ;
- par deux droites sécantes ;
- par une droite et un point n'appartenant pas à cette droite ;
- par deux droites parallèles (non confondues).

■ **Définition**

Si deux droites sont sécantes ou parallèles, alors on dit qu'elles sont coplanaires : il existe un plan qui les contient toutes deux.

I POSITIONS RELATIVES DE DROITES ET DE PLANS DE L'ESPACE

■ **Positions relatives de deux droites**

Infinité de points en commun : les deux droites sont confondues.

Un point en commun : elles sont sécantes.

Pas de point en commun et coplanaires : elles sont parallèles.

Pas de point en commun et non coplanaires : elles sont quelconques.

■ **Positions relatives d'une droite et d'un plan**

Infinité de points communs : la droite est incluse dans le plan.

Un point en commun : ils sont sécants.

Pas de point en commun : la droite est parallèle au plan.

■ **Positions relatives de deux plans**

Infinité de points communs : les deux plans sont confondus.

Au moins un point en commun sans être confondus : ils sont sécants, leur intersection est une droite.

Pas de point en commun : ils sont parallèles.

II PARALLÉLISME DANS L'ESPACE

1. Droites parallèles

Théorèmes

• Deux droites parallèles à une même troisième droite sont parallèles entre elles.

• Si une droite est parallèle à deux plans sécants, alors elle est parallèle à la droite d'intersection des deux plans.

• Si deux plans sont parallèles, alors tout plan qui coupe l'un coupe l'autre et les droites d'intersection sont parallèles.

Théorème du toit

Si deux droites (d) et (d') sont parallèles, et si $\mathcal{P}$ et $\mathcal{P}'$ sont deux plans sécants, l'un contenant (d), l'autre contenant (d'), alors leur droite d'intersection est parallèle aux droites (d) et (d').

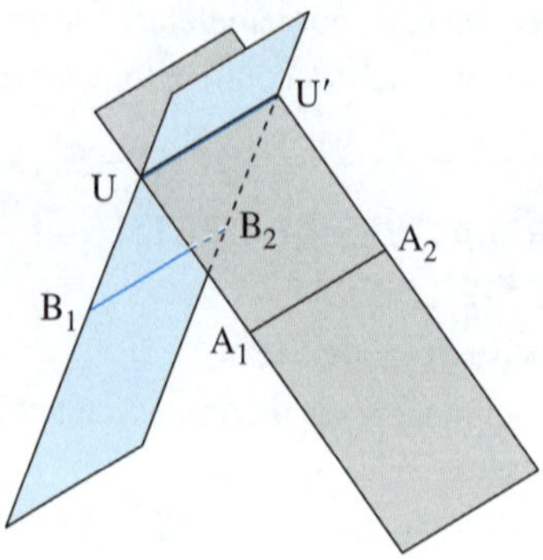

Sur la figure, (A_1A_2) et (B_1B_2) sont parallèles, contenues chacune dans un plan. Les deux plans se coupent en la droite (UU'). Cette droite est parallèle aux deux droites (A_1A_2) et (B_1B_2).

2. Plans parallèles

Théorèmes

• Deux plans parallèles à un même troisième plan sont parallèles entre eux.

• Si deux droites sécantes contenues dans un plan $\mathcal{P}$ sont respectivement parallèles à deux droites sécantes contenues dans un plan $\mathcal{P}'$, alors les plans $\mathcal{P}$ et $\mathcal{P}'$ sont parallèles.

3. Droite et plan parallèle

Théorème

Si une droite (d) est parallèle à une droite (d'), alors la droite (d) est parallèle à tout plan contenant la droite (d') (sauf celui qui contient (d) et (d')).

III ORTHOGONALITÉ DANS L'ESPACE

1. Droites

Deux droites sont orthogonales si elles sont parallèles à deux droites perpendiculaires.

Théorème

Si deux droites sont parallèles, toute droite orthogonale à l'une est orthogonale à l'autre.

2. Plans

Théorème

Deux plans sont perpendiculaires s'il existe une droite contenue dans l'un de ces plans orthogonale à une droite contenue dans l'autre plan.

3. Droite et plan

Une droite est orthogonale à un plan lorsqu'elle est orthogonale à toutes les droites de ce plan.

Théorèmes

- Une droite est orthogonale à un plan si, et seulement si, elle est orthogonale à deux droites sécantes de ce plan.
- Si deux plans sont orthogonaux à une même droite, alors ils sont parallèles.
- Si deux plans sont parallèles, alors toute droite orthogonale à l'un est orthogonale à l'autre.
- Si deux droites sont parallèles, alors tout plan orthogonal à l'une est orthogonal à l'autre.
- Si deux droites sont orthogonales à un même plan, alors elles sont parallèles.

4. Plan médiateur

L'ensemble des points équidistants de deux points distincts de l'espace A et B est un plan. Ce plan est orthogonal à la droite (AB) et passe par le milieu du segment $[AB]$. On l'appelle plan médiateur du segment $[AB]$.

IV CARACTÉRISTIQUES DE CERTAINS SOLIDES

Prisme droit

On note p le périmètre de la base, $\mathcal{B}$ l'aire de la base et h la hauteur.

Aire latérale $\mathcal{S}$: $\mathcal{S} = ph$.

Volume V : $V = \mathcal{B}h$.

! **Sur la figure ci-contre, $\mathcal{B}$ est l'aire des triangles ABC et DEF. Les faces latérales sont des rectangles. La hauteur h est la longueur AD.**

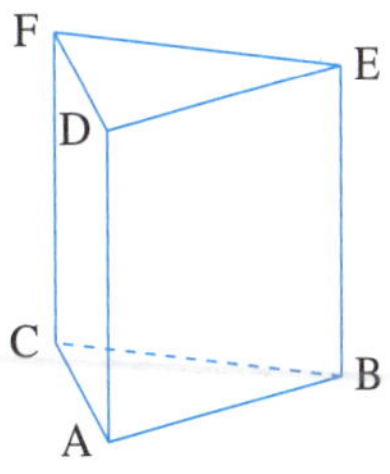

Cylindre de révolution

On note r le rayon des disques de base et h la hauteur.
Aire latérale $\mathcal{S}$: $\mathcal{S} = 2\pi rh$.
Volume V : $V = \pi r^2 h$.

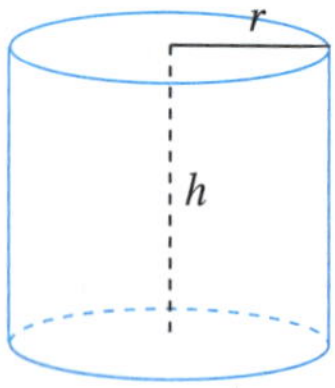

Pyramide

On note $\mathcal{B}$ l'aire de la base et h la hauteur.

Volume V : $V = \frac{1}{3}\mathcal{B}h$.

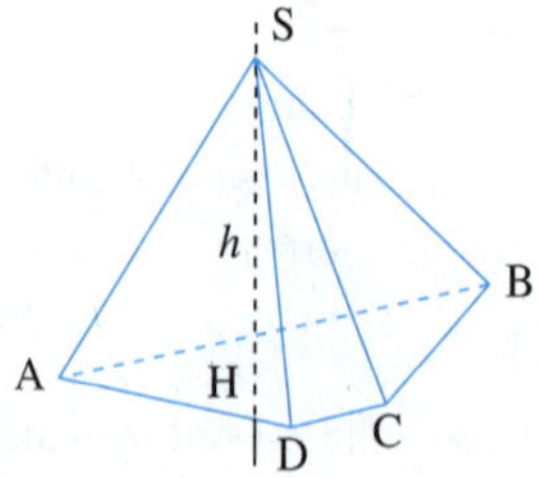

! Sur la figure ci-contre, $\mathcal{B}$ est l'aire du quadrilatère ABCD et la hauteur h est la longueur du segment [SH], où H est le point du plan (ABC) tel que (SH) est orthogonale au plan.

Cône droit

On note r le rayon d'un disque de base et h la hauteur.

Volume V : $V = \frac{1}{3}\pi r^2 h$.

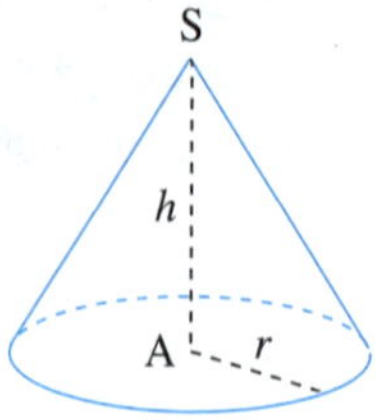

! Sur la figure ci-contre, S est le sommet, A est le centre du cercle de base. La hauteur est SA = h.

Sphère et boule

On note r le rayon.
Aire $\mathcal{S}$: $\mathcal{S} = 4\pi r^2$.

Volume V : $V = \frac{4}{3}\pi r^3$.

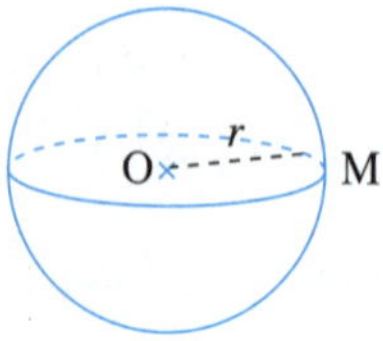

! Sur la figure ci-contre, O est le centre de la sphère, M un point quelconque de la sphère. OM = r.

EXERCICES D'APPLICATION

INTERSECTION DE DROITES OU DE PLANS

1

★ | 10 min | ▸ P. 237

On considère la pyramide ABCDS, où ABCD est un parallélogramme de centre I.

Compléter le plus précisément possible.

1. L'intersection des plans (SAB) et (SBC) est …
2. L'intersection des plans (SAD) et (SBC) est …
3. L'intersection des plans (SAB) et (SCD) est …
4. L'intersection des plans (SAC) et (SBD) est …
5. L'intersection des plans (SBD) et (ABC) est …
6. Les droites (SB) et (AC) sont …
7. Les droites (SC) et (AD) sont …
8. Les droites (SD) et (BI) sont …

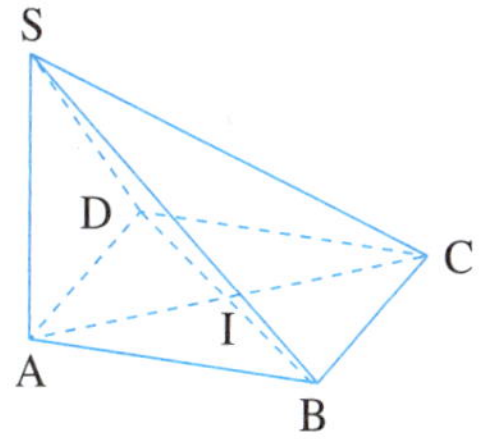

2

★ | 5 min | ▸ P. 237

ABCDEF est un prisme à base triangulaire.

I est le milieu de [DE].

Montrer que (AI) et (BE) sont sécantes.

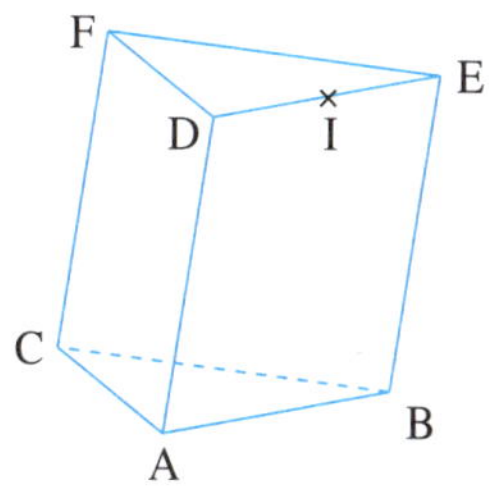

3

★ | 5 min | ▸ P. 237

ABCD est un tétraèdre. I est un point de [AB] et J est un point de [DC].

Déterminer l'intersection des plans (ABJ) et (CDI).

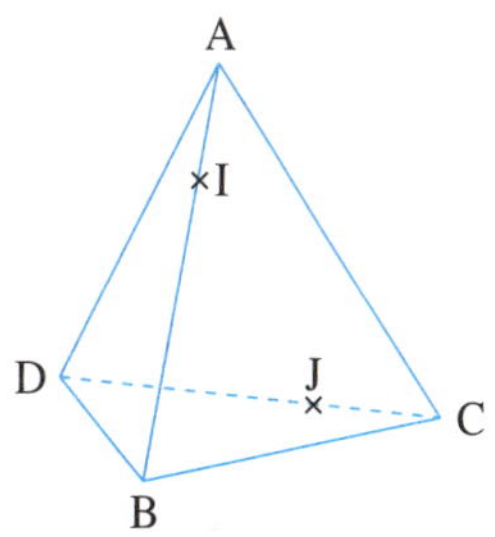

Parallélisme

4

★ | 10 min | ▶ p. 237

On considère le cube ABCDEFGH. I est un point quelconque du segment [AB]. Le plan (EGI) coupe le segment [BC] en J.
Montrer que les droites (IJ) et (EG) sont parallèles.

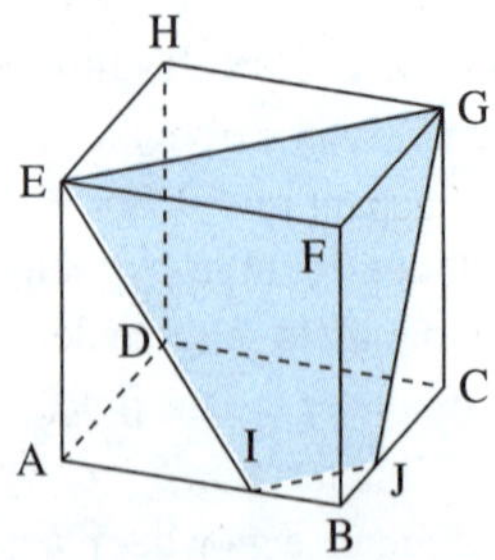

5

★★ | 10 min | ▶ p. 237

On considère le pavé droit ABCDEFGH.
I et J sont les milieux respectifs des segments [AD] et [CD].

a. Montrer que les droites (HI) et (EA) sont sécantes. On note X le point d'intersection.

b. Montrer que les droites (HJ) et (CG) sont sécantes. On note Y le point d'intersection.

c. Montrer que les droites (XY) et (IJ) sont parallèles.

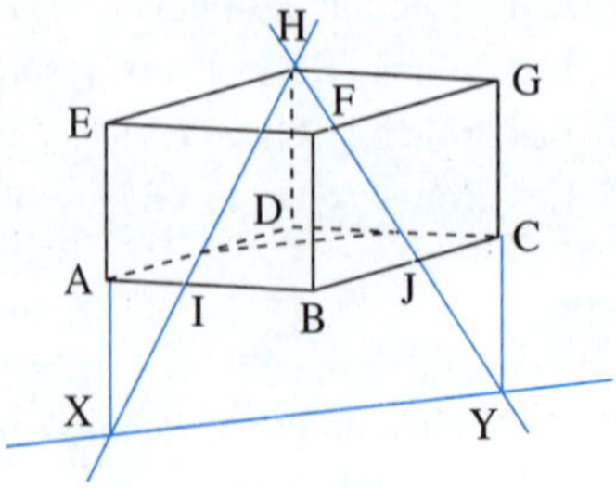

Orthogonalité et plan médiateur

6

★★ | 10 min | ▶ p. 238

On considère un tétraèdre régulier SABC. Montrer que les droites (SA) et (BC) sont orthogonales.

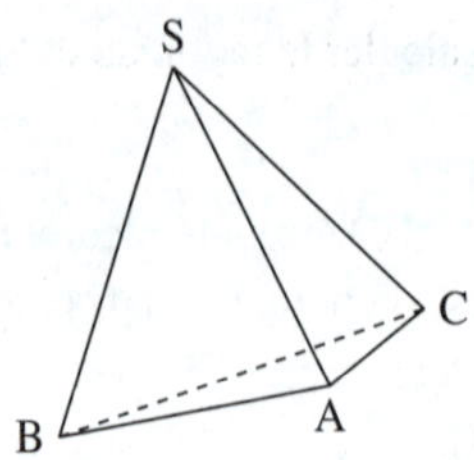

7

★ | 10 min | ▶ P. 238

On considère le parallélépipède rectangle ABCDEFGH.

a. Montrer que les droites (CG) et (AC) sont perpendiculaires.

b. Sachant que $AB = 3$, $AE = 2$, et $AD = 6$, calculer la longueur AG.

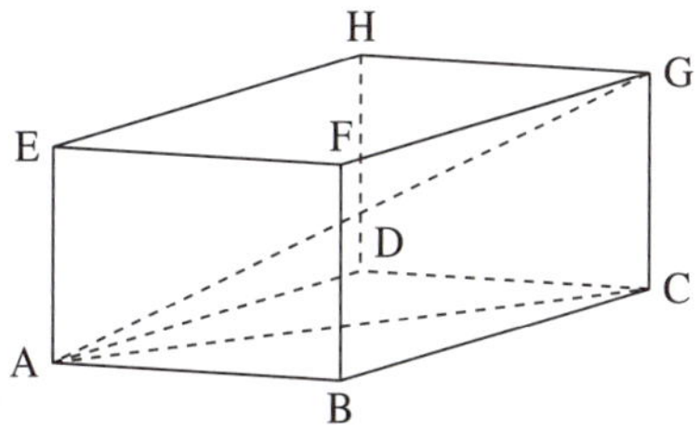

8

★★ | 20 min | ▶ P. 238

On considère un prisme droit ABCDEF tel que ABC et DEF sont des triangles équilatéraux de côté 2 cm. On note G, H, I, et J les milieux respectifs des segments $[AC]$, $[BE]$, $[CF]$ et $[AD]$.

a. Le volume de ce prisme étant 6 cm^3, calculer CF.

b. Montrer que le plan (BIJ) est le plan médiateur du segment $[GH]$.

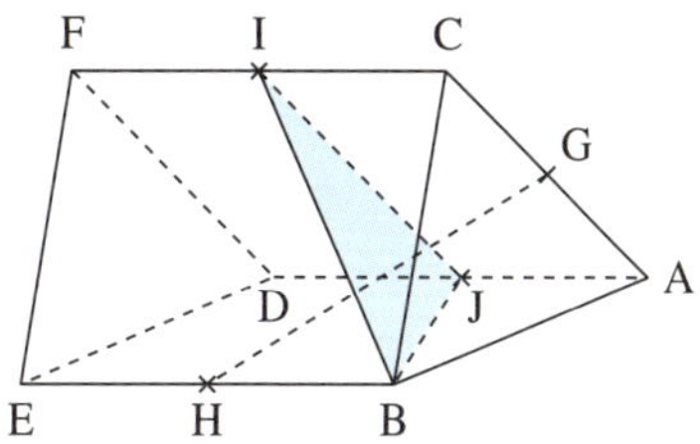

CALCULS AVEC DES SOLIDES

9

★ | 5 min | ▶ P. 239

Un cône droit a pour hauteur 15 cm et pour volume 320π cm^3.
Calculer le rayon du disque de base.

10

★★ | 5 min | ▶ P. 239

Un cylindre droit a pour aire latérale 200π cm^2 et pour volume 450π cm^3.
Calculer le rayon du cylindre.

11

★ | 5 min | ▶ P. 239

Calculer le volume d'une boule, sachant que son aire latérale est égale à 900π cm^2.

12

★ | 5 min | ▶ P. 240

On considère un tétraèdre de sommet S, tel que SAB, SAC, et SBC sont des triangles rectangles isocèles en S, la longueur d'un côté de l'angle droit étant égale à 12 cm.
Calculer le volume de cette pyramide.

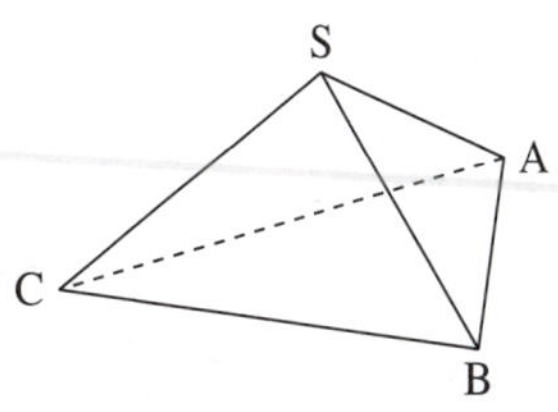

Exercices d'entraînement

13

★★ | 15 min | ▶ p. 240

ABCDEFGH est un cube. On note (d) la parallèle à (BD) passant par A.

a. Montrer que (d) et (FH) sont coplanaires.

b. Montrer que (BC) et (d) sont sécantes.

c. Montrer que (BC) et (AFH) ne sont pas orthogonaux.

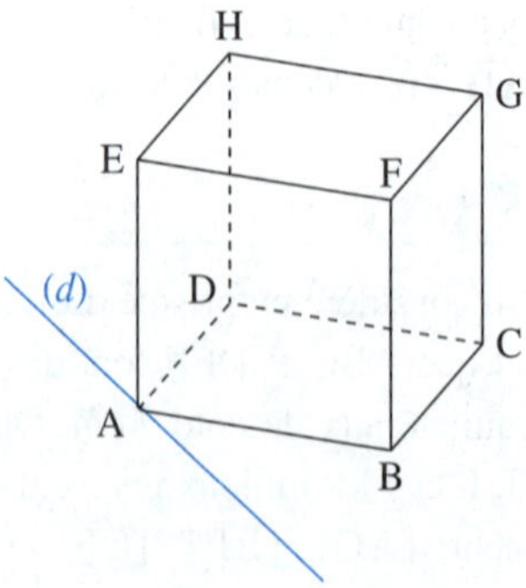

14

★★ | 30 min | ▶ p. 240

On considère le cube ABCDEFGH.

1. Déterminer l'intersection des plans (EFG) et (BCF).

2. On note I, J, K, et L les milieux respectifs des arêtes $[EH]$, $[EF]$, $[FB]$, et $[BC]$.

a. Montrer que LIEB est un rectangle.

b. Montrer que les droites (JK) et (EB) sont parallèles.

c. Montrer que les droites (JK) et (IL) sont parallèles.

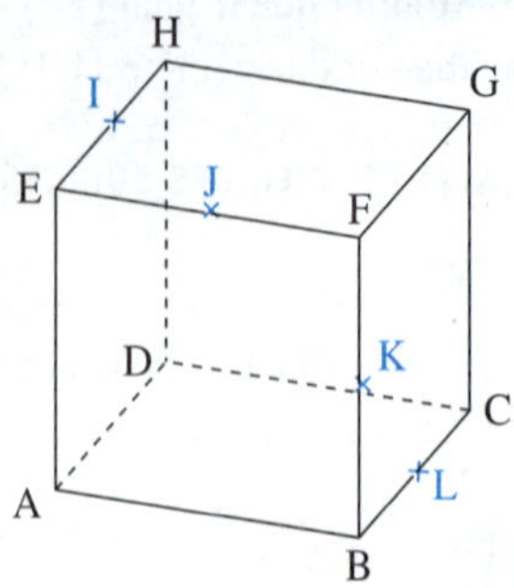

3. Montrer que les droites (IJ) et (LK) sont sécantes.

4. On note M le point d'intersection des droites (IJ) et (LK). Montrer que M appartient à la droite (FG).

15

★★ | 15 min | ▶ p. 241

ABCDEFH est un parallélépipède.

a. Montrer que les plans (BDE) et (CFH) sont parallèles.

b. On note I, J, et K les milieux respectifs des segments $[AB]$, $[AD]$, et $[AE]$. Montrer que les plans (IJK) et (BDE) sont parallèles.

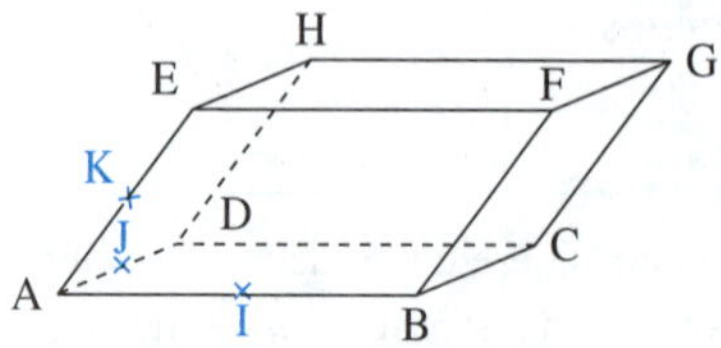

c. Que peut-on conclure pour le plans (IJK) et (CFH) ?

16

★★ | 20 min | ▶ P. 241

On considère la pyramide ABCDS. E est un point sur le segment $[SD]$ tel que $\frac{SE}{SD} = \frac{1}{4}$ et F est un point sur le segment $[SB]$ tel que $\frac{SF}{SB} = \frac{2}{3}$.

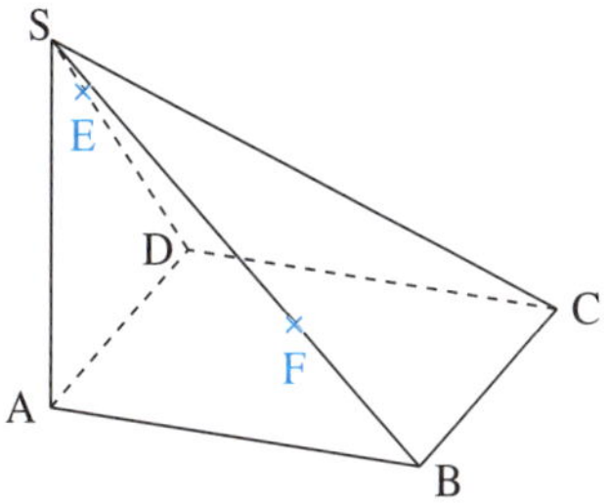

a. Montrer que les droites (EF) et (BD) sont sécantes.

b. Dans cette question, on suppose que les plans (SAD) et (ABC) sont perpendiculaires, que ABCD est un rectangle, et que SAD est un triangle rectangle isocèle en D.

De plus, on donne $AD = 3$ et $AB = 4$.

Dessiner en vraie grandeur le triangle SDB, placer les points E et F, et construire M, point d'intersection des droites (EF) et (BD).

17

★★ | 20 min | ▶ P. 242

On considère la pyramide SABCD. E et F sont deux points appartenant respectivement aux segments $[SB]$ et $[SC]$, tels que $\frac{SE}{SB} \neq \frac{SF}{SC}$.

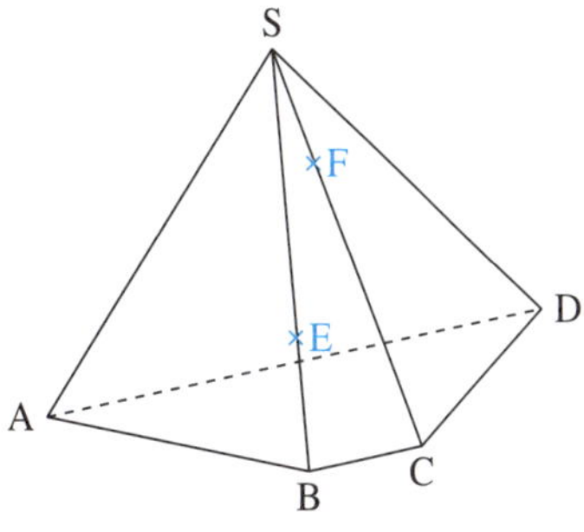

a. Montrer que les droites (EF) et (BC) sont sécantes. On note I leur point d'intersection.

b. Montrer que les droites (EF) et (DC) n'ont pas de point en commun.

c. Déterminer la droite d'intersection des plans (ABC) et (SDE).

d. Déterminer la droite d'intersection des plans (ABC) et (AEF).

18

★★ | 45 min | ▶ P. 243

On considère le triangle équilatéral ABC de côté x. On note G son centre de gravité, et I, J, K les milieux respectifs des segments $[AB]$, $[AC]$, $[BC]$.

La droite (d) est perpendiculaire au plan (ABC) en G.

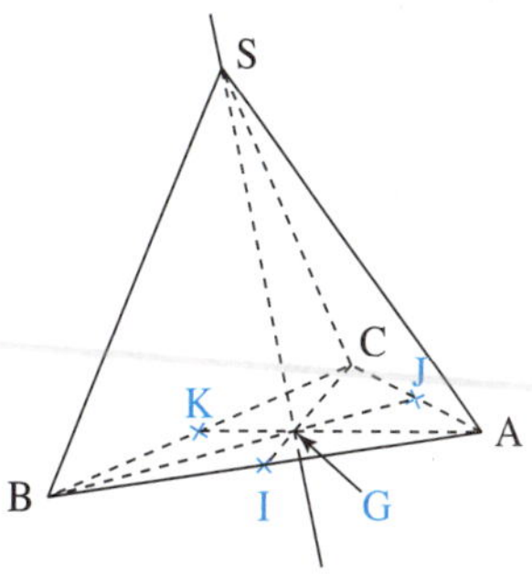

1. Montrer que les droites (AG) et (d) sont perpendiculaires.

2. a. Calculer AG en fonction de x.

b. En déduire qu'il est possible de construire un point S appartenant à (d) tel que $SA = x$.

c. Montrer que le tétraèdre SABC est régulier.

3. a. Déterminer les plans médiateurs des segments [AB], [AC], et [BC].

b. Montrer que la droite (d) est contenue dans les trois plans médiateurs précédents.

4. Calculer le volume du tétraèdre SKCG en fonction de x.

19

★★ | 10 min | ▸ P. 244

Un cylindre est inscrit dans un cône.

On suppose que son rayon de base r est égal à la moitié du rayon de base du cône r'.

a. Montrer que $OS = 2OH$.

b. Quelle fraction du volume du cône le volume du cylindre représente-t-il ? (Exprimer le résultat sous forme d'une fraction irréductible.)

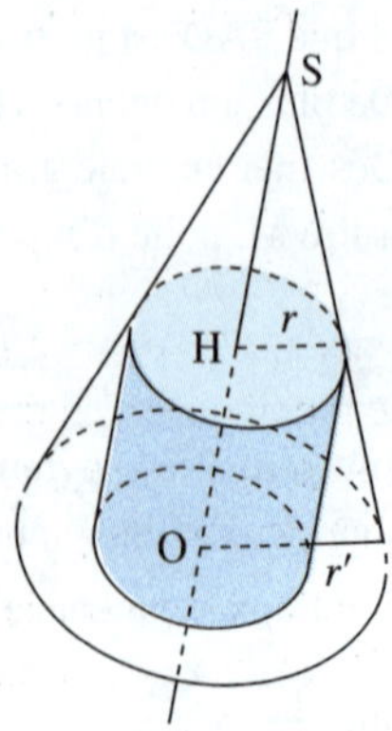

20

★★ | 25 min | ▸ P. 244

Un sablier est constitué de deux cônes de révolution identiques de sommet S. Les disques de base sont de centres O_1 et O_2.

On donne :

$SW = 5$ cm et $SO_1 = SO_2 = 4$ cm.

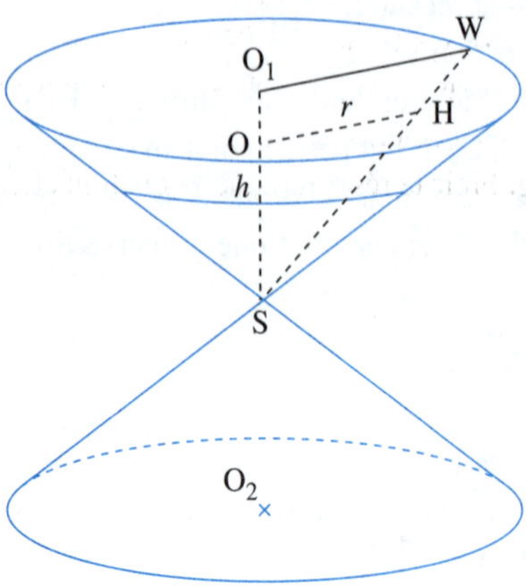

1. Calculer le rayon des disques de base des cônes.

2. On suppose que tout le sable est dans le cône supérieur et que sa surface est un disque de rayon r. On note aussi $h = SO$ la hauteur de sable initialement dans le cône supérieur.

a. Montrer que $r = \frac{3}{4} h$.

b. Montrer que le volume de sable est $V = \frac{3\pi}{16} h^3$.

3. Le sable du cône supérieur s'écoule dans le cône inférieur avec un débit de 0,1 cm^3/s. Quel volume de sable (en cm^3) est nécessaire pour que le sablier soit réglé pour une période de 3 minutes (ce qui signifie qu'en 3 minutes, le sable s'écoule entièrement dans le cône inférieur) ?

4. En utilisant les questions 2. **b.** et 3., montrer que $h^3 = \dfrac{96}{\pi}$.

5. À l'aide de la calculatrice, donner une valeur approchée de h à 0,1 cm près.

21

★★★ | 45 min | ▶ P. 245

Dans un récipient de forme cylindrique de rayon 4 dm, on place une première boule B_1 de rayon 2 dm.
On verse ensuite de l'eau jusqu'à recouvrir exactement cette boule : on dit que la surface de l'eau est tangente à la boule.
On retire la boule B_1 sans modifier le volume d'eau.
On la remplace par une autre boule B_2, de rayon inconnu r ($r \in \,]0\,;\,4]$), différent de celui de la boule B_1.
On s'aperçoit que le niveau de l'eau est encore tangent à la boule. Le but de ce problème est de trouver le rayon r qui permet ce miracle…

a. Calculer le volume d'eau versé V lorsqu'il y avait la boule B_1, exprimé en dm^3. (Donner une valeur exacte, puis une valeur approchée à 0,001 près.)

b. Calculer le volume « boule B_2 + eau » de deux façons différentes.

c. En déduire que r doit être solution de l'équation :

$$r^3 - 24r + 40 = 0.$$

d. On connaît déjà une solution de cette équation. Laquelle et pourquoi ? Vérifier ce résultat par le calcul.

e. Montrer que $r^3 - 24r + 40 = (r-2)(r^2 + 2r - 20)$.

f. Écrire $r^2 + 2r - 20$ sous la forme $(r+a)^2 + b$, où a et b sont deux nombres à déterminer.

g. Finir la résolution de l'équation et conclure.

CONTRÔLE

22 VRAI OU FAUX

★ 10 points, 15 min ▶ P. 246

Dire si les affirmations suivantes sont vraies ou fausses.

ABCDEFGH est un cube. I est le milieu de [BC], J le milieu de [GH]. K est le centre de la face ADHE. L est un point quelconque sur le segment [CG].

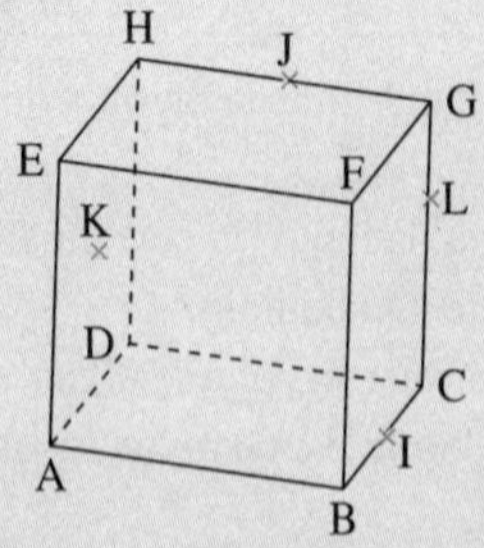

1. Les droites (JF) et (EG) sont sécantes.
2. Les droites (IA) et (JD) sont sécantes.
3. Les droites (HB) et (AG) sont sécantes.
4. La droite (GI) est parallèle au plan (ADE).
5. La droite (JK) est parallèle au plan (AFI).
6. Les droites (EF) et (DC) sont coplanaires.
7. Les droites (CE) et (DF) sont coplanaires.
8. Les droites (AH) et (KI) sont coplanaires.
9. Les droites (AG) et (EL) sont coplanaires.
10. Les droites (HF) et (BC) sont orthogonales.
11. Les droites (ED) et (AB) sont orthogonales.
12. Les plans (CFH) et (BDE) sont sécants.
13. Les plans (JFG) et (ADK) sont sécants.
14. Le point I appartient au plan (ABD).
15. Le point L appartient au plan (AJC).
16. Le point J appartient au plan (DCL).
17. Le point L appartient au plan (DHC).
18. Le point D appartient au plan médiateur du segment [AG].
19. Le point K appartient au plan médiateur du segment [FG].
20. Le plan médiateur du segment [BD] est le plan (ACE).

CONTRÔLE

23 QCM

★★ 4 points, 20 min ▸ P. 246

Pour chacune des questions, une et une seule proposition est exacte.

1. La hauteur d'un tétraèdre régulier de côté 5 cm est égale à :

a. $\frac{5\sqrt{3}}{2}$ cm **b.** $5\sqrt{\frac{2}{3}}$ cm

c. $5\ \frac{\sqrt{2}}{3}$ cm **d.** $5\sqrt{2}$ cm

2. La pyramide de Kheops a une base carrée d'environ 232 m de côté pour une hauteur d'environ 146 m. La longueur des côtés des faces (qui sont des triangles isocèles) est égale à environ :

a. 186,5 m **b.** 206,5 m

c. 219,6 m **d.** 263,7 m

3. Un récipient en forme de cône, de rayon de base 5 cm et de hauteur 10 cm, est rempli avec de l'eau à la moitié de sa hauteur. Le volume d'eau est égal à :

a. $\frac{125\pi}{12}$ cm^3 **b.** $\frac{10\pi}{3}$ cm^3

c. $\frac{250\pi}{3}$ cm^3 **d.** $\frac{125\pi}{2}$ cm^3

4. Soit ABCDEFGH un parallélépipède rectangle tel que $AB = 5$, $AD = 4$, et $AE = 3$. Le volume de la pyramide EABCD est égal à :

a. 10 **b.** 20

c. 30 **d.** 60

24 VRAI OU FAUX ?

★★ 4 points, 20 min ▸ P. 247

Soit ABC un triangle isocèle rectangle en A. I est le milieu de $[BC]$. On construit une perpendiculaire au plan (ABC) passant par I. Sur cette droite, on note O un point tel que $IO = IA$.

Dire si les affirmations suivantes sont vraies ou fausses.

1. Les points O, A, B, C sont sur une sphère de centre I.
2. (AI) est perpendiculaire au plan (OBC).
3. Les triangles OAB et OAC sont isocèles rectangles en O.
4. Soit J le milieu de $[OA]$. (IJ) est perpendiculaire à (OA) et (BC).

25 ★★ 5 points, 30 min ▶ P. 247

FLAN est un parallélogramme de centre Z et H est un point extérieur au plan (FAN). On appelle K le milieu de [HF] et G le centre de gravité du triangle NHL.

a. Montrer que (LA) est parallèle au plan (HNF).

b. Que peut-on en déduire pour les droites (LA) et (HN) ?

c. Quelle est l'intersection des plans (HNA) et (HFL) ?

d. Montrer que G est le centre de gravité du triangle HAF.

e. Que peut on en déduire pour les points A, G, K ?

26 ★★ 4 points, 20 min ▶ P. 248

ABCD est un tétraèdre, K est un point de [BC], L un point de [CD], M un point de [AL] et N un point de la demi-droite [AK) extérieur au tétraèdre.

a. Quelle est l'intersection des plans (AKL) et (BCD) ?

b. Déterminer l'intersection de (MN) et (BCD).

c. En déduire l'intersection des plans (MNB) et (BCD).

27 ★★ 3 points, 20 min ▶ P. 248

On considère une pyramide GIZEH telle que (IZ) et (EH) se coupent en K.

a. Déterminer l'intersection des plans (GIZ) et (GHE).

b. Un plan (P) strictement parallèle à (GK) coupe (GI) en A, (GZ) en B, (GE) en C, (GH) en D. Montrer que (AB) et (CD) sont parallèles.

CONTRÔLE

28 | ★ | 4 points, 10 min | ▸ P. 249

Les deux affirmations ci-dessous sont fausses.

Dans chaque cas, donner un contre-exemple, puis corriger l'affirmation pour qu'elle devienne vraie.

a. « Pour qu'une droite soit perpendiculaire à un plan, il suffit qu'elle soit orthogonale à une droite de ce plan. »

b. « Si deux plans sont perpendiculaires, alors toute droite contenue dans l'un des plans est orthogonale à toute droite contenue dans l'autre plan. »

29 | ★★ | 6 points, 20 min | ▸ P. 250

On considère le tétraèdre ABCD. I, J et K sont trois points quelconques situés respectivement sur les segments [AB], [AC] et [AD], comme le montre la figure ci-contre. Ces points I, J, et K sont placés de telle façon que les rapports :

$$\frac{AI}{AB} \neq \frac{AJ}{AC} \neq \frac{AK}{AD}.$$

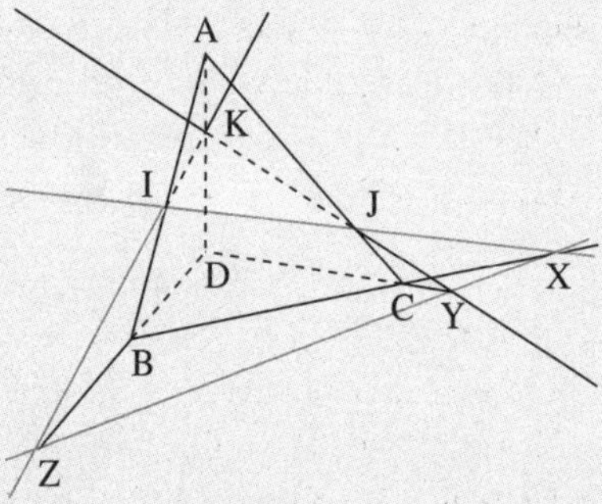

a. Montrer que les droites (IJ) et (BC) sont sécantes. On note X le point d'intersection.

b. On admet qu'il en est de même pour (IK) et (BD) d'une part, sécantes en Z, et pour (JK) et (CD) d'autre part, sécantes en Y.

Montrer que les points X, Y et Z sont alignés.

30 | ★★ | 5 points, 15 min | ▸ P. 250

On considère le cube ABCDEFGH de côté a.

a. On note V le volume du tétraèdre ABDE.

Exprimer V en fonction de a.

b. Exprimer l'aire du triangle BDE en fonction de a.

c. On note P le projeté orthogonal de A sur le plan (BDE). Exprimer la distance AP en fonction de a.

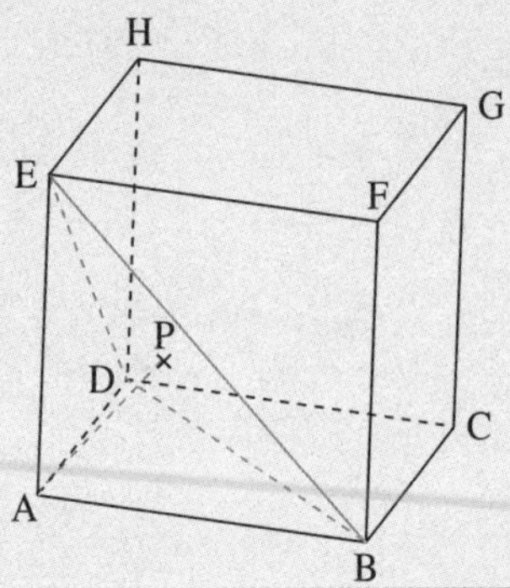

31 ★★ 5 points, 10 min ▶ P. 251

On considère un cube ABCDEFGH. Soit I, J et K les milieux respectifs des segments [AG], [AE] et [EF]. Montrer que le plan (IJK) est le plan médiateur du segment [BH].

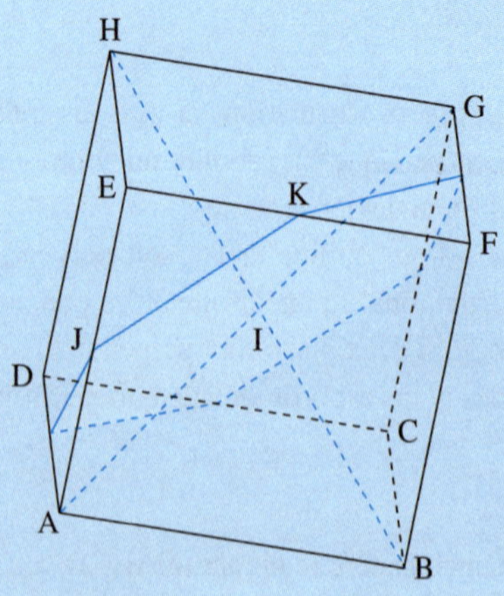

CORRIGÉS

1 1. L'intersection des plans (SAB) et (SBC) est la **droite (SB)**.
2. L'intersection des plans (SAD) et (SBC) est la **droite passant par S, parallèle à (AD)** (d'après le théorème du toit).
3. L'intersection des plans (SAB) et (SCD) est la **droite passant par S, parallèle à (AB)** (d'après le théorème du toit).
4. L'intersection des plans (SAC) et (SBD) est la **droite (SI)**.
5. L'intersection des plans (SBD) et (ABC) est la **droite (BD)**.
6. Les droites (SB) et (AC) sont **non coplanaires**.
7. Les droites (SC) et (AD) sont **non coplanaires**.
8. Les droites (SD) et (BI) sont **sécantes en D**.

2 Les droites (AI) et (BE) sont contenues dans le plan (ABE). Comme elles ne sont ni parallèles ni confondues, elles sont sécantes.

3 J appartient à [CD], donc il appartient au plan (CDI).
Comme I appartient aussi à ce plan, la droite (IJ) est contenue dans le plan (CDI).
I appartient à [AB], donc il appartient au plan (ABJ).
Comme J appartient aussi à ce plan, la droite (IJ) est contenue dans le plan (ABJ).
Comme les plans (ABJ) et (CDI) ne sont pas confondus, leur intersection est la droite (IJ).

4 Les droites (IJ) et (EG) sont coplanaires puisqu'elles sont toutes deux contenues dans le plan (EGI).
La droite (EG) est contenue dans le plan (EFG) et la droite (IJ) est contenue dans le plan (ABC). Or, ces deux plans sont parallèles, donc les droites (IJ) et (EG) ne sont pas sécantes.
Les droites (IJ) et (EG) étant coplanaires, non sécantes et non confondues, elles sont donc parallèles.

5 **a.** Les droites (HI) et (EA) sont toutes deux contenues dans le plan (ADE) et ne sont pas parallèles, ni confondues, donc elles sont sécantes.
b. Les droites (HJ) et (CG) sont toutes deux contenues dans le plan (CDG) et ne sont pas parallèles, ni confondues, donc elles sont sécantes.
c. Soit I′ le milieu de [EH]. ADHE étant un rectangle, (II′) est parallèle à (AE).

Dans le triangle HEX, d'après le théorème de la droite des milieux, (II′) est parallèle à (EX) et I′ est le milieu de [EH]. Donc I est le milieu de [HX].
Soit J′ le milieu de [GH]. CDHG étant un rectangle, (JJ′) est parallèle à (CG).
Dans le triangle HGY, d'après le théorème de la droite des milieux, (JJ′) est parallèle à (GY) et J′ est le milieu de [GH]. Donc J est le milieu de [HY].
Comme X appartient à (HI) et Y appartient à (HJ), la droite (XY) est contenue dans le plan (HIJ).
Dans le triangle HXY, I est le milieu de [HX] et J est le milieu de [HY].
Donc (IJ) est parallèle à (XY).

6 Soit I le milieu du segment [BC]. On a IB = IC.
Le tétraèdre étant régulier, les triangles SBC et ABC sont équilatéraux, d'où SB = SC et AB = AC. Les trois points S, A, et I n'étant pas alignés, le plan (SAI) est le plan médiateur du segment [BC]. On en déduit que la droite (SA), qui est contenue dans ce plan médiateur, est orthogonale à la droite (BC).

7 **a.** BCGF est un rectangle : dans le plan (BCF), (CG) est perpendiculaire à (CB).
CDHG est un rectangle : dans le plan (CDG), (CG) est perpendiculaire à (CD).
Les droites (CB) et (CD) sont sécantes en C et sont contenues dans le plan (ABC).
On en déduit que la droite (CG) est perpendiculaire au plan (ABC) en C.
Elle est donc perpendiculaire à toute droite de ce plan passant par C.
Par conséquent, les droites (CG) et (AC) sont perpendiculaires.
b. Le triangle ABC est rectangle en B.
D'après le théorème de Pythagore, on a :
$AC^2 = AB^2 + BC^2 = 3^2 + 6^2 = 9 + 36 = 45$, d'où $AC = \sqrt{45} = 3\sqrt{5}$.
Le triangle ACG est rectangle en C.
D'après le théorème de Pythagore, on a :
$AG^2 = AC^2 + CG^2 = 45 + 2^2 = 45 + 4 = 49$, d'où $AG = \sqrt{49} = 7$.

8 **a.** Le volume de ce prisme est le produit de l'aire du triangle ABC par la longueur CF. On calcule d'abord l'aire du triangle équilatéral ABC.
Dans le triangle équilatéral ABC, [BG] est une hauteur et une médiane.
D'après le théorème de Pythagore appliqué dans le triangle rectangle ABG, on a :

$$BG^2 = AB^2 - AG^2 = 2^2 - 1^2 = 4 - 1 = 3.$$

On en déduit que $BG = \sqrt{3}$. Ainsi, l'aire du triangle équilatéral ABC est $\frac{1}{2} \times 2 \times \sqrt{3} = \sqrt{3}$.

! **L'aire d'un triangle équilatéral de côté a est $\frac{a^2\sqrt{3}}{4}$.**

On obtient donc : $6 = \sqrt{3} \times CF$, d'où $CF = \frac{6}{\sqrt{3}} = \frac{6\sqrt{3}}{3} = 2\sqrt{3}$.

b. On a déjà remarqué que $BG = \sqrt{3}$. Comme $BE = CF = 2\sqrt{3}$, on en déduit que $BH = \sqrt{3}$, puisque H est le milieu de $[BE]$. On a donc $BG = BH$.

• On a $IH = BC = 2$.

Le triangle ICG est rectangle en C.

D'après le théorème de Pythagore, on a :

$$IG^2 = IC^2 + CG^2 = \sqrt{3}^2 + 1^2 = 3 + 1 = 4, \text{ d'où } IG = 2.$$

On a donc $IH = IG$.

• On a $JH = AB = 2$.

Le triangle JAG est rectangle en A.

D'après le théorème de Pythagore, on a :

$$JG^2 = JA^2 + AG^2 = \sqrt{3}^2 + 1^2 = 3 + 1 = 4, \text{ d'où } JG = 2.$$

On a donc $JH = JG$.

• *Conclusion*

$BG = BH$, donc B appartient au plan médiateur du segment $[GH]$.

$IG = IH$, donc I appartient au plan médiateur du segment $[GH]$.

$JG = JH$, donc J appartient au plan médiateur du segment $[GH]$.

Ainsi, le plan (BIJ) est le plan médiateur du segment $[GH]$.

9 Le volume d'un cône droit de hauteur h et de rayon de base r est $V = \frac{1}{3}\pi r^2 h$. Donc, ici :

$$320\pi = \frac{1}{3}\pi r^2 \times 15 \Leftrightarrow r^2 = 64 \Leftrightarrow r = 8, \text{ puisque } r \text{ est positif.}$$

Le rayon du disque de base est donc 8 cm.

10 Le volume d'un cylindre droit de hauteur h et de rayon r est $V = \pi r^2 h$.
Son aire latérale est $S = 2\pi rh$.

On a donc $450\pi = \pi r^2 h \Leftrightarrow r^2 h = 450$ et $200\pi = 2\pi rh \Leftrightarrow rh = 100$. En divisant les deux égalités membre à membre, on obtient :

$$\frac{r^2 h}{rh} = \frac{450}{100}, \text{ d'où } r = 4{,}5.$$

Le rayon du cylindre est donc 4,5 cm.

11 Le volume d'une boule de rayon r est $V = \frac{4}{3}\pi r^3$, son aire latérale est $S = 4\pi r^2$.

On a donc $900\pi = 4\pi r^2 \Leftrightarrow r^2 = 225 \Leftrightarrow r = 15$, puisque r est positif. On a alors $V = \frac{4}{3}\pi \times 15^3 = 4\ 500\pi$.
Le volume de la boule est donc $4\ 500\pi$ cm^3.

12 Considérons la base SBC.
SBC est un triangle rectangle de côté 12 cm, son aire, exprimée en cm^2, est :

$$\mathcal{A} = \frac{SB \times SC}{2} = \frac{12 \times 12}{2} = 72.$$

La hauteur du tétraèdre, associée à cette base, est AS. Comme $AS = 12$, on en déduit le volume du tétraèdre, exprimé en cm^3 :

$$\frac{SA \times \mathcal{A}}{3} = \frac{12 \times 72}{3} = 288.$$

13 **a.** (d) est parallèle à (BD), et (BD) est parallèle à (FH).
Donc (d) et (FH) sont parallèles, ce qui montre qu'elles sont coplanaires.
b. (d) est parallèle à (BD) et passe par A, donc (d) est contenue dans le plan (ABC).
La droite (BC) est elle aussi contenue dans le plan (ABC).
Comme (BD) et (BC) ne sont ni parallèles ni confondues, il en est de même pour (d) et (BC).
Par conséquent, les droites (d) et (BC) sont sécantes.
c. (HF) et (BD) sont parallèles.
Mais (BD) et (BC) ne sont pas perpendiculaires, donc (BC) et (FH) ne sont pas orthogonales.
On en déduit que (BC) et (AFH) ne sont pas orthogonaux.

14 1. Les points F et G appartiennent au plan (EFG), donc la droite (FG) est contenue dans ce plan.
Les points F et G appartiennent au plan (BCF), donc la droite (FG) est contenue dans ce plan.
Les plans (EFG) et (BCF) n'étant pas confondus, leur intersection est la droite (FG).
2. **a.** Montrons tout d'abord que (IE) et (EB) sont perpendiculaires.
HEFG est un rectangle : dans le plan (HEF), (IE) est perpendiculaire à (EF).
HEAD est un rectangle : dans le plan (HEA), (IE) est perpendiculaire à (EA).
Les droites (EF) et (EA) sont sécantes en E et sont contenues dans le plan (AEF).
On en déduit que la droite (IE) est perpendiculaire au plan (AEF) en E. Elle est donc perpendiculaire à toute droite de ce plan passant par E. Par conséquent, les droites (IE) et (EB) sont perpendiculaires.

De la même façon, on montre que (EB) et (BL) sont perpendiculaires.
De plus, comme I et L sont les milieux respectifs des segments [EH] et [BC], on a EI = BL.
Par conséquent, LIEB est un rectangle.
b. Dans le triangle BEF, J est le milieu de [EF] et K est le milieu de [BF].
Donc les droites (JK) et (EB) sont parallèles.
c. LIEB est un rectangle, donc les droites (IL) et (EB) sont parallèles.
Les droites (IJ) et (JK) sont toutes deux parallèles à une même troisième droite, c'est-à-dire la droite (EB), donc elles sont parallèles entre elles.
3. D'après ce qui précède, les droites (IL) et (JK) sont coplanaires.
Les droites (IJ) et (LK) sont toutes deux contenues dans le plan (IJK).
Comme elles ne sont ni parallèles ni confondues, elles sont sécantes.
4. La droite (IJ) est contenue dans le plan (EFG).
La droite (LK) est contenue dans le plan (BCF).
Ces deux droites étant sécantes, elles vont se couper en un point de la droite d'intersection des deux plans (EFG) et (BCF). D'après la première question, les droites (IJ) et (LK) se coupent en un point de la droite (FG).

15 **a.** Les droites (BD) et (FH) sont parallèles.
Les droites (DE) et (CF) sont parallèles.
Les droites (BD) et (DE) sont sécantes en D et contenues dans le plan (BDE).
Les droites (FH) et (CF) sont sécantes en F et contenues dans le plan (CFH).
Ainsi, deux droites sécantes contenues dans le plan (BDE) sont respectivement parallèles à deux droites sécantes contenues dans le plan (CFH), donc ces deux plans sont parallèles.
b. Dans le triangle ABD, I et J sont les milieux de [AB] et [AD], donc (IJ) est parallèle à (BD).
Dans le triangle ADE, J et K sont les milieux de [AD] et [AE], donc (JK) est parallèle à (DE).
Les droites (IJ) et (JK) sont sécantes en J et contenues dans le plan (IJK).
Les droites (BD) et (DE) sont sécantes en D et contenues dans le plan (BDE).
Ainsi, deux droites sécantes contenues dans le plan (IJK) sont respectivement parallèles à deux droites sécantes contenues dans le plan (BDE), donc ces deux plans sont parallèles.
c. Deux plans parallèles à un même troisième plan sont parallèles entre eux.
Comme les plans (IJK) et (CFH) sont tous deux parallèles au plan (BDE), on peut conclure que les plans (IJK) et (CFH) sont parallèles.

16 **a.** E est un point sur le segment [SD], donc E appartient au plan (SDB).
F est un point sur le segment [SB], donc F appartient au plan (SDB).

Par conséquent, la droite (EF) est contenue dans le plan (SDB), ainsi que la droite (BD).

Comme $\frac{SE}{SD} \neq \frac{SF}{SB}$, les droites (EF) et (BD) ne sont pas parallèles.

Les droites (EF) et (BD) sont coplanaires et non parallèles, donc elles sont sécantes.

b. Indications pour la construction de la figure :
Le triangle SDB est rectangle en D.
SAD est isocèle, donc $SD = AD = 3$.
[BD] est une diagonale du rectangle ABCD. Avec le théorème de Pythagore, on obtient $BD = 5$.

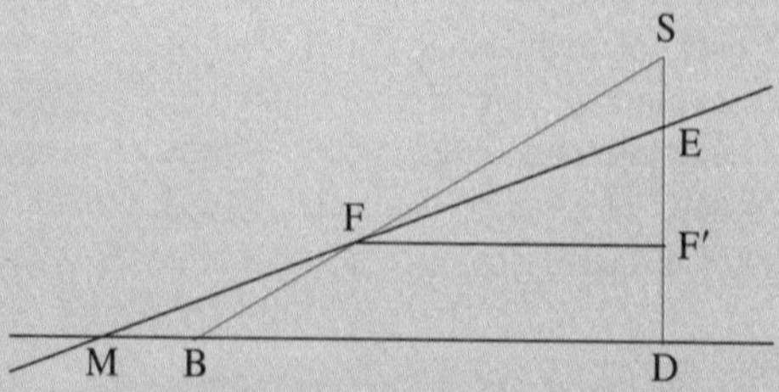

On place le point E tel que $\frac{SE}{SD} = \frac{1}{4}$, d'où $SE = \frac{3}{4}$.

Construction du point F : on peut utiliser un point F′ sur [SD] tel que $\frac{SF'}{SD} = \frac{2}{3}$, d'où $SF' = 2$. Avec le théorème de Thalès, le point F′ est le projeté orthogonal de F sur [SD]. Ainsi, pour tracer F, on trace la parallèle à (BD) passant par F′. Elle coupe (SB) en F.
Le point M est à l'intersection des droites (EF) et (BD).

17 **a.** E appartient au segment [SB], donc il appartient au plan (SBC).
F appartient au segment [SC], donc il appartient au plan (SBC).
La droite (EF) est donc contenue dans le plan (SBC), ainsi que la droite (BC).

Comme $\frac{SE}{SB} \neq \frac{SF}{SC}$, les deux droites (EF) et (BC) ne sont pas parallèles.

Les droites (BC) et (EF) sont coplanaires mais non parallèles ni confondues, elles sont donc sécantes.

b. La droite (EF) est contenue dans le plan (SBC). La droite (DC) n'est pas contenue dans le plan (SBC), mais elle lui est sécante au point C. Comme C n'appartient pas à (EF), on en déduit que (DC) et (EF) n'ont aucun point en commun.

c. Les points B et D appartiennent au plan (ABC).

Comme E est un point de [SB], le point B appartient au plan (SDE), ainsi que le point D.
Comme les plans (ABC) et (SDE) ne sont pas confondus, leur intersection est la droite (BD).
d. Le point A appartient aux deux plans (ABC) et (AEF).
Le point I aussi, puisqu'il est le point d'intersection des droites (EF) et (BC), contenues respectivement dans (AEF) et (ABC).
Comme les plans (ABC) et (AEF) ne sont pas confondus, leur intersection est la droite (AI).

18 1. La droite (d) est perpendiculaire au plan (ABC), elle est donc orthogonale à toute droite contenue dans ce plan, en particulier la droite (AG). Comme ces deux droites sont sécantes en G, elles sont perpendiculaires.

2. **a.** G est le centre de gravité du triangle ABC, donc $AG = \frac{2}{3} AK$.

AK est la hauteur d'un triangle équilatéral de côté x, donc $AK = x\frac{\sqrt{3}}{2}$.

! Si ce résultat vous est inconnu, vous pouvez le retrouver à l'aide du théorème de Pythagore.

Par conséquent, $AG = \frac{2}{3}x\frac{\sqrt{3}}{2} = x\frac{\sqrt{3}}{3}$.

b. Le triangle SAG est rectangle en G. D'après le théorème de Pythagore :

$$SG^2 = SA^2 - GA^2 = x^2 - \left(x\frac{\sqrt{3}}{3}\right)^2 = x^2 - \frac{1}{3}x^2 = \frac{2}{3}x^2.$$

On en déduit que $SG = x\sqrt{\frac{2}{3}}$. Ainsi, il est possible de construire le point S sur (d) tel que $SA = x$; ce point sera situé sur cette droite à une distance $x\sqrt{\frac{2}{3}}$ du point G.

c. Les triangles SGA, SGB et SGC sont rectangles en G et ont le côté [SG] en commun. De plus, GA = GB = GC. On en déduit que les triangles SGA, SGB et SGC, ayant tous trois un angle droit compris entre deux côtés respectivement de même mesure, sont isométriques.
Par conséquent, $SA = SB = SC = x$.
Toutes les faces du tétraèdre SABC sont des triangles équilatéraux, il est régulier.

3. **a.** On détermine le plan médiateur de [AB].
D'après la question précédente, SA = SB.
I est le milieu de [AB], donc IA = IB.
ABC est un triangle équilatéral, donc CA = CB.

Ainsi, les points I, C et S sont équidistants des extrémités du segment [AB]. Ces trois points n'étant pas alignés, le plan (CIS) est le plan médiateur du segment [AB].

De même, on trouve que (BJS) est le plan médiateur du segment [AC], puis que (AKS) est le plan médiateur du segment [BC].

b. Le point S appartient aux trois plans médiateurs (CIS), (BJS), et (AKS).

Le point G est situé sur les droites (AK), (BJ), et (CI), qui sont contenues respectivement dans les plans (AKS), (BJS), et (CIS). Il est donc lui-même élément de ces plans.

Ainsi, la droite (SG) est contenue dans les trois plans médiateurs.

4. Utilisons la base KCG et sa hauteur associée SG.

L'aire du triangle KCG, rectangle en K, est :

$$\frac{1}{2} \times \mathrm{KC} \times \mathrm{KG} = \frac{1}{2} \times \frac{x}{2} \times \frac{1}{3}\, x\, \frac{\sqrt{3}}{2} = (x^2)\, \frac{\sqrt{3}}{24}.$$

On obtient le volume V du tétraèdre SKCG :

$$V = \frac{1}{3} \times (x^2)\, \frac{\sqrt{3}}{24} \times (x) \sqrt{\frac{2}{3}} = (x^3)\, \frac{\sqrt{2}}{72}.$$

19 **a.** Les deux bases du cylindre sont parallèles, on peut donc appliquer le théorème de Thalès : $\frac{\mathrm{SH}}{\mathrm{SO}} = \frac{r}{r'}$.

Or, $r' = 2r$, donc $\frac{r}{r'} = \frac{1}{2}$. On a donc $\frac{\mathrm{SH}}{\mathrm{SO}} = \frac{1}{2}$, d'où $\mathrm{SO} = 2\mathrm{SH}$.

On en déduit alors que $\mathrm{SH} = \mathrm{HO}$, d'où $\mathrm{OS} = 2\mathrm{OH}$.

b. $\frac{V_{\text{cylindre}}}{V_{\text{cône}}} = \frac{\pi r^2 \times \mathrm{OH}}{\frac{1}{3}\pi r'^2 \times \mathrm{OS}} = \frac{\pi r^2 \times \mathrm{OH}}{\frac{1}{3}\pi (2r)^2 \times (2\mathrm{OH})} = \frac{\pi r^2 \times \mathrm{OH}}{\frac{8}{3}\pi r^2 \times \mathrm{OH}} = \frac{1}{\frac{8}{3}} = \frac{3}{8}.$

Le volume du cylindre représente les $\frac{3}{8}$ du volume du cône.

20 1. Le triangle $\mathrm{SO_1W}$ est rectangle en $\mathrm{O_1}$.

D'après le théorème de Pythagore, $\mathrm{SW}^2 = \mathrm{SO_1}^2 + \mathrm{O_1W}^2$,

d'où $\mathrm{O_1W}^2 = 5^2 - 4^2 = 25 - 16 = 9$. On en déduit que le rayon des disques de base du sablier est, exprimé en cm, $\mathrm{O_1W} = \sqrt{9} = 3$.

2. **a.** Dans le triangle $\mathrm{SO_1W}$, (OH) et $(\mathrm{O_1W})$ sont parallèles. D'après le théorème de Thalès, on a :

$$\frac{\mathrm{SO}}{\mathrm{SO_1}} = \frac{\mathrm{OH}}{\mathrm{O_1W}}, \text{ ce qui donne } \frac{h}{4} = \frac{r}{3}, \text{ ou encore } r = \frac{3}{4}\, h.$$

b. Le volume V de sable est celui d'un cône de hauteur h et de rayon de base $r = \frac{3}{4}\, h$, d'où $V = \frac{1}{3}\, \pi r^2 h = \frac{1}{3}\, \pi \left(\frac{3}{4}\, h\right)^2 h = \frac{3\pi}{16}\, h^3$.

3. Il y a 180 secondes dans trois minutes. Si le débit est de 0,1 cm^3/s, le volume qui s'écoule en trois minutes est $180 \times 0{,}1 = 18\ cm^3$.

4. $\frac{3\pi}{16} h^3 = 18 \Leftrightarrow h^3 = 18 \times \frac{16}{3\pi}$

$\Leftrightarrow h^3 = \frac{96}{\pi}$.

5. Tout d'abord, $\frac{96}{\pi} \approx 30{,}56$.

À l'aide de la calculatrice :

$3^3 = 27$; $3{,}1^3 = 29{,}791$; $3{,}2^3 = 32{,}768$; $3{,}15^3 \approx 31{,}26$.

La valeur cherchée semble être comprise entre 3,1 et 3,15, donc une valeur approchée de h à 0,1 cm près est $h \approx 3{,}1$ cm.

21 **a.** Le volume d'eau versé V est celui d'un cylindre de hauteur 4 dm (le diamètre de la première boule) et de rayon 4 dm, duquel on soustrait le volume d'une boule de rayon 2 dm. On obtient :

$$V = \pi \times 4^2 \times 4 - \frac{4}{3}\pi \times 2^3 = 64\pi - \frac{32}{3}\pi = \frac{160}{3}\pi \approx 167{,}552\ dm^3.$$

b. Globalement, ce volume est celui d'un cylindre de hauteur $2r$, c'est-à-dire :

$$\pi \times 4^2 \times 2 \times r = 32\pi r.$$

En séparant les volumes de la deuxième boule et de l'eau, ce volume s'écrit :

$$\frac{4}{3}\pi r^3 + \frac{160}{3}\pi.$$

c. On obtient l'équation :

$$\frac{4}{3}\pi r^3 + \frac{160}{3}\pi = 32\pi r \Leftrightarrow 4r^3 + 160 = 96r$$

$$\Leftrightarrow r^3 - 24r + 40 = 0.$$

d. 2 est une solution de cette équation ; ce nombre correspond au rayon de la première boule.

Vérifions-le : $2^3 - 24 \times 2 + 40 = 8 - 48 + 40 = 0$.

e. $(r-2)(r^2 + 2r - 20) = r^3 + 2r^2 - 20r - 2r^2 - 4r + 40 = r^3 - 24r + 40$.

f. D'après une identité remarquable, on a $r^2 + 2r + 1 = (r+1)^2$.

Donc $r^2 + 2r - 20 = (r+1)^2 - 1 - 20 = (r+1)^2 - 21$.

g. $r^3 - 24r + 40 = 0 \Leftrightarrow (r-2)((r+1)^2 - 21) = 0$

$\Leftrightarrow r = 0$ ou $(r+1)^2 - 21 = 0$.

Or, $(r+1)^2 - 21 = 0 \Leftrightarrow (r+1)^2 = 21$

$\Leftrightarrow r + 1 = \sqrt{21}$ ou $r + 1 = -\sqrt{21}$

$\Leftrightarrow r = -1 + \sqrt{21}$ ou $r = -1 - \sqrt{21}$.

Les trois solutions de notre équation sont donc :

$$r_1 = -1 + \sqrt{21},\ r_2 = -1 - \sqrt{21} \text{ et } r_3 = 2.$$

La deuxième solution étant négative, elle ne peut convenir ici.

La solution cherchée est donc $r_1 = -1 + \sqrt{21} \approx 3{,}58$ dm.

22 1. **Vrai.** 2. **Faux.** 3. **Vrai.** 4. **Vrai.**
5. **Faux.** 6. **Vrai.** 7. **Vrai.** 8. **Vrai.**
9. **Faux.** 10. **Faux.** 11. **Faux.** 12. **Faux.**
13. **Vrai.** 14. **Vrai.** 15. **Faux.** 16. **Vrai.**
17. **Vrai.** 18. **Faux.** 19. **Vrai.** 20. **Vrai.**

23 1. Réponse **b.** La hauteur h d'un tétraèdre régulier est la distance entre un sommet, par exemple A, et le centre de gravité G de la face opposée BCD. Le triangle AGB est rectangle en G, donc $h^2 + \text{GB}^2 + \text{AB}^2$.
GB est égal aux deux-tiers de la médiane issue de B dans le triangle équilatéral BCD. D'où :

$$\text{GB} = \frac{2}{3} \times 5 \times \frac{\sqrt{3}}{2} = 5\ \frac{\sqrt{3}}{2}.$$

Enfin, $h^2 = \text{AB}^2 - \text{GB}^2 = 5^2 - \left(5\ \frac{\sqrt{3}}{3}\right)^2 = 5^2\left(1 - \frac{1}{3}\right) = 5^2 \times \frac{2}{3}$, ce qui donne

$h = 5 \times \sqrt{\frac{2}{3}}$.

2. Réponse **c.** Soit O le centre du carré de base, S le sommet de la pyramide et A un des sommets du carré de base. On a :

$$\text{SO} = 146 \text{ et } \text{AO} = \frac{1}{2} \times 232 \times \sqrt{2} = 116\sqrt{2}$$

et on cherche SA.
Le triangle SOA est rectangle en O, donc :

$$\text{SA}^2 = \text{SO}^2 + \text{OA}^2 = 146^2 + (116\sqrt{2})^2,$$

ce qui donne :

$$\text{SA} = \sqrt{146^2 + 2 \times 116^2} \approx 219{,}6.$$

3. Réponse **a.** Le volume du cône est $\frac{10 \times \pi \times 5^2}{3} = \frac{250\pi}{3}$ cm^3. L'eau est dans un cône dont les dimensions sont deux fois plus petites que le récipient, donc elle occupe un volume 8 fois plus petit. Par conséquent, le volume d'eau est égal à $\frac{250\pi}{3 \times 8} = \frac{125\pi}{12}$ cm^3.

4. Réponse **b.** La base de la pyramide est le rectangle ABCD, la hauteur est AE, donc son volume est $\frac{5 \times 4 \times 3}{3} = 20$.

24 **1. Vrai**. On a $IA = IB = IC$ car (IA) est la médiane issue de A dans ABC, triangle isocèle rectangle en A.
De plus, on a par hypothèse $IO = IA$. Par conséquent, $IO = IA = IB = IC$, donc I est le centre d'une sphère passant par les points O, A, B et C.
2. Vrai. (AI) est une droite perpendiculaire à (IO) et à (BC). Ainsi, étant perpendiculaire à deux droites sécantes du plan (OBC), on peut conclure que (AI) est perpendiculaire au plan (OBC).
3. Faux. Ils sont isocèles mais pas rectangles : OIA et OIB sont deux triangles rectangles isocèles en I isométriques, leurs hypoténuses $[OA]$ et $[OB]$ ayant la même longueur. Comme $OA = OB$, OAB est un triangle isocèle en O. Même raisonnement pour OAC, également isocèle en O.
4. Vrai. OIA est un triangle rectangle isocèle en I, avec J milieu de $[OA]$, donc (IJ) est la médiane issue de I mais aussi une hauteur, ce qui montre que (IJ) est perpendiculaire à (OA).
On a $IB = IC$, $OB = OC$, et $AB = AC$, donc (OAI) est le plan médiateur du segment $[BC]$. La droite (IJ) étant contenue dans ce plan, est perpendiculaire à (BC).

25 **a.** (LA) est parallèle à (FN), droite contenue dans le plan (HNF). Et comme (LA) n'est pas contenue dans (HNF), elle est strictement parallèle à ce plan.
b. (FN) n'est pas parallèle à (HN) mais est parallèle à (LA), donc (HN) et (LA) ne sont pas parallèles. Elles ne sont pas non plus sécantes d'après la question **a.** Ainsi, (LA) et (HN), étant non parallèles, non confondues, et non sécantes, ne sont pas coplanaires.
c. (FL) et (AN) sont parallèles, donc (HFL) et (HNA) ne sont pas confondus. H étant un point commun à ces deux plans, ils ne sont pas parallèles. Ils sont donc sécants, selon une droite parallèle à (FL) passant par H.
d. (HZ) est la médiane issue de H dans NHL. C'est aussi la médiane issue de H dans HAF. G est donc un point situé aux deux-tiers d'une médiane en partant d'un sommet, c'est le centre de gravité du triangle HAF.
e. K est le milieu de $[HF]$, donc (AK) est la médiane issue de A dans le triangle HFA. Cette médiane passe par le centre de gravité G, donc A, G et K sont alignés.

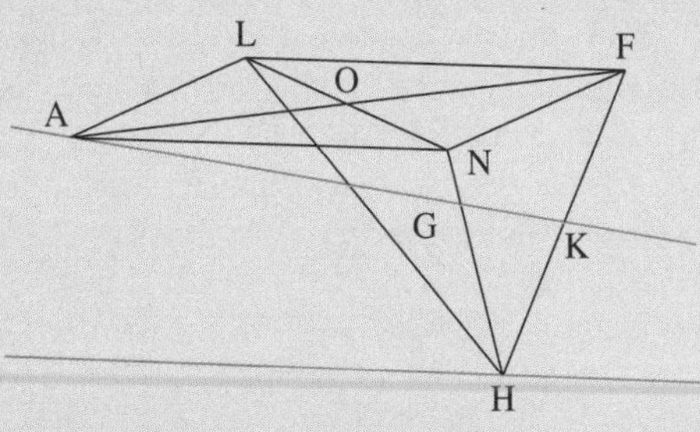

26 **a.** A n'appartient pas à (BCD) donc (AKL) et (BCD) ne sont pas confondus.

K appartient à (BCD), donc (AKL) et (BCD) ne sont pas parallèles. On en déduit que (AKL) et (BCD) sont sécants, selon la droite (KL) puisque les points K et L sont communs aux deux plans.

b. M et N n'appartiennent pas au plan (BCD), donc (MN) coupe (BCD) en un point.

M et N appartiennent à (AKL), donc (MN) est contenue dans (AKL). Or l'intersection de (AKL) et (BCD) est la droite (KL), donc (MN) coupe (BCD) en un point appartenant à la droite (KL). Le point cherché est le point Z, intersection des droites (KL) et (MN).

c. (MNB) et (BCD) sont non confondus et non parallèles, ils sont donc sécants et leur intersection est une droite. B et Z sont deux points communs aux deux plans, donc leur intersection est la droite (BZ).

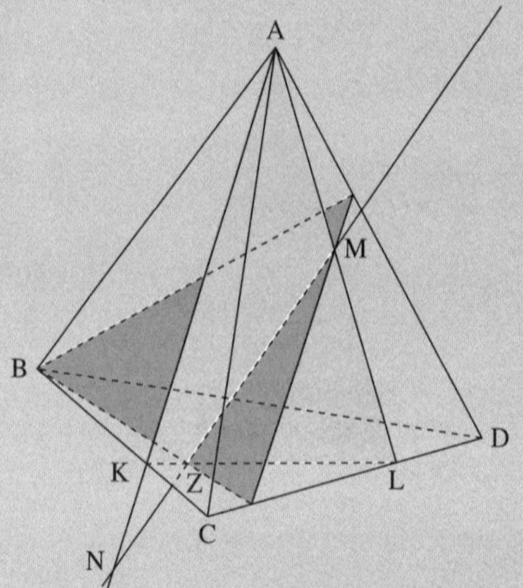

27 **a.** Les plans (GIZ) et (GHE) ne sont ni confondus, ni parallèles, donc ils sont sécants. Leur intersection est une droite. Les points G et K étant communs aux deux plans, cette droite est (GK).

b. A appartient à (GI), donc A appartient à (GIZ). B appartient à (GZ), donc B appartient à (GIZ). Ainsi, (AB) est contenue dans (GIZ). De même, (CD) est contenue dans (GHE).

(AB) et (CD) sont toutes deux incluses dans (P), donc elles sont coplanaires. Comme elles ne sont pas confondues, elles sont soit sécantes soit parallèles.

Si elles étaient sécantes, ce serait la droite (GK) d'après la question **a.**, ce qui est impossible puisque (P) est strictement parallèle à (GK) .
Puisqu'elles ne sont pas sécantes, elles sont parallèles.

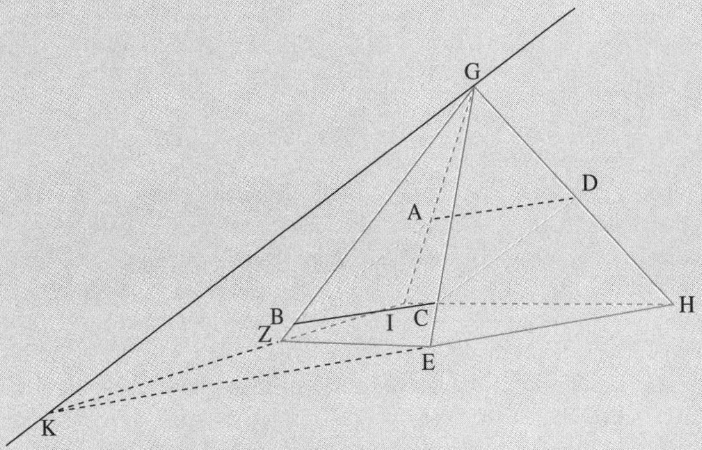

28 **a.** Voici un contre-exemple.
Dans le cube ci-dessous, les droites (EH) et (CG) sont orthogonales. La droite (CG) est contenue dans le plan (BCF) . Mais la droite (EH) n'est pas perpendiculaire au plan (BCF) .

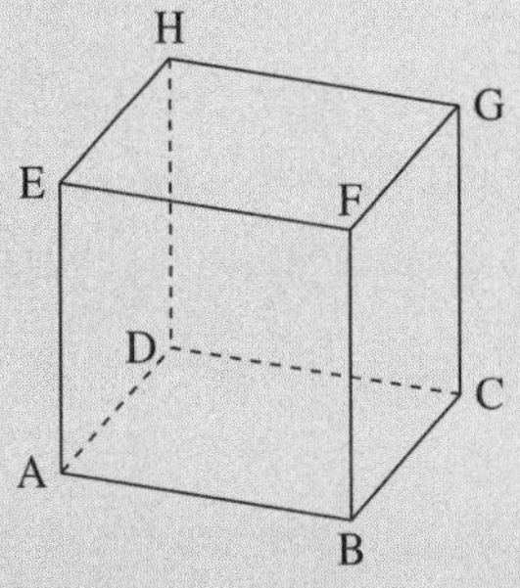

Affirmation corrigée : « Pour qu'une droite soit perpendiculaire à un plan, il suffit qu'elle soit orthogonale à **deux droites sécantes** de ce plan. »
b. Voici un contre-exemple.
Dans le cube ci-dessus, les plans (ABC) et (BCF) sont perpendiculaires. Mais les droites (AD) et (FG) ne sont pas orthogonales.
Affirmation corrigée : « Si deux plans sont perpendiculaires, alors **il existe une** droite contenue dans l'un des plans orthogonale à **une droite** contenue dans l'autre plan. »

29 **a.** I appartient à $[AB]$ et J appartient à $[AC]$. La droite (IJ) est donc contenue dans le plan (ABC). La droite (BC) est elle aussi contenue dans ce plan.

De plus, on sait que $\frac{AI}{AB} \neq \frac{AJ}{AC}$, ce qui montre que les droites (IJ) et (BC) ne sont pas parallèles.
Comme les droites (IJ) et (BC) sont coplanaires, non parallèles et non confondues, elles sont sécantes.
b. Le point X appartient à la droite (IJ), donc il appartient au plan (IJK).
Le point Y appartient à la droite (JK), donc il appartient au plan (IJK).
Le point Z appartient à la droite (IK), donc il appartient au plan (IJK).
Le point X appartient à la droite (BC), donc il appartient au plan (BCD).
Le point Y appartient à la droite (CD), donc il appartient au plan (BCD).
Le point Z appartient à la droite (BD), donc il appartient au plan (BCD).
Ainsi, les points X, Y et Z appartiennent tous trois aux deux plans (IJK) et (BCD). Ces deux plans n'étant ni parallèles ni confondus, ils sont sécants et leur intersection est une droite. Les trois points X, Y et Z appartiennent à cette droite, ils sont donc alignés.

30 **a.** La droite (AD) est perpendiculaire au plan (ABE), donc si on considère la base du tétraèdre ABE, la hauteur associée est $[AD]$. On obtient donc :

$$V = \frac{1}{3} \times \left(\frac{AB \times AE}{2}\right) \times AD = \frac{1}{6}\, a^3 .$$

b. Les trois côtés du triangle BDE sont trois diagonales de trois faces du cube. BDE est donc un triangle équilatéral de côté $a\sqrt{2}$. On sait que l'aire d'un triangle équilatéral de côté x est $x^2\,\frac{\sqrt{3}}{4}$.

On en déduit que l'aire du triangle BDE est $(a\sqrt{2})^2\,\frac{\sqrt{3}}{4} = a^2\,\frac{\sqrt{3}}{2}$.

c. Le volume du tétraèdre peut aussi être calculé en utilisant la base BDE et sa hauteur associée $[AP]$. On obtient :

$$\frac{1}{3} \times \text{Aire (BDE)} \times AP = \frac{1}{6}\, a^3 \Leftrightarrow \frac{1}{3} \times a^2\,\frac{\sqrt{3}}{2} \times AP = \frac{1}{6}\, a^3$$

$$\Leftrightarrow a^2\,\frac{\sqrt{3}}{6} \times AP = \frac{1}{6}\, a^3$$

$$\Leftrightarrow \sqrt{3} \times AP = a$$

$$\Leftrightarrow AP = \frac{a}{\sqrt{3}} = a\,\frac{\sqrt{3}}{3} .$$

31 I est le milieu de $[AG]$, c'est donc le centre du cube. Il est aussi le milieu de $[BH]$, qui est une autre diagonale.
J est le milieu de $[AE]$, donc il appartient au plan (AEH). Le triangle JEH est rectangle en E.
J appartient aussi au plan (ABE). Le triangle JAB est rectangle en A.
De plus, on a $JE = JA$ et $AB = EH$.
Ainsi, les triangles JEH et JAB, ayant un angle de même mesure compris entre deux côtés respectivement de même longueur, sont isométriques. On en déduit l'égalité des hypoténuses : $JH = JB$.
On procède de même pour montrer que les triangles KEH et KFB sont isométriques et que $KH = KB$.
Ainsi, on a $IH = IB$, $JH = JB$ et $KH = KB$. Les points I, J et K n'étant pas alignés, le plan (IJK) est le plan médiateur du segment $[BH]$.

12 Vecteurs

I DÉFINITIONS ET RAPPELS

■ Un vecteur $\vec{u}$ possède trois caractéristiques :
- sa direction ;
- son sens ;
- sa norme, notée $\|\vec{u}\|$.

■ Deux points quelconques A et B du plan pris dans cet ordre définissent un vecteur, noté $\overrightarrow{AB}$.

Si $A \neq B$, les caractéristiques du vecteur $\overrightarrow{AB}$ sont :
- sa direction, la droite (AB) ;
- son sens, de A vers B ;
- sa norme, la longueur AB.

Si $A = B$, alors $\overrightarrow{AB}$ est le vecteur nul, noté $\vec{0}$.

■ Deux vecteurs sont égaux si, et seulement si, leurs caractéristiques sont les mêmes.

■ **Propriété**

Le quadrilatère ABCD est un parallélogramme si, et seulement si, $\overrightarrow{AB} = \overrightarrow{DC}$.

II SOMME DE VECTEURS

■ **Définition**

Soit A, B et C trois points du plan quelconques.

On définit la somme des deux vecteurs $\overrightarrow{AB}$ et $\overrightarrow{BC}$ par $\overrightarrow{AB} + \overrightarrow{BC} = \overrightarrow{AC}$.

C'est la **relation de Chasles**.

Soit A, B, C et D quatre points du plan quelconques.

On construit le point E tel que $\overrightarrow{CD} = \overrightarrow{BE}$ et on définit la somme des deux vecteurs $\overrightarrow{AB}$ et $\overrightarrow{CD}$ par $\overrightarrow{AB} + \overrightarrow{CD} = \overrightarrow{AB} + \overrightarrow{BE} = \overrightarrow{AE}$.

■ **Propriété**

Soit A, B et C trois points du plan.

Si le point D est tel que $\overrightarrow{AD} = \overrightarrow{AB} + \overrightarrow{AC}$, alors ABDC est un parallélogramme.

Définition

Deux vecteurs de somme nulle sont dit opposés :

$$\vec{u} \text{ et } \vec{v} \text{ opposés} \Leftrightarrow \vec{u}+\vec{v}=\vec{0}.$$

On note alors $\vec{v}=-\vec{u}$.

Deux vecteurs opposés ont la même direction, la même norme mais un sens contraire.

Ainsi, $\overrightarrow{AB}$ et $\overrightarrow{BA}$ sont opposés car $\overrightarrow{AB}+\overrightarrow{BA}=\vec{0}$ et l'on note $\overrightarrow{BA}=-\overrightarrow{AB}$.

Conséquences

• Cette notion de vecteur opposé permet de définir la soustraction de deux vecteurs : $\vec{u}-\vec{v}=\vec{u}+(-\vec{v})$.

Soustraire un vecteur, c'est ajouter son opposé.

Exemple : $\overrightarrow{AB}-\overrightarrow{AC}=\overrightarrow{AB}+\overrightarrow{CA}=\overrightarrow{CA}+\overrightarrow{AB}=\overrightarrow{CB}$.

• Milieu d'un segment

I milieu d'un segment $[AB]$ signifie que les vecteurs $\overrightarrow{IA}$ et $\overrightarrow{IB}$ sont opposés, c'est-à-dire $\overrightarrow{IA}+\overrightarrow{IB}=\vec{0}$.

Le point I peut aussi être caractérisé par $\overrightarrow{AI}=\overrightarrow{IB}$ ou $\overrightarrow{AB}=2\overrightarrow{IB}=2\overrightarrow{AI}$.

Propriétés algébriques

Soit $\vec{u}$, $\vec{v}$ et $\vec{w}$ trois vecteurs quelconques.

• Règle de commutativité : $\vec{u}+\vec{v}=\vec{v}+\vec{u}$.

• Règle d'associativité : $\vec{u}+(\vec{v}+\vec{w})=(\vec{u}+\vec{v})+\vec{w}$.

• Élément neutre : $\vec{u}+\vec{0}=\vec{0}+\vec{u}=\vec{u}$.

III MULTIPLICATION D'UN VECTEUR PAR UN RÉEL

Définition

Soit $\vec{u}$ un vecteur non nul et $k \in \mathbb{Z}$. Le produit de $\vec{u}$ par k, noté $k\vec{u}$, a pour caractéristiques :

• direction : celle de $\vec{u}$;

• sens : si $k>0$, même sens que celui de $\vec{u}$; si $k<0$, sens contraire de celui de $\vec{u}$;

• norme : $\|k\vec{u}\|=|k|\,\|\vec{u}\|$.

Propriétés

Soit $\vec{u}$ et $\vec{v}$ deux vecteurs quelconques, k et k' deux réels quelconques.

• $(k+k')\vec{u}=k\vec{u}+k'\vec{u}$.

• $k(\vec{u}+\vec{v})=k\vec{u}+k\vec{v}$.

• $k(k'\vec{u})=kk'\vec{u}$.

• $k\vec{u}=\vec{0} \Leftrightarrow k=0$ ou $\vec{u}=\vec{0}$.

IV VECTEURS COLINÉAIRES

Définition

Deux vecteurs non nuls $\vec{u}$ et $\vec{v}$ sont colinéaires si, et seulement si, ils ont la même direction.

Propriété

Deux vecteurs non nuls $\vec{u}$ et $\vec{v}$ sont colinéaires signifie qu'il existe un réel non nul k tel que $\vec{v} = k\vec{u}$.

Conséquences

• Alignement de trois points

Théorème : A, B, C sont trois points alignés signifie que $\overrightarrow{AB}$ et $\overrightarrow{AC}$ sont colinéaires.

• Parallélisme de deux droites

Théorème : (AB) et (CD) sont deux droites parallèles signifie que $\overrightarrow{AB}$ et $\overrightarrow{CD}$ sont colinéaires.

Exercices d'application

Relation de Chasles

1 | ★ | 10 min | ▸ p. 261

Simplifier les expressions suivantes :

a. $\overrightarrow{AB} - \overrightarrow{DC} + \overrightarrow{DA}$.

b. $2\overrightarrow{OA} + \overrightarrow{AC} - \overrightarrow{OC}$.

c. $\overrightarrow{FG} - (\overrightarrow{FA} + \overrightarrow{FB}) - (\overrightarrow{AB} - \overrightarrow{GB})$.

d. $-\overrightarrow{AB} + \overrightarrow{BC} - \overrightarrow{CA} + 3(\overrightarrow{AB} - \overrightarrow{AC}) - 2\overrightarrow{CB}$.

2 | ★ | 5 min | ▸ p. 261

A, B et C sont trois points distincts du plan. On définit les points N et P tels que $\overrightarrow{AN} = \overrightarrow{AB} + \overrightarrow{AC}$ et $\overrightarrow{BP} = \overrightarrow{NC}$.

Montrer que les points A et P sont confondus.

3 | ★ | 10 min | ▸ p. 261

Soit ABC un triangle quelconque. Placer les points I, J, K et L définis par :

$$\overrightarrow{AI} = -2\overrightarrow{BC} \; ; \quad \overrightarrow{AJ} = \frac{1}{2}\overrightarrow{BC} \; ; \quad \overrightarrow{BK} = \frac{2}{3}\overrightarrow{AC} \; ; \quad \overrightarrow{LC} = 2\overrightarrow{AB}.$$

4 | ★ | 5 min | ▸ p. 261

Soit $[AB]$ un segment de longueur 1,5 cm.

Placer les points L, N, R, S et T tels que :

$\overrightarrow{LA} = 2\overrightarrow{AB}$; $\quad \overrightarrow{BN} = -\frac{1}{2}\overrightarrow{BA}$; $\quad \overrightarrow{RB} = \frac{1}{3}\overrightarrow{AB}$;

$\overrightarrow{SA} + \overrightarrow{SB} = \vec{0}$; $\quad \overrightarrow{AT} = \frac{1}{6}\overrightarrow{BA}$.

Vecteurs colinéaires

5 | ★ | 5 min | ▸ p. 261

1. Soit trois points distincts A, B et C tels que $\overrightarrow{AC} = k\overrightarrow{AB}$. Pourquoi ne peut-on pas avoir $k = 0$? $k = 1$?

2. Préciser la position du point C sur la droite (AB) dans les cas suivants :

a. $k < 0$;

b. $0 < k < 1$;

c. $k > 1$.

6

★★ | 10 min | ▶ P. 262

ABC est un triangle. Construire les points D et E tels que :

$$\overrightarrow{EB} = \overrightarrow{BA} \text{ et } \overrightarrow{ED} = 2\overrightarrow{BC}.$$

Montrer que C est le milieu du segment $[AD]$.

7

★★ | 10 min | ▶ P. 262

Soit E et F deux points distincts et M tel que $3\overrightarrow{ME} - 5\overrightarrow{MF} = \vec{0}$.

a. Justifier que E, F et M sont alignés.

b. Déterminer le réel k tel que $\overrightarrow{EM} = k\overrightarrow{EF}$, puis placer le point M sur la droite (EF).

8

★★ | 10 min | ▶ P. 262

Soit A et B deux points distants de 5,5 cm. Placer le point C défini par :

$$3\overrightarrow{CB} - 14\overrightarrow{CA} = \vec{0}.$$

9

★★ | 10 min | ▶ P. 263

A et B sont deux points distincts du plan. On note $\vec{u} = \overrightarrow{AB}$. Dans chaque cas, donner, sans justifier, l'ensemble des points M du plan tels que :

a. $\overrightarrow{MA} = \overrightarrow{MB}$.

b. $\overrightarrow{MA}$ et $\vec{u}$ sont colinéaires.

c. $\|\overrightarrow{MA}\| = \|\overrightarrow{MB}\|$.

d. $\|\overrightarrow{MA}\| = \|\vec{u}\|$.

EXERCICES D'ENTRAÎNEMENT

10

★★ | 15 min | ▶ P. 263

Soit ABCD un parallélogramme. On considère les points M et N tels que :

$$2\overrightarrow{BM} = \overrightarrow{AB} \text{ et } \overrightarrow{AN} = 3\overrightarrow{AD}.$$

a. Montrer que $\overrightarrow{CM} = \overrightarrow{CB} + \frac{1}{2}\overrightarrow{AB}$.

b. Montrer que $\overrightarrow{NC} = 2\overrightarrow{DA} + \overrightarrow{DC}$.

c. En déduire que les points M, N, et C sont alignés.

11

★★ | 15 min | ▸ P. 263

Soit ABC un triangle quelconque. Soit G le centre de gravité du triangle ABC.

On rappelle que $\overrightarrow{AG} = \frac{2}{3}\overrightarrow{AA'}$, avec A′ milieu de [BC].

Montrer que $\overrightarrow{GA} + \overrightarrow{GB} + \overrightarrow{GC} = \vec{0}$.

12

★★ | 30 min | ▸ P. 264

ABC est un triangle. I et J sont les milieux respectifs des segments [AC] et [BC].

a. Construire les points K et L tels que :

• $\overrightarrow{AK} = 3\overrightarrow{BK}$;

• L est le symétrique de I par rapport à C.

b. Exprimer le vecteur $\overrightarrow{AB}$ en fonction de $\overrightarrow{IJ}$.

c. Exprimer le vecteur $\overrightarrow{AJ}$ en fonction de $\overrightarrow{AB}$ et $\overrightarrow{AC}$.

d. Soit le point D tel que $\overrightarrow{AD} = \frac{3}{2}(\overrightarrow{AB} + \overrightarrow{AC})$. Montrer que les points A, J et D sont alignés. Construire le point D.

e. Montrer que $\overrightarrow{LA} = \frac{3}{2}\overrightarrow{CA}$, puis que $\overrightarrow{LD} = \frac{3}{2}\overrightarrow{AB}$.

f. En déduire la nature du quadrilatère ALDK.

13

★★★ | 30 min | ▸ P. 265

ABC est un triangle quelconque. A′ est le milieu de [BC] et D est le milieu de [AA′]. E et F sont tels que $\overrightarrow{BE} = \frac{1}{3}\overrightarrow{BA}$ et $\overrightarrow{CF} = \frac{2}{5}\overrightarrow{CA}$.

a. Montrer que $\overrightarrow{DE} = \frac{5}{12}\overrightarrow{AB} - \frac{1}{4}\overrightarrow{AC}$.

b. Montrer que $\overrightarrow{FB} = \overrightarrow{AB} - \frac{3}{5}\overrightarrow{AC}$.

c. Montrer que les droites (ED) et (BF) sont parallèles.

14

★★★ | 20 min | ▸ P. 266

ABC est un triangle quelconque, B′ étant le milieu de [AC]. D est le point tel que $\overrightarrow{BD} = \frac{1}{3}\overrightarrow{BC}$. Les parallèles à (AB) et (AC) passant par D coupent respectivement (AC) et (AB) en M et N.

Montrer que les droites (MN) et (BB′) sont parallèles.

CONTRÔLE

15 QCM

★ 5 points, 10 min ▸ P. 266

Pour chacune des questions, une et une seule proposition est exacte.

1. $\overrightarrow{CH}+\overrightarrow{AP}+\overrightarrow{IC}+\overrightarrow{HA}+\overrightarrow{PO}=$

a. $\overrightarrow{IO}$ **b.** $\overrightarrow{CI}$ **c.** $\overrightarrow{OI}$ **d.** $\overrightarrow{CO}$

2. Soit ZUT un triangle quelconque. Le point S tel que $3\overrightarrow{ZS}=\overrightarrow{ZU}+\overrightarrow{ZT}$ est :

a. le milieu de $[UT]$ **b.** tel que SZUT est un parallélogramme

c. le centre de gravité de ZUT **d.** l'orthocentre de ZUT

3. Soit X et Y deux points de milieu Z. Le point P tel que $\overrightarrow{XP}=-3\overrightarrow{YP}$ est :

a. le milieu de $[XZ]$ **b.** le milieu de $[YZ]$

c. le symétrique de Z par rapport à X

d. le symétrique de Z par rapport à Y

4. U et K sont deux points distincts du plan. L'ensemble des points R du plan tels que $\overrightarrow{RU}$ et $\overrightarrow{UK}$ sont colinéaires et de sens contraires est :

a. la droite (UK) **b.** le segment $[UK]$

c. la droite (UK) privée du segment $[UK]$

d. la demi-droite $[UK)$

5. Si un point I est tel que $\overrightarrow{JI}+\overrightarrow{IK}=\overrightarrow{JK}$, alors il est :

a. le milieu de $[JK]$ **b.** sur le segment $[JK]$

c. sur la droite (JK) **d.** quelconque

16 VRAI OU FAUX ?

★ 3 points, 5 min ▸ P. 267

I, J, K, et L sont quatre points du plan tels que $\overrightarrow{IJ}=\overrightarrow{KL}$. Le point M est le milieu de $[JK]$.

1. IJKL est un parallélogramme.
2. $\overrightarrow{MJ}=-\overrightarrow{MK}$.
3. L'image de J par la translation de vecteur $\overrightarrow{IK}$ est L.
4. $[IL]$ et $[JK]$ ont le même milieu.
5. $\widehat{MIJ}=\widehat{MLK}$.
6. K est le symétrique de J par rapport à (IL).

17

★★ 2 points, 10 min ▸ P. 267

ROND est un quadrilatère quelconque, dont les diagonales $[RN]$ et $[OD]$ se coupent en Z. On définit C, U, B, et E par $\overrightarrow{ZC}=\overrightarrow{ZR}+\overrightarrow{ZO}$, $\overrightarrow{ZU}=\overrightarrow{ZO}+\overrightarrow{ZN}$, $\overrightarrow{ZB}=\overrightarrow{ZN}+\overrightarrow{ZD}$ et $\overrightarrow{ZE}=\overrightarrow{ZD}+\overrightarrow{ZR}$.

Montrer, en utilisant la relation de Chasles, que $\overrightarrow{CU}=\overrightarrow{EB}$.

Contrôle

18 ★★ | 7 points, 20 min | ▶ p. 267

Soit ABCD un parallélogramme. Aucune figure n'est demandée.

On définit les points M, N et P par $\overrightarrow{AM} = \frac{1}{3}\overrightarrow{AD}$, $\overrightarrow{BN} = \frac{3}{4}\overrightarrow{BC}$, $\overrightarrow{CP} = \frac{3}{4}\overrightarrow{CD}$.

a. Montrer que $\overrightarrow{CN} = \frac{1}{4}\overrightarrow{CB}$.

b. Exprimer $\overrightarrow{NP}$ en fonction de $\overrightarrow{CB}$ et de $\overrightarrow{CD}$.

c. Exprimer $\overrightarrow{BM}$ en fonction de $\overrightarrow{AB}$ et de $\overrightarrow{AD}$.

d. En déduire que les droites (BM) et (NP) sont parallèles.

19 ★ | 2 points, 5 min | ▶ p. 268

A et B sont deux points distincts. Dans la liste suivante, il y a exactement deux affirmations qui traduisent le fait que I est nécessairement le milieu du segment [AB]. Lesquelles ?

$\overrightarrow{IA} = 2\overrightarrow{AB}$	$IA + IB = AB$	$\overrightarrow{IA} + \overrightarrow{IB} = \vec{0}$	$IA = IB$
$AB = 2IA$	$\overrightarrow{IA} = \overrightarrow{IB}$	$\overrightarrow{AI} = \frac{1}{2}\overrightarrow{AB}$	$\overrightarrow{AI} + \overrightarrow{IB} = \overrightarrow{AB}$

20 ★★ | 4,5 points, 10 min | ▶ p. 268

Soit ABC un triangle rectangle en B tel que $AB = 4$ cm et $BC = 3$ cm.
Placer les points J, K, L, M, N, et O tels que :

- $\overrightarrow{AJ} + \overrightarrow{BJ} = \overrightarrow{CJ}$
- $\overrightarrow{AK} = \frac{1}{3}\overrightarrow{BC}$
- $\overrightarrow{LA} + \overrightarrow{LB} = \vec{0}$
- $\overrightarrow{MB} = \overrightarrow{BA} + \frac{1}{2}\overrightarrow{AC}$
- $\overrightarrow{BN} = \frac{1}{2}(\overrightarrow{AB} + \overrightarrow{AC})$
- $\overrightarrow{BO} = \frac{5}{4}\overrightarrow{BA}$

21 ★★ | 2,5 points, 10 min | ▶ p. 268

Soit ABC un triangle quelconque. On note K le milieu du segment [BC].
Montrer que $\overrightarrow{AB} + \overrightarrow{AC} = 2\overrightarrow{AK}$.

22 ★★ | 4 points, 10 min | ▶ p. 268

Soit K et G deux points distincts et B tel que $4\overrightarrow{BK} - 7\overrightarrow{GB} = \vec{0}$.

a. Montrer que les points K, G et B sont alignés.

b. Exprimer $\overrightarrow{KB}$ en fonction de $\overrightarrow{KG}$.

c. Tracer un segment [KG] (longueur libre) puis placer le point B.

CORRIGÉS

1 **a.** $\overrightarrow{AB} - \overrightarrow{DC} + \overrightarrow{DA} = \overrightarrow{AB} + \overrightarrow{CD} + \overrightarrow{DA} = \overrightarrow{AB} + \overrightarrow{CA}$
$= \overrightarrow{CA} + \overrightarrow{AB} = \overrightarrow{CB}$

b. $2\overrightarrow{OA} + \overrightarrow{AC} - \overrightarrow{OC} = 2\overrightarrow{OA} + \overrightarrow{AC} + \overrightarrow{CO} = 2\overrightarrow{OA} + \overrightarrow{AO}$
$= 2\overrightarrow{OA} - \overrightarrow{OA} = \overrightarrow{OA}$.

c. $\overrightarrow{FG} - (\overrightarrow{FA} + \overrightarrow{FB}) - (\overrightarrow{AB} - \overrightarrow{GB}) = \overrightarrow{FG} - \overrightarrow{FA} - \overrightarrow{FB} - \overrightarrow{AB} + \overrightarrow{GB}$
$= \overrightarrow{FG} + \overrightarrow{AF} + \overrightarrow{BF} + \overrightarrow{BA} + \overrightarrow{GB}$
$= \overrightarrow{BF} + \overrightarrow{FG} + \overrightarrow{GB} + \overrightarrow{BA} + \overrightarrow{AF}$
$= \overrightarrow{BF}$.

d. $-\overrightarrow{AB} + \overrightarrow{BC} - \overrightarrow{CA} + 3(\overrightarrow{AB} - \overrightarrow{AC}) - 2\overrightarrow{CB} = \overrightarrow{BA} + \overrightarrow{BC} + \overrightarrow{AC}$
$+ 3(\overrightarrow{AB} + \overrightarrow{CA}) + 2\overrightarrow{BC}$
$= 4\overrightarrow{BC} + 3\overrightarrow{CB}$
$= 4\overrightarrow{BC} - 3\overrightarrow{BC} = \overrightarrow{BC}$.

2 $\overrightarrow{BP} = \overrightarrow{NC} = \overrightarrow{NA} + \overrightarrow{AC}$. Or, $\overrightarrow{AN} = \overrightarrow{AB} + \overrightarrow{AC}$,
donc $\overrightarrow{NA} = -(\overrightarrow{AB} + \overrightarrow{AC}) = \overrightarrow{BA} + \overrightarrow{CA}$.
On obtient $\overrightarrow{NA} + \overrightarrow{AC} = \overrightarrow{BA} + \overrightarrow{CA} + \overrightarrow{AC} = \overrightarrow{BA}$. Finalement, on a $\overrightarrow{BP} = \overrightarrow{BA}$, ce qui montre que les points A et P sont confondus.

3

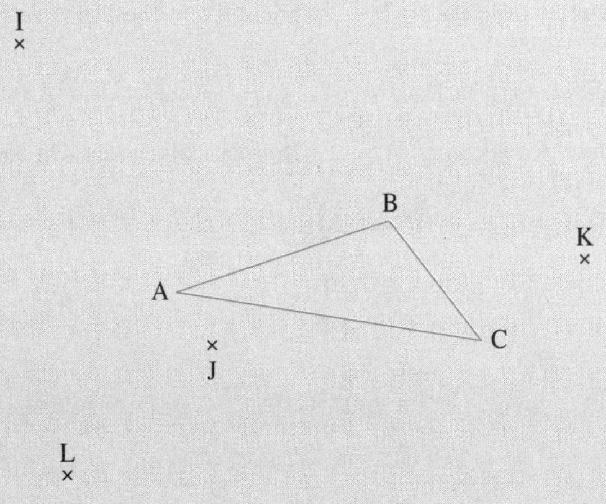

4

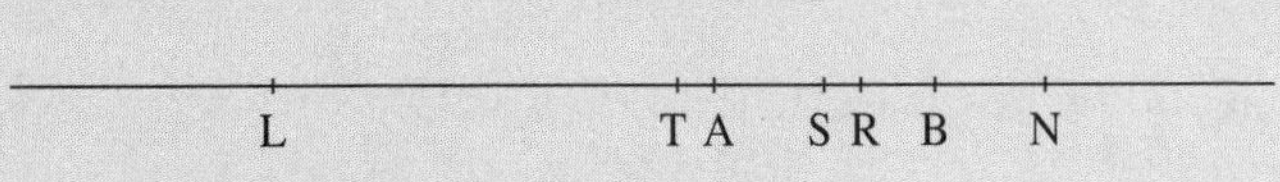

5 1. Si $k = 0$, alors $\overrightarrow{AC} = \vec{0}$, ce qui signifie que A et C sont confondus. Or, A et C sont distincts, donc il n'est pas possible d'avoir $k = 0$.

Si $k = 1$, alors $\overrightarrow{AC} = \overrightarrow{AB}$, ce qui signifie que B et C sont confondus. Or, B et C sont distincts, donc il n'est pas possible d'avoir $k = 1$.

2. Si $\overrightarrow{AC} = k\overrightarrow{AB}$, alors les vecteurs $\overrightarrow{AB}$ et $\overrightarrow{AC}$ sont colinéaires, ce qui signifie que les points A, B, et C sont alignés.

a. Si $k < 0$, les vecteurs $\overrightarrow{AB}$ et $\overrightarrow{AC}$ sont de sens opposés. Le point C est alors situé sur la droite (AB) privée de la demi-droite $[AB)$.

b. Si $0 < k < 1$, les vecteurs $\overrightarrow{AB}$ et $\overrightarrow{AC}$ sont de même sens, la norme de $\overrightarrow{AC}$ étant strictement inférieure à celle de $\overrightarrow{AB}$. Le point C est alors situé sur le segment $[AB]$ (extrémités non comprises).

c. Si $k > 1$, les vecteurs $\overrightarrow{AB}$ et $\overrightarrow{AC}$ sont de même sens, la norme de $\overrightarrow{AC}$ étant strictement supérieure à celle de $\overrightarrow{AB}$. Le point C est alors situé sur la droite (AB) privée de la demi-droite $[BA)$.

6 On a $\overrightarrow{ED} = 2\overrightarrow{BC}$, donc :
$\overrightarrow{EA} + \overrightarrow{AD} = 2\overrightarrow{BC}$.
Comme $\overrightarrow{EB} = \overrightarrow{BA}$, B est le milieu de $[AE]$, ce qui permet d'écrire $\overrightarrow{EA} = 2\overrightarrow{BA}$.
On obtient donc : $2\overrightarrow{BA} + \overrightarrow{AD} = 2\overrightarrow{BC}$, d'où :

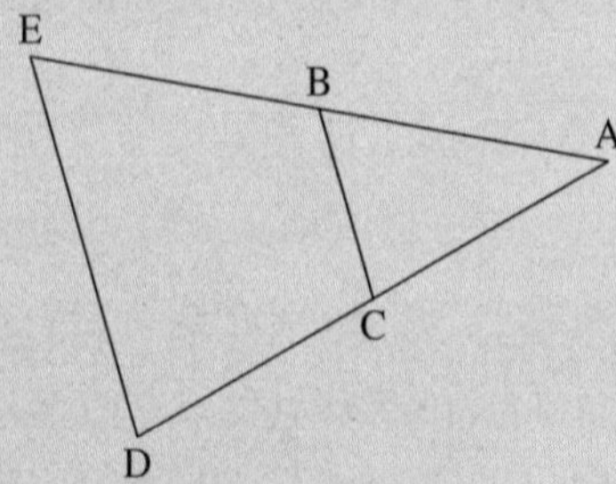

$\overrightarrow{AD} = 2\overrightarrow{BC} - 2\overrightarrow{BA} = 2\overrightarrow{BC} + 2\overrightarrow{AB} = 2\overrightarrow{AC}$.
De l'égalité vectorielle $\overrightarrow{AD} = 2\overrightarrow{AC}$, on déduit que C est le milieu de $[AD]$.

7 **a.** $3\overrightarrow{ME} - 5\overrightarrow{MF} = \vec{0} \Leftrightarrow 3\overrightarrow{ME} = 5\overrightarrow{MF} \Leftrightarrow \overrightarrow{ME} = \frac{5}{3}\overrightarrow{MF}$.

Par conséquent, les vecteurs $\overrightarrow{ME}$ et $\overrightarrow{MF}$ sont colinéaires. On en déduit que les points M, E et F sont alignés.

b.
$$\begin{aligned}3\overrightarrow{ME} - 5\overrightarrow{MF} = \vec{0} &\Leftrightarrow 3\overrightarrow{ME} - 5(\overrightarrow{ME} + \overrightarrow{EF}) = \vec{0}\\ &\Leftrightarrow 3\overrightarrow{ME} - 5\overrightarrow{ME} - 5\overrightarrow{EF} = \vec{0}\\ &\Leftrightarrow -2\overrightarrow{ME} - 5\overrightarrow{EF} = \vec{0}\\ &\Leftrightarrow 2\overrightarrow{EM} = 5\overrightarrow{EF}\\ &\Leftrightarrow \overrightarrow{EM} = \frac{5}{2}\overrightarrow{EF}.\end{aligned}$$

8
$$\begin{aligned}3\overrightarrow{CB} - 14\overrightarrow{CA} = \vec{0} &\Leftrightarrow 3\overrightarrow{CB} - 14(\overrightarrow{CB} + \overrightarrow{BA}) = \vec{0}\\ &\Leftrightarrow 3\overrightarrow{CB} - 14\overrightarrow{CB} - 14\overrightarrow{BA} = \vec{0}\\ &\Leftrightarrow -11\overrightarrow{CB} = 14\overrightarrow{BA}\\ &\Leftrightarrow 11\overrightarrow{BC} = 14\overrightarrow{BA}\\ &\Leftrightarrow \overrightarrow{BC} = \frac{14}{11}\overrightarrow{BA}.\end{aligned}$$

Lorsque BA = 5,5 cm , C est à 1,5 cm de A, sur la droite (AB) , hors du segment [AB] .

9 **a.** Cet ensemble est vide, aucun point du plan ne vérifie cette égalité.
b. L'ensemble des points M du plan tels que $\overrightarrow{MA}$ et $\vec{u}$ sont colinéaires est la droite (AB) .
c. L'ensemble des points M du plan tels que $\|\overrightarrow{MA}\| = \|\overrightarrow{MB}\|$ est la médiatrice du segment [AB] .
d. L'ensemble des points M du plan tels que $\|\overrightarrow{MA}\| = \|\vec{u}\|$ est le cercle de centre A et de rayon AB.

10 **a.** On a $2\overrightarrow{BM} = \overrightarrow{AB}$, donc $\overrightarrow{BM} = \frac{1}{2}\overrightarrow{AB}$.

$$\overrightarrow{CM} = \overrightarrow{CB} + \overrightarrow{BM} = \overrightarrow{CB} + \frac{1}{2}\overrightarrow{AB}.$$

b. On a $\overrightarrow{AN} = 3\overrightarrow{AD}$, donc $\overrightarrow{NA} = 3\overrightarrow{DA}$.

$$\overrightarrow{NC} = \overrightarrow{NA} + \overrightarrow{AD} + \overrightarrow{DC} = 3\overrightarrow{DA} - \overrightarrow{DA} + \overrightarrow{DC} = 2\overrightarrow{DA} + \overrightarrow{DC}.$$

c. ABCD est un parallélogramme, donc $\overrightarrow{AB} = \overrightarrow{DC}$ et $\overrightarrow{CB} = \overrightarrow{DA}$.

Par conséquent, $\overrightarrow{CM} = \overrightarrow{CB} + \frac{1}{2}\overrightarrow{AB}$

$$= \overrightarrow{DA} + \frac{1}{2}\overrightarrow{DC}.$$

On constate alors que $\overrightarrow{NC} = 2\overrightarrow{DA} + \overrightarrow{DC}$

$$= 2\left(\overrightarrow{DA} + \frac{1}{2}\overrightarrow{DC}\right) = 2\overrightarrow{CM}.$$

Les vecteurs $\overrightarrow{NC}$ et $\overrightarrow{CM}$ sont donc colinéaires et les points M, N et C sont alignés.

11 $\overrightarrow{GA} + \overrightarrow{GB} + \overrightarrow{GC} = \overrightarrow{GA} + \overrightarrow{GA} + \overrightarrow{AB} + \overrightarrow{GA} + \overrightarrow{AC}$

$$= 3\overrightarrow{GA} + \overrightarrow{AB} + \overrightarrow{AC}.$$

Comme $\overrightarrow{AG} = \frac{2}{3}\overrightarrow{AA'}$, on a $3\overrightarrow{GA} = -2\overrightarrow{AA'}$,

d'où $\overrightarrow{GA} + \overrightarrow{GB} + \overrightarrow{GC} = -2\overrightarrow{AA'} + \overrightarrow{AB} + \overrightarrow{AC}$.
Or, $2\overrightarrow{AA'} = \overrightarrow{AA'} + \overrightarrow{AA'} = \overrightarrow{AB} + \overrightarrow{BA'} + \overrightarrow{AC} + \overrightarrow{CA'}$. Comme A′ est le milieu de [BC] , on a $\overrightarrow{BA'} + \overrightarrow{CA'} = \vec{0}$. Donc $2\overrightarrow{AA'} = \overrightarrow{AB} + \overrightarrow{AC}$.
Par conséquent, $\overrightarrow{GA} + \overrightarrow{GB} + \overrightarrow{GC} = \vec{0}$.

12 **a.** Construction du point K :

$$\overrightarrow{AK} = 3\overrightarrow{BK} \Leftrightarrow \overrightarrow{AB} + \overrightarrow{BK} = 3\overrightarrow{BK}$$
$$\Leftrightarrow \overrightarrow{AB} = 2\overrightarrow{BK}$$
$$\Leftrightarrow \overrightarrow{BK} = \frac{1}{2}\overrightarrow{AB}.$$

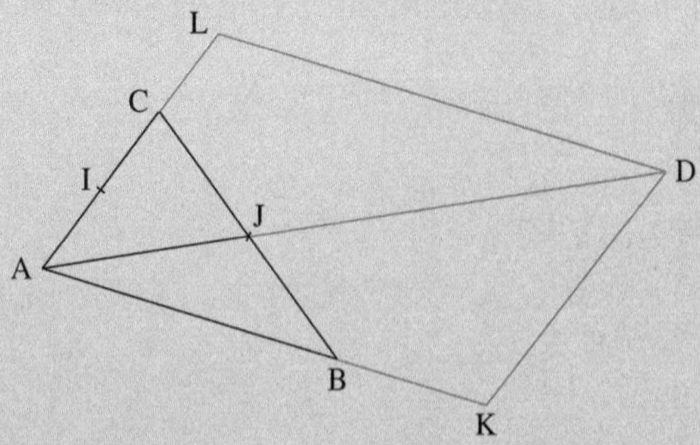

b. Dans le triangle ABC, I est le milieu de $[AC]$ et J est le milieu de $[BC]$. D'après le théorème de la droite des milieux, (AB) et (IJ) sont parallèles, donc $\overrightarrow{AB}$ et $\overrightarrow{IJ}$ sont colinéaires. De plus, $AB = 2IJ$ et $\overrightarrow{AB}$ et $\overrightarrow{IJ}$ sont dans le même sens. On peut donc écrire $\overrightarrow{AB} = 2\overrightarrow{IJ}$.

c. $\overrightarrow{AJ} = \overrightarrow{AB} + \overrightarrow{BJ}$

$$= \overrightarrow{AB} + \frac{1}{2}\overrightarrow{BC}$$
$$= \overrightarrow{AB} + \frac{1}{2}(\overrightarrow{BA} + \overrightarrow{AC})$$
$$= \overrightarrow{AB} + \frac{1}{2}\overrightarrow{BA} + \frac{1}{2}\overrightarrow{AC}$$
$$= \overrightarrow{AB} - \frac{1}{2}\overrightarrow{AB} + \frac{1}{2}\overrightarrow{AC} = \frac{1}{2}\overrightarrow{AB} + \frac{1}{2}\overrightarrow{AC}.$$

d. On a $\overrightarrow{AJ} = \frac{1}{2}\overrightarrow{AB} + \frac{1}{2}\overrightarrow{AC}$

$$= \frac{1}{2}(\overrightarrow{AB} + \overrightarrow{AC}),$$

d'où $\overrightarrow{AD} = \frac{3}{2}(\overrightarrow{AB} + \overrightarrow{AC})$

$$= 3 \times \frac{1}{2}(\overrightarrow{AB} + \overrightarrow{AC})$$
$$= 3\overrightarrow{AJ}.$$

Les vecteurs $\overrightarrow{AD}$ et $\overrightarrow{AJ}$ sont donc colinéaires. On en déduit que les points A, D et J sont alignés.

e. L est le symétrique de I par rapport à C, donc $\overrightarrow{LC} = \overrightarrow{CI}$. I est le milieu de $[AC]$, donc $\overrightarrow{CI} = \frac{1}{2}\overrightarrow{CA}$. On en déduit que $\overrightarrow{LC} = \frac{1}{2}\overrightarrow{CA}$, puis que :

$$\begin{aligned}\overrightarrow{LA} &= \overrightarrow{LC} + \overrightarrow{CA}\\ &= \frac{1}{2}\overrightarrow{CA} + \overrightarrow{CA}\\ &= \frac{3}{2}\overrightarrow{CA}.\end{aligned}$$

$$\begin{aligned}\overrightarrow{LD} &= \overrightarrow{LA} + \overrightarrow{AD}\\ &= \frac{3}{2}\overrightarrow{CA} + \frac{3}{2}(\overrightarrow{AB} + \overrightarrow{AC})\\ &= \frac{3}{2}\overrightarrow{CA} + \frac{3}{2}\overrightarrow{AB} + \frac{3}{2}\overrightarrow{AC}\\ &= \frac{3}{2}\overrightarrow{AB}.\end{aligned}$$

f. On a vu, à la question **a.**, pour la construction du point K, que :

$$\overrightarrow{AK} = 3\overrightarrow{BK} = \frac{3}{2}\overrightarrow{AB}.$$

On vient de voir, dans la question **e.**, que $\overrightarrow{LD} = \frac{3}{2}\overrightarrow{AB}$.

On a donc $\overrightarrow{LD} = \overrightarrow{AK}$, ce qui permet de conclure que ALDK est un parallélogramme.

13 **a.** On a $\overrightarrow{DE} = \overrightarrow{DA} + \overrightarrow{AE}$. Comme D est le milieu de $[AA']$, $\overrightarrow{DA} = -\frac{1}{2}\overrightarrow{AA'}$. Et comme $\overrightarrow{BE} = \frac{1}{3}\overrightarrow{BA}$, on a :

$$\overrightarrow{BA} + \overrightarrow{AE} = \frac{1}{3}\overrightarrow{BA}\text{, d'où } \overrightarrow{AE} = \frac{1}{3}\overrightarrow{BA} - \overrightarrow{BA} = -\frac{2}{3}\overrightarrow{BA} = \frac{2}{3}\overrightarrow{AB}.$$

On obtient donc :

$$\overrightarrow{DE} = -\frac{1}{2}\overrightarrow{AA'} + \frac{2}{3}\overrightarrow{AB}.$$

En reprenant un résultat obtenu à l'exercice précédent question **c.**, on a : $\overrightarrow{AA'} = \frac{1}{2}(\overrightarrow{AB} + \overrightarrow{AC})$, d'où :

$$\begin{aligned}\overrightarrow{DE} &= -\frac{1}{2}\times\frac{1}{2}(\overrightarrow{AB} + \overrightarrow{AC}) + \frac{2}{3}\overrightarrow{AB}\\ &= -\frac{1}{4}\overrightarrow{AB} - \frac{1}{4}\overrightarrow{AC} + \frac{2}{3}\overrightarrow{AB}\\ &= \frac{5}{12}\overrightarrow{AB} - \frac{1}{4}\overrightarrow{AC}.\end{aligned}$$

b. On a $\overrightarrow{FB} = \overrightarrow{FC} + \overrightarrow{CB}$. On sait que $\overrightarrow{CF} = \frac{2}{5}\overrightarrow{CA}$, donc $\overrightarrow{FC} = \frac{2}{5}\overrightarrow{AC}$.

D'où :
$$\begin{aligned}\overrightarrow{FB} &= \overrightarrow{FC} + \overrightarrow{CB}\\ &= \frac{2}{5}\overrightarrow{AC} + \overrightarrow{CA} + \overrightarrow{AB}\\ &= \overrightarrow{AB} - \overrightarrow{AC} + \frac{2}{5}\overrightarrow{AC}\\ &= \overrightarrow{AB} - \frac{3}{5}\overrightarrow{AC}.\end{aligned}$$

c. Des égalités vectorielles $\overrightarrow{DE} = \frac{5}{12}\overrightarrow{AB} - \frac{1}{4}\overrightarrow{AC}$ et $\overrightarrow{FB} = \overrightarrow{AB} - \frac{3}{5}\overrightarrow{AC}$, on déduit $\overrightarrow{DE} = \frac{5}{12}\overrightarrow{FB}$. Par conséquent, les vecteurs $\overrightarrow{DE}$ et $\overrightarrow{FB}$ sont colinéaires. On en déduit que les droites (ED) et (BF) sont parallèles.

14 B′ est le milieu de [AC], donc $\overrightarrow{BB'} = \overrightarrow{BA} + \overrightarrow{AB'} = \overrightarrow{BA} + \frac{1}{2}\overrightarrow{AC}$.

Par hypothèse, on a $\overrightarrow{BD} = \frac{1}{3}\overrightarrow{BC}$. Comme (DN) est parallèle à (AC), et comme N est sur [AB], D sur [BC], d'après le théorème de Thalès, on a :

$$\overrightarrow{BN} = \frac{1}{3}\overrightarrow{BA}, \text{ soit } \overrightarrow{BA} + \overrightarrow{AN} = \frac{1}{3}\overrightarrow{BA},$$

d'où $\overrightarrow{AN} = \frac{1}{3}\overrightarrow{BA} - \overrightarrow{BA} = -\frac{2}{3}\overrightarrow{BA}$ et $\overrightarrow{NA} = \frac{2}{3}\overrightarrow{BA}$.

De même, comme (DM) est parallèle à (AB), toujours d'après le théorème de Thalès, on a : $\overrightarrow{AM} = \frac{1}{3}\overrightarrow{AC}$.

Alors il vient :

$$\begin{aligned}\overrightarrow{NM} &= \overrightarrow{NA} + \overrightarrow{AM}\\ &= \frac{2}{3}\overrightarrow{BA} + \frac{1}{3}\overrightarrow{AC} = \frac{2}{3}\left(\overrightarrow{BA} + \frac{1}{2}\overrightarrow{AC}\right) = \frac{2}{3}\overrightarrow{BB'}.\end{aligned}$$

Par conséquent, les vecteurs $\overrightarrow{NM}$ et $\overrightarrow{BB'}$ sont colinéaires. On en déduit que les droites (NM) et (BB′) sont parallèles.

15 1. Réponse **a.**

$\overrightarrow{CH} + \overrightarrow{AP} + \overrightarrow{IC} + \overrightarrow{HA} + \overrightarrow{PO} = \overrightarrow{IC} + \overrightarrow{CH} + \overrightarrow{HA} + \overrightarrow{AP} + \overrightarrow{PO} = \overrightarrow{IO}$.

2. Réponse **c.** $3\overrightarrow{ZS} = \overrightarrow{ZU} + \overrightarrow{ZT} \Leftrightarrow 3\overrightarrow{ZS} = 2\overrightarrow{ZH}$, où H est le milieu de [UT]. On a ensuite $3\overrightarrow{ZS} = 2\overrightarrow{ZH} \Leftrightarrow \overrightarrow{ZS} = \frac{2}{3}\overrightarrow{ZH}$, ce qui caractérise le centre de gravité du triangle ZUT.

3. Réponse **b.** $\overrightarrow{XP} = -3\overrightarrow{YP} \Leftrightarrow 4\overrightarrow{XP} = -3\overrightarrow{YX} \Leftrightarrow \overrightarrow{XP} = \frac{3}{4}\overrightarrow{XY}$.

4. Réponse **d.** $\overrightarrow{RU}$ et $\overrightarrow{UK}$ sont colinéaires signifie que R appartient à la droite (UK). Les vecteurs $\overrightarrow{RU}$ et $\overrightarrow{KU}$ ayant le même sens, R se situe sur la demi-droite $[UK)$.

5. Réponse **d.** C'est la relation de Chasles, qui peut être utilisée pour tout point du plan.

16 1. **Faux**, c'est IJLK qui est un parallélogramme.
2. **Vrai**, J est le milieu de $[JK]$.
3. **Vrai**, puisque $\overrightarrow{IK} = \overrightarrow{JL}$.
4. **Vrai**, les diagonales se coupent en leur milieu.
5. **Vrai**, (IJ) et (LK) sont parallèles et ce sont deux angles alternes-internes.
6. **Faux**, les diagonales ne sont pas perpendiculaires.

17 On a d'une part :
$\overrightarrow{CU} = \overrightarrow{ZU} - \overrightarrow{ZC} = (\overrightarrow{ZO} + \overrightarrow{ZN}) - (\overrightarrow{ZR} + \overrightarrow{ZO}) = \overrightarrow{ZN} - \overrightarrow{ZR} = \overrightarrow{RN}$
et d'autre part :
$\overrightarrow{EB} = \overrightarrow{ZB} - \overrightarrow{ZE} = (\overrightarrow{ZN} + \overrightarrow{ZD}) - (\overrightarrow{ZD} + \overrightarrow{ZR}) = \overrightarrow{ZN} - \overrightarrow{ZR} = \overrightarrow{RN}$
On en déduit que $\overrightarrow{CU} = \overrightarrow{EB}$.

18 **a.** On a $\overrightarrow{BN} = \frac{3}{4}\overrightarrow{BC}$, donc $\overrightarrow{BC} + \overrightarrow{CN} = \frac{3}{4}\overrightarrow{BC}$, d'où :

$$\overrightarrow{CN} = \frac{3}{4}\overrightarrow{BC} - \overrightarrow{BC} = -\frac{1}{4}\overrightarrow{BC} = \frac{1}{4}\overrightarrow{CB}.$$

b. On a $\overrightarrow{CP} = \frac{3}{4}\overrightarrow{CD}$, d'où $\overrightarrow{CN} + \overrightarrow{NP} = \frac{3}{4}\overrightarrow{CD}$, soit :

$$\overrightarrow{NP} = -\overrightarrow{CN} + \frac{3}{4}\overrightarrow{CD} = -\frac{1}{4}\overrightarrow{CB} + \frac{3}{4}\overrightarrow{CD}.$$

c. $\overrightarrow{AM} = \frac{1}{3}\overrightarrow{AD}$, d'où $\overrightarrow{AB} + \overrightarrow{BM} = \frac{1}{3}\overrightarrow{AD}$, soit $\overrightarrow{BM} = -\overrightarrow{AB} + \frac{1}{3}\overrightarrow{AD}$.

d. Comme ABCD est un parallélogramme, on a $\overrightarrow{AB} = \overrightarrow{DC}$ et $\overrightarrow{AD} = \overrightarrow{BC}$.
On obtient donc :

$$\overrightarrow{NP} = -\frac{1}{4}\overrightarrow{CB} + \frac{3}{4}\overrightarrow{CD} = \frac{1}{4}\overrightarrow{BC} - \frac{3}{4}\overrightarrow{DC} = \frac{1}{4}\overrightarrow{AD} - \frac{3}{4}\overrightarrow{AB}.$$

Résumons : $\overrightarrow{NP} = \frac{1}{4}\overrightarrow{AD} - \frac{3}{4}\overrightarrow{AB}$ et $\overrightarrow{BM} = \frac{1}{3}\overrightarrow{AD} - \overrightarrow{AB}$.

On a donc $\overrightarrow{NP} = \frac{3}{4}\overrightarrow{BM}$.

Les vecteurs $\overrightarrow{NP}$ et $\overrightarrow{BM}$ sont donc colinéaires, ce qui prouve que les droites (BM) et (NP) sont parallèles.

19 Les affirmations traduisant le fait que I est nécessairement le milieu du segment $[AB]$ sont $\overrightarrow{IA} + \overrightarrow{IB} = \vec{0}$ et $\overrightarrow{AI} = \frac{1}{2}\overrightarrow{AB}$.

20 Avec $\overrightarrow{AJ} + \overrightarrow{BJ} = \overrightarrow{CJ}$, on obtient $\overrightarrow{AJ} + \overrightarrow{BA} + \overrightarrow{AJ} = \overrightarrow{CA} + \overrightarrow{AJ}$, soit :

$$\overrightarrow{AJ} = \overrightarrow{CA} - \overrightarrow{BA} = \overrightarrow{CA} + \overrightarrow{AB} = \overrightarrow{CB}.$$

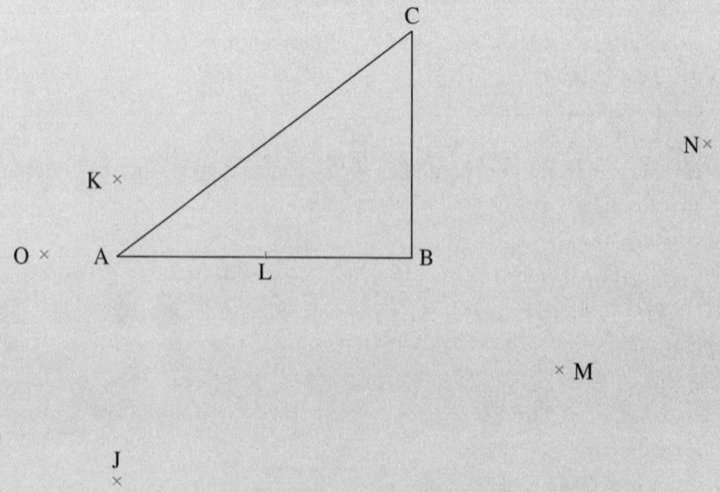

21 Comme K est le milieu de $[BC]$, on a $\overrightarrow{KB} = \overrightarrow{CK}$.
Il vient $\overrightarrow{AB} + \overrightarrow{AC} = \overrightarrow{AB} + \overrightarrow{BK} + \overrightarrow{AC} + \overrightarrow{KB} = \overrightarrow{AB} + \overrightarrow{BK} + \overrightarrow{AC} + \overrightarrow{CK}$
$= \overrightarrow{AK} + \overrightarrow{AK} = 2\overrightarrow{AK}$.

22 **a.** $4\overrightarrow{BK} - 7\overrightarrow{GB} = \vec{0}$, d'où $4\overrightarrow{BK} = 7\overrightarrow{GB}$ et $\overrightarrow{BK} = \frac{7}{4}\overrightarrow{GB}$.

Les vecteurs $\overrightarrow{BK}$ et $\overrightarrow{GB}$ sont donc colinéaires, ce qui prouve que les points K, G, et B sont alignés.

b. $4\overrightarrow{BK} - 7\overrightarrow{GB} = \vec{0} \Leftrightarrow 4\overrightarrow{BK} - 7(\overrightarrow{GK} + \overrightarrow{KB}) = \vec{0}$

$$\Leftrightarrow -4\overrightarrow{KB} - 7\overrightarrow{GK} - 7\overrightarrow{KB} = \vec{0}$$

$$\Leftrightarrow -11\overrightarrow{KB} = -7\overrightarrow{KG}$$

$$\Leftrightarrow \overrightarrow{KB} = \frac{7}{11}\overrightarrow{KG}.$$

c. Pour placer aisément le point B, il suffit de dessiner un segment $[KG]$ de longueur 5,5 cm. Le point B est sur ce segment à 3,5 cm de K.

13

Géométrie analytique

I REPÉRAGE DANS LE PLAN

Définition

Soit O un point quelconque du plan $\mathcal{P}$. Soit $\vec{i}$ et $\vec{j}$ deux vecteurs non colinéaires.

Le triplet $(O\ ;\ \vec{i}, \vec{j})$ est appelé **repère** du plan $\mathcal{P}$ d'origine O et de base le couple de vecteurs $(\vec{i}, \vec{j})$.

Coordonnées d'un point

Soit $(O\ ;\ \vec{i}, \vec{j})$ un repère du plan $\mathcal{P}$ et M un point quelconque du plan $\mathcal{P}$.

Il existe un unique couple de réels $(x\ ;\ y)$ tel que $\overrightarrow{OM} = x\vec{i} + y\vec{j}$.

Ces réels x et y sont appelés l'abscisse et l'ordonnée du point M dans le repère $(O\ ;\ \vec{i}, \vec{j})$.

Le couple $(x\ ;\ y)$ est le couple de coordonnées du point M dans le repère $(O\ ;\ \vec{i}, \vec{j})$.

Coordonnées d'un vecteur

Soit $(O\ ;\ \vec{i}, \vec{j})$ un repère du plan. Soit deux points A et B de coordonnées dans ce repère $A(x_A\ ;\ y_A)$ et $B(x_B\ ;\ y_B)$. Les coordonnées du vecteur $\overrightarrow{AB}$ dans la base $(\vec{i}, \vec{j})$ sont $(x_B - x_A\ ;\ y_B - y_A)$.

Propriétés

Soit $(\vec{i}, \vec{j})$ une base du plan, et soit $\vec{u}$ et $\vec{u}'$ deux vecteurs de coordonnées $\vec{u}(x\ ;\ y)$ et $\vec{u}'(x'\ ;\ y')$.

- $\vec{u} = \vec{0} \Leftrightarrow x = 0$ et $y = 0$
- $\vec{u} = \vec{u}' \Leftrightarrow x = x'$ et $y = y'$
- $\vec{u} + \vec{u}'(x + x'\ ;\ y + y')$
- $k\vec{u}(kx\ ;\ ky)$

Milieu d'un segment, centre de gravité d'un triangle

On se place dans un repère $(O\ ;\ \vec{i}, \vec{j})$.

- Les coordonnées du point I, milieu de $[AB]$, sont :

$$x_I = \frac{x_A + x_B}{2} \text{ et } y_I = \frac{y_A + y_B}{2}.$$

- Les coordonnées du point G, centre de gravité du triangle ABC, sont :

$$x_G = \frac{x_A + x_B + x_C}{3} \text{ et } y_G = \frac{y_A + y_B + y_C}{3}.$$

II VECTEURS COLINÉAIRES

Soit $(\vec{i}, \vec{j})$ une base du plan et $\vec{u}$ et $\vec{u}'$ deux vecteurs de coordonnées $\vec{u}(x\ ;\ y)$ et $\vec{u}'(x'\ ;\ y')$.

Définition

On appelle déterminant de deux vecteurs $\vec{u}$ et $\vec{u}'$ le nombre réel $xy' - yx'$. On le note aussi $\det(\vec{u}, \vec{u}')$.

Théorème (condition de colinéarité de deux vecteurs)

Deux vecteurs $\vec{u}(x\ ;\ y)$ et $\vec{u}'(x'\ ;\ y')$ sont colinéaires si, et seulement si :

$$\det(\vec{u}, \vec{u}') = xy' - yx' = 0.$$

III REPÈRE ORTHONORMÉ

Définition

• Un repère $(O\ ;\ \vec{i}, \vec{j})$ est dit orthogonal si $\vec{i}$ et $\vec{j}$ sont des vecteurs orthogonaux.

• Un repère $(O\ ;\ \vec{i}, \vec{j})$ est dit orthonormé (ou orthonormal) s'il est orthogonal et si $\vec{i}$ et $\vec{j}$ sont unitaires (cela signifie que leur norme est égale à 1).

Propriétés

• Soit $(\vec{i}, \vec{j})$ une base orthonormée du plan $\mathcal{P}$ et $\vec{u}(x\ ;\ y)$. La norme du vecteur $\vec{u}$ est :

$$\|\vec{u}\| = \sqrt{x^2 + y^2}.$$

• Soit $(O\ ;\ \vec{i}, \vec{j})$ un repère orthonormé du plan. Soit deux points A et B de coordonnées dans ce repère $A(x_A\ ;\ y_A)$ et $B(x_B\ ;\ y_B)$. La distance de A à B est :

$$AB = \sqrt{(x_B - x_A)^2 + (y_B - y_A)^2}.$$

Exercices d'application

Coordonnées

1

★ | 5 min | ▸ p. 279

On se place dans une base du plan $(\vec{i}, \vec{j})$.

a. Quelles sont les coordonnées du vecteur $\vec{v} = 2\vec{i} - 3\vec{j}$?

b. On donne : $\vec{u}(5\ ;\ -2)$. Calculer les coordonnées des vecteurs :
$-\vec{v}$, $\vec{u} + \vec{v}$, $3\vec{u} - 7\vec{v}$.

2

★ | 10 min | ▸ p. 279

Soit $(O\ ;\ \vec{i}, \vec{j})$ un repère orthogonal quelconque du plan.
Quelles sont les coordonnées des points A, B et C, tels que :

$$\overrightarrow{OA} = 3\vec{i} - 2\vec{j},\ \overrightarrow{OB} = -\vec{i} + 2\vec{j} \text{ et } \overrightarrow{OA} + \overrightarrow{OB} + \overrightarrow{OC} = \vec{0}\ ?$$

3

★ | 5 min | ▸ p. 279

a. Dans la base $(\vec{i}, \vec{j})$, lire les coordonnées des vecteurs ci-contre.

b. Tracer un représentant du vecteur $\vec{u} = 4\vec{i} - \vec{j}$, puis du vecteur $\vec{v} = -2\vec{i} + 5\vec{j}$.

c. Quelles sont les coordonnées du vecteur $\vec{i} + \vec{j}$ dans la base $(\vec{i}, \vec{j})$?

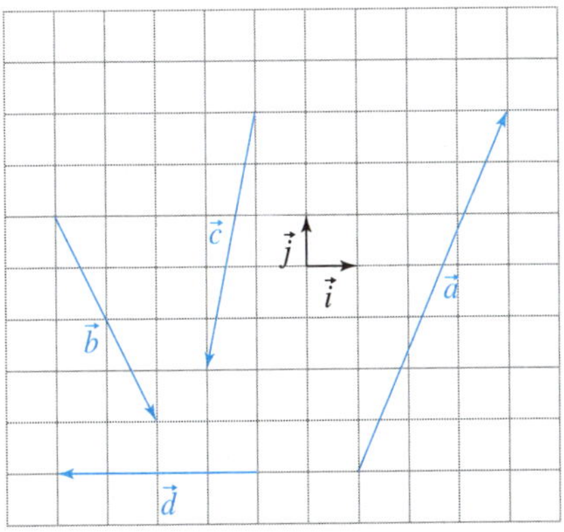

4

★ | 15 min | ▸ p. 279

Soit $(O\ ;\ \vec{i}, \vec{j})$ un repère du plan.

a. Soit les points $A(-2\ ;\ 1)$, $I(1\ ;\ 6)$, $R(3\ ;\ 3)$, et $E(0\ ;\ -2)$. Montrer que le quadrilatère AIRE est un parallélogramme.

b. Déterminer les coordonnées du point P, sachant que RPIE est un parallélogramme.

c. Déterminer les coordonnées du point S, sachant que I est le milieu de $[ES]$.

5

★★ | 20 min | ▶ P. 280

Dans un repère $(O ; \vec{i}, \vec{j})$, on considère les points :

$$A(-2 ; 2),\ B(5 ; 6) \text{ et } C(4 ; -1).$$

Déterminer les coordonnées des points M, G, I et N sachant que :

a. $\overrightarrow{MC} = \frac{1}{2}\overrightarrow{AC}$;

b. $\overrightarrow{BA} = \frac{3}{4}\overrightarrow{AG}$;

c. I est le milieu de $[AB]$;

d. $\overrightarrow{AN} = 3\overrightarrow{BN}$.

Vecteurs colinéaires

6

★ | 5 min | ▶ P. 281

Soit $(\vec{i}, \vec{j})$ une base du plan. Dans chaque cas, les vecteurs $\vec{u}$ et $\vec{v}$ sont-ils colinéaires ?

a. $\vec{u}\begin{pmatrix}2\\3\end{pmatrix}$ et $\vec{v}\begin{pmatrix}-3\\-5\end{pmatrix}$;

b. $\vec{u}\begin{pmatrix}\frac{20}{3}\\-\frac{3}{4}\end{pmatrix}$ et $\vec{v}\begin{pmatrix}-12\\\frac{27}{20}\end{pmatrix}$.

7

★ | 10 min | ▶ P. 281

Soit $(\vec{i}, \vec{j})$ une base du plan et $x \in \mathbb{R}$. Dans chaque cas, pour quelle(s) valeur(s) de x les vecteurs $\vec{u}$ et $\vec{v}$ sont-ils colinéaires ?

a. $\vec{u}\begin{pmatrix}x-6\\3\end{pmatrix}$ et $\vec{v}\begin{pmatrix}-3\\x\end{pmatrix}$;

b. $\vec{u}\begin{pmatrix}x-2\\1\end{pmatrix}$ et $\vec{v}\begin{pmatrix}9\\x-2\end{pmatrix}$.

8

★ | 10 min | ▶ P. 282

Soit $(O ; \vec{i}, \vec{j})$ une base du plan. Dans cette base, on donne :

$$A(4 ; 1),\ B(-2 ; 4),\ C(1 ; -6) \text{ et } D(12 ; -3).$$

Les points A, B et C sont-ils alignés ? Les points A, B et D sont-ils alignés ?

Repères orthonormés

9

★ | 15 min | ▶ P. 282

Soit $(\vec{i}, \vec{j})$ une base orthonormale du plan.
On donne $\vec{u}(2 ; 1)$ et $\vec{v}(2\sqrt{2} ; \sqrt{3})$.

1. Déterminer les normes des vecteurs $\vec{u}$ et $\vec{v}$.
2. Soit un vecteur $\vec{u}'(x ; 2)$. Dans chaque cas, déterminer x pour que :

a. $\vec{v}$ et $\vec{u}'$ soient colinéaires ;

b. la norme de $\vec{u}'$ soit égale à 4.

10

★★ | 15 min | ▸ P. 282

Soit $(O ; \vec{i}, \vec{j})$ un repère orthonormé du plan. On considère les points :

$$A(1 ; 0),\ B\left(1+\frac{\sqrt{3}}{2} ; \frac{1}{2}\right) \text{ et } C\left(\frac{1}{2} ; \frac{\sqrt{3}}{2}\right).$$

Démontrer que $(\overrightarrow{AB}, \overrightarrow{AC})$ est une base orthonormale.

11

★ | 10 min | ▸ P. 283

Dans un repère $(O ; \vec{i}, \vec{j})$, on donne les points :

$$A(-3 ; -1),\ B(-2 ; 2) \text{ et } C(3 ; -3).$$

a. Montrer que le triangle ABC est rectangle en A.

b. Calculer les coordonnées du point I, centre du cercle circonscrit au triangle ABC. Calculer le rayon de ce cercle.

12

★★ | 15 min | ▸ P. 283

On se place dans un repère orthonormé $(O ; \vec{i}, \vec{j})$, et on donne :

$$A(-3 ; 1),\ B(4 ; 3) \text{ et } C(-1 ; 6).$$

1. Le point C appartient-il à la médiatrice de $[AB]$?
2. Trouver x tel que le point $E(x ; -3)$ appartienne à la médiatrice de $[AB]$.

13

★★ | 10 min | ▸ P. 284

Dans un repère orthonormé $(O ; \vec{i}, \vec{j})$, on donne :

$$A(1 ; -2),\ B(0 ; m) \text{ et } C(6 ; -1).$$

Trouver m tel que le triangle ABC soit rectangle en A.

EXERCICES D'ENTRAÎNEMENT

14

★★ | 10 min | ▸ P. 284

On se place dans une base orthonormale $(\vec{i}, \vec{j})$ et on considère les vecteurs $\vec{u} = 2\vec{i} + \vec{j}$ et $\vec{v} = -\vec{i} + \vec{j}$.

a. Le couple de vecteurs $(\vec{u}, \vec{v})$ est-il une base ? Pourquoi ?

b. Quelles sont les coordonnées du vecteur $\vec{w} = 5\vec{i} + 2\vec{j}$ dans la base $(\vec{u}, \vec{v})$?

15

★★ | 15 min | ▶ P. 285

Dans un repère orthonormé $(O\ ;\ \vec{i}, \vec{j})$, on considère le triangle OAB rectangle en A tel que $OA = 3$ et $AB = 4$. De plus, on sait que l'abscisse de B est nulle et que les coordonnées de tous les points du triangle sont positives.

a. Déterminer l'ordonnée de B.

b. Déterminer les coordonnées de A.

16

★★ | 20 min | ▶ P. 285

Dans un repère $(O\ ;\ \vec{i}, \vec{j})$, on donne les points :

$$A(2\ ;\ 5),\ B(4\ ;\ -2),\ C(-5\ ;\ 1) \text{ et } D(-1\ ;\ 6).$$

a. Montrer que les droites (BC) et (AD) sont parallèles.

b. On considère les points E milieu du segment $[BC]$ et F tel que :

$$\overrightarrow{BF} = \frac{1}{2}\,\overrightarrow{BA} + \frac{1}{4}\,\overrightarrow{BC}.$$

Déterminer les coordonnées de ces deux points.

c. Démontrer que les points A, F et E sont alignés.

17

★★ | 30 min | ▶ P. 286

VERT est un carré de côté 5 cm. On construit les triangles équilatéraux AVE et PRE tels que A est à l'intérieur du carré et P à l'extérieur.

On pose $\vec{i} = \frac{1}{5}\,\overrightarrow{VE}$ et $\vec{j} = \frac{1}{5}\,\overrightarrow{VT}$.

1. Justifier que $(V\ ;\ \vec{i}, \vec{j})$ est un repère orthonormal.
2. Déterminer les coordonnées des points A et P dans le repère $(V\ ;\ \vec{i}, \vec{j})$.
3. Démontrer que les points T, A et P sont alignés.

18

★★★ | 30 min | ▶ P. 287

M est un point sur le côté $[CD]$ d'un parallélogramme ABCD, distinct de C et D. I est le milieu de $[AB]$ et G est le centre de gravité du triangle AMB.

On pose $\overrightarrow{DM} = x\overrightarrow{DC}$, où $x \in \mathbb{R}$.

a. À quel intervalle appartient x ?

b. Dans le repère $(A\ ;\ \overrightarrow{AB}, \overrightarrow{AD})$, déterminer les coordonnées des points M et G, en fonction de x.

c. Montrer que, lorsque M décrit le segment $[DC]$, G décrit un segment qui lui est parallèle et dont on précisera les extrémités.

Contrôle

19 QCM

★★ | 5 points, 15 min | ▶ p. 288

Pour chacune des questions, une et une seule proposition est exacte.

Pour les cinq questions, on se place dans un repère orthonormal du plan $(O\ ; \vec{i}, \vec{j})$.

On donne $A(-12\ ;-8)$, $B(-8\ ;20)$, et $C(16\ ;-4)$.

1. Le triangle ABC est :

a. isocèle. **b.** rectangle. **c.** isocèle rectangle. **d.** quelconque.

2. Les coordonnées du point I, milieu de $[AB]$ sont :

a. $(10\ ;12)$. **b.** $(2\ ;14)$. **c.** $(-10\ ;6)$. **d.** $(-20\ ;12)$.

3. La médiane issue de C dans le triangle ABC coupe l'axe $(O\ ; \vec{j})$ au point de coordonnées :

a. $\left(0\ ;\dfrac{128}{13}\right)$. **b.** $\left(0\ ;\dfrac{128}{13}\right)$. **c.** $\left(0\ ;\dfrac{128}{13}\right)$. **d.** $\left(0\ ;\dfrac{128}{13}\right)$.

4. Le centre de gravité du triangle ABC est le point de coordonnées :

a. $\left(-\dfrac{4}{3}\ ;\dfrac{8}{3}\right)$. **b.** $\left(-\dfrac{4}{3}\ ;\dfrac{8}{3}\right)$. **c.** $\left(-\dfrac{4}{3}\ ;\dfrac{8}{3}\right)$. **d.** $\left(-\dfrac{4}{3}\ ;\dfrac{8}{3}\right)$.

5. L'aire du triangle ABC est :

a. $160\sqrt{2}$. **b.** 320. **c.** 480. **d.** $200\sqrt{3}$.

20

★ | 5 points, 15 min | ▶ p. 288

Dans un repère orthonormé du plan, on considère les points $A(2\ ;4)$ et $B(6\ ;1)$.

a. Déterminer les coordonnées du point C tel que $2\overrightarrow{AC} + 3\overrightarrow{BC} = \vec{0}$.

b. Soit I le point de coordonnées $(18\ ;-8)$. Montrer que les points A, B et I sont alignés.

21 Vrai ou Faux ?

★ | 5 points, 15 min | ▶ p. 289

On se place dans une base du plan $(\vec{i}, \vec{j})$.

Dire si les affirmations suivantes sont vraies ou fausses.

1. Si un vecteur est colinéaire au vecteur $\vec{i} + \vec{j}$, alors ses deux coordonnées sont les mêmes.

2. On donne $\vec{u} = \vec{i} - \sqrt{2}\vec{j}$ et $\vec{v} = -\sqrt{2}\vec{i} + 2\vec{j}$. Les vecteurs sont colinéaires.

3. On donne $\vec{u} = \vec{i} + \vec{j}$ et $\vec{v} = \vec{i} - \vec{j}$. Les coordonnées de $\vec{i}$ dans la base $(\vec{u}, \vec{v})$ sont $(1, -1)$.

Maintenant, on se place dans un repère du plan $(O\ ; \vec{i}, \vec{j})$.

4. On donne $\overrightarrow{OA} = 3\vec{i} + 4\vec{j}$ et $\overrightarrow{OB} = -2\vec{i} + 5\vec{j}$. Alors les coordonnées du milieu de $[AB]$ sont $\left(-\frac{5}{2} ; \frac{1}{2}\right)$.

5. Soit C le point de coordonnées $(-3 ; 1)$. Si $\overrightarrow{OC} = \overrightarrow{OB} - \overrightarrow{OA}$, alors les coordonnées du vecteur $\overrightarrow{AB}$ sont $(-3 ; 1)$.

22 | ★★ | **5 points, 15 min** | ▶ P. 289

On considère trois points A, B, et C non alignés.
On définit les points D, E et F par :

$$\overrightarrow{AD} = 2\overrightarrow{AB},\ \overrightarrow{BE} = \overrightarrow{AB} + \overrightarrow{AC} \text{ et } \overrightarrow{CE} = 2\overrightarrow{CF}.$$

a. Placer les points.

b. Déterminer les coordonnées des points A, B, C, D, E et F dans le repère $(A ; \overrightarrow{AB}, \overrightarrow{AC})$.

c. Les droites (BC) et (DF) sont-elles parallèles ?

Contrôle

23

★ | 4 points, 10 min | ▶ P. 290

Aucune figure n'est demandée dans cet exercice.

Dans un repère du plan $(O\ ;\ \vec{i}, \vec{j})$, on donne :

$$A(6\ ;\ 4),\ B(-2\ ;\ 10) \text{ et } C(-4\ ;\ -4).$$

Calculer les coordonnées des points K et L tels que :

a. KACB est un parallélogramme.

b. $\overrightarrow{BL} = 4\overrightarrow{AL}$.

24

★ | 4 points, 10 min | ▶ P. 290

On se place dans la base orthonormale $(\vec{i}, \vec{j})$ ci-dessous.

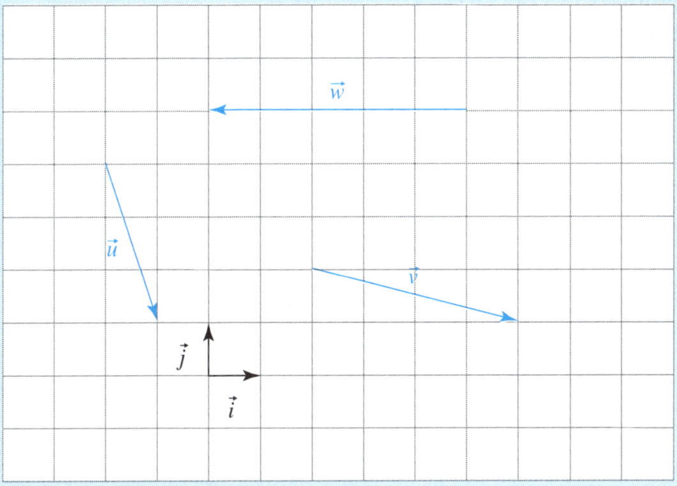

a. Lire les coordonnées des vecteurs $\vec{u}$, $\vec{v}$ et $\vec{w}$ dans la base $(\vec{i}, \vec{j})$.

b. Tracer un représentant du vecteur $\vec{t} = \vec{j} - 3\vec{i}$.

c. Calculer $\|\vec{v}\|$.

d. Soit O un point quelconque du plan. On se place dans le repère $(O\ ;\ \vec{i}, \vec{j})$. Quelles sont les coordonnées du point A tel que $\overrightarrow{OA} = -2\vec{i} - \vec{j}$? Quelles sont celles du point B tel que $\overrightarrow{BO} = 2\vec{j} - \vec{i}$?

25 | ★★ | **12 points, 30 min** | ▶ P. 291

Dans cet exercice, on construira la figure et on la complétera tout au long de l'énoncé. (Unité graphique : 1 cm.)

Dans un repère orthonormal $(K ; \vec{i}, \vec{j})$, on donne les points :

$$A(2 ; 5),\ B\left(\frac{1}{2} ; 2\right) \text{ et } C(4 ; 4).$$

a. On définit les points L et N par $\overrightarrow{KL} = 5\vec{i}$ et $\overrightarrow{KN} = 5\vec{j}$.
Déterminer les coordonnées du point M tel que KLMN soit un carré.

b. Démontrer que le triangle ABC est rectangle en A.

c. Calculer les coordonnées de I, milieu du segment $[BC]$.

d. Calculer le rayon du cercle circonscrit au triangle ABC. On donnera une valeur exacte de ce rayon, puis une valeur approchée à 0,01 près.

e. Les droites (AI) et (BN) sont-elles parallèles ?

f. Déterminer les coordonnées du point E, point d'intersection de la droite (BC) avec l'axe des ordonnées.

CORRIGÉS

1 **a.** Les coordonnées du vecteur $\vec{v} = 2\vec{i} - 3\vec{j}$ dans la base $(\vec{i}, \vec{j})$ sont $\vec{v}(2\,;-3)$.
b. $-\vec{v}(-2\,;3)$.
$\vec{u}+\vec{v}(5+2\,;-2-3)$, soit $\vec{u}+\vec{v}(7\,;-5)$.
$3\vec{u}-7\vec{v}(3\times5-7\times2\,;3\times(-2)-7\times(-3))$, soit $3\vec{u}-7\vec{v}(1\,;15)$.

2 Les coordonnées des points A et B dans le repère $(O\,;\vec{i},\vec{j})$ sont A$(3\,;-2)$ et B$(-1\,;2)$.

$$\begin{aligned}\overrightarrow{OA}+\overrightarrow{OB}+\overrightarrow{OC}=\vec{0} &\Leftrightarrow \overrightarrow{OC}=-\overrightarrow{OA}-\overrightarrow{OB}\\ &\Leftrightarrow \overrightarrow{OC}=-(3\vec{i}-2\vec{j})-(-\vec{i}+2\vec{j})\\ &\Leftrightarrow \overrightarrow{OC}=-3\vec{i}+2\vec{j}+\vec{i}-2\vec{j}\\ &\Leftrightarrow \overrightarrow{OC}=-2\vec{i}.\end{aligned}$$

Les coordonnées du point C dans le repère $(O\,;\vec{i},\vec{j})$ sont donc C$(-2\,;0)$.

3 **a.** Dans la base $(\vec{i},\vec{j})$:
les coordonnées de $\vec{a}$ sont $(3\,;7)$;
les coordonnées de $\vec{b}$ sont $(2\,;-4)$;
les coordonnées de $\vec{c}$ sont $(-1\,;-5)$;
les coordonnées de $\vec{d}$ sont $(-4\,;0)$.
b. Voir ci-contre.
c. Les coordonnées du vecteur $\vec{i}+\vec{j}$ dans la base $(\vec{i},\vec{j})$ sont $(1\,;1)$.

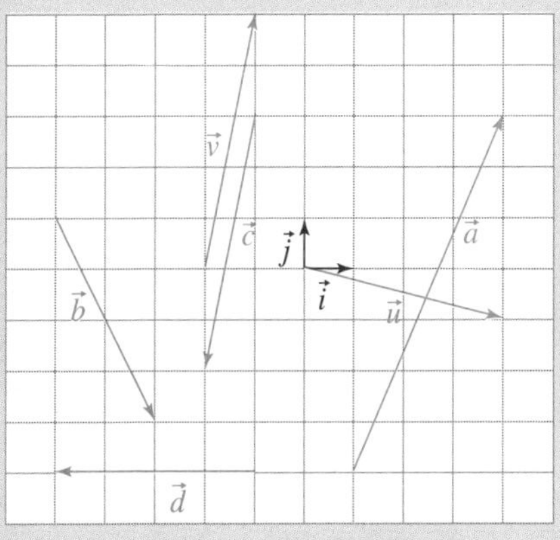

4 **a.** On a $\overrightarrow{AI}(1-(-2)\,;6-1)$, soit $\overrightarrow{AI}(3\,;5)$.
On a $\overrightarrow{ER}(3-0\,;3-(-2))$, soit $\overrightarrow{ER}(3\,;5)$.
Comme $\overrightarrow{AI}=\overrightarrow{ER}$, on en déduit que AIRE est un parallélogramme.

b. RPIE est un parallélogramme, donc $\overrightarrow{IP} = \overrightarrow{ER}$.
Soit $(x\ ;\ y)$ le couple de coordonnées du point P dans le repère $(O\ ;\ \vec{i}, \vec{j})$.
On a donc $\overrightarrow{IP}(x-1\ ;\ y-6)$.

$$\overrightarrow{IP} = \overrightarrow{ER} \Leftrightarrow \begin{cases} x-1=3 \\ y-6=5 \end{cases} \Leftrightarrow \begin{cases} x=4 \\ y=11 \end{cases}.$$

Ainsi, les coordonnées du point P sont $(4\ ;\ 11)$.
c. Soit $(x\ ;\ y)$ le couple de coordonnées du point S dans le repère $(O\ ;\ \vec{i}, \vec{j})$.

I est le milieu de $[ES]$, donc $\begin{cases} \dfrac{0+x}{2}=1 \\ \dfrac{-2+y}{2}=6 \end{cases} \Leftrightarrow \begin{cases} x=2 \\ -2+y=12 \end{cases} \Leftrightarrow \begin{cases} x=2 \\ y=14 \end{cases}$.

Ainsi, les coordonnées du point S sont $(2\ ;\ 14)$.

5 **a.** On a $\overrightarrow{AC}(4-(-2)\ ;\ -1-2)$, soit $\overrightarrow{AC}(6\ ;\ -3)$.
Soit $(x\ ;\ y)$ le couple de coordonnées du point M dans le repère $(O\ ;\ \vec{i}, \vec{j})$.

$$\overrightarrow{MC} = \frac{1}{2}\overrightarrow{AC} \Leftrightarrow \begin{cases} 4-x=\frac{1}{2}\times 6 \\ -1-y=\frac{1}{2}\times(-3) \end{cases} \Leftrightarrow \begin{cases} 4-x=3 \\ -1-y=-\frac{3}{2} \end{cases}$$

$$\Leftrightarrow \begin{cases} -x=-1 \\ -y=-\frac{3}{2}+1 \end{cases} \Leftrightarrow \begin{cases} x=1 \\ y=\frac{1}{2} \end{cases}.$$

Ainsi, les coordonnées de M sont $\left(1\ ;\ \frac{1}{2}\right)$.

b. On a $\overrightarrow{BA}(-2-5\ ;\ 2-6)$, soit $\overrightarrow{BA}(-7\ ;\ -4)$.
Soit $(x\ ;\ y)$ le couple de coordonnées du point G dans le repère $(O\ ;\ \vec{i}, \vec{j})$.

$$\overrightarrow{BA} = \frac{3}{4}\overrightarrow{AG} \Leftrightarrow \begin{cases} -7=\frac{3}{4}\times(x-(-2)) \\ -4=\frac{3}{4}\times(y-2) \end{cases} \Leftrightarrow \begin{cases} -7=\frac{3}{4}x+\frac{3}{2} \\ -4=\frac{3}{4}y-\frac{3}{2} \end{cases}$$

$$\Leftrightarrow \begin{cases} -7-\frac{3}{2}=\frac{3}{4}x \\ -4+\frac{3}{2}=\frac{3}{4}y \end{cases} \Leftrightarrow \begin{cases} -\frac{17}{2}=\frac{3}{4}x \\ -\frac{5}{4}=\frac{3}{4}y \end{cases} \Leftrightarrow \begin{cases} x=-\frac{17}{2}\times\frac{4}{3} \\ y=-\frac{5}{2}\times\frac{4}{3} \end{cases}$$

$$\Leftrightarrow \begin{cases} x=-\frac{34}{3} \\ y=-\frac{10}{3} \end{cases}$$

Ainsi, les coordonnées de G sont $\left(-\frac{34}{3}\ ;-\frac{10}{3}\right)$.

c. Les coordonnées du milieu I de [AB] sont $\left(\frac{-2+5}{2}\ ;\frac{2+6}{2}\right)$, soit $\left(\frac{3}{2}\ ;4\right)$.

d. Soit $(x\ ;y)$ le couple de coordonnées du point N dans le repère $(O\ ;\vec{i},\vec{j})$.

$$\overrightarrow{AN}=3\overrightarrow{BN}\Leftrightarrow\begin{cases}x-(-2)=3\times(x-5)\\y-2=3\times(y-6)\end{cases}$$

$$\Leftrightarrow\begin{cases}x+2=3x-15\\y-2=3y-18\end{cases}$$

$$\Leftrightarrow\begin{cases}-2x=-17\\-2y=-16\end{cases}$$

$$\Leftrightarrow\begin{cases}x=\frac{17}{2}\\y=8\end{cases}.$$

Ainsi, les coordonnées de N sont $\left(\frac{17}{2}\ ;8\right)$.

6 **a.** $\det(\vec{u},\vec{v})=2\times(-5)-3\times(-3)=-10+9=-1$.
Les vecteurs $\vec{u}$ et $\vec{v}$ ne sont pas colinéaires.

b. $\det(\vec{u},\vec{v})=\frac{20}{3}\times\frac{27}{20}-\frac{-3}{4}\times(-12)=9-9=0$.
Les vecteurs $\vec{u}$ et $\vec{v}$ sont colinéaires.

7 **a.** On a $\det(\vec{u},\vec{v})=(x-6)\times x-3\times(-3)$
$=x^2-6x+9$
$=(x-3)^2$.
Les vecteurs $\vec{u}$ et $\vec{v}$ sont colinéaires si, et seulement si, $\det(\vec{u},\vec{v})=0$.
$\det(\vec{u},\vec{v})=0\Leftrightarrow(x-3)^2=0\Leftrightarrow x=3$.
b. On a $\det(\vec{u},\vec{v})=(x-2)\times(x-2)-1\times9$
$=(x-2)^2-9$
$=(x-2)^2-3^2$
$=(x-2-3)(x-2+3)$
$=(x-5)(x+1)$.
Les vecteurs $\vec{u}$ et $\vec{v}$ sont colinéaires si, et seulement si, $\det(\vec{u},\vec{v})=0$.
$\det(\vec{u},\vec{v})=0\Leftrightarrow(x-5)(x+1)=0\Leftrightarrow x=5$ ou $x=-1$.

8 On a $\overrightarrow{AB}(-2-4\,;\,4-1)$, soit $\overrightarrow{AB}(-6\,;\,3)$.
On a $\overrightarrow{AC}(1-4\,;\,-6-1)$, soit $\overrightarrow{AC}(-3\,;\,-7)$.
$\det(\overrightarrow{AB}, \overrightarrow{AC}) = -6\times(-7)-(-3)\times 3 = 42+9 = 51$.
Les vecteurs $\overrightarrow{AB}$ et $\overrightarrow{AC}$ ne sont pas colinéaires, donc les points A, B et C ne sont pas alignés.
On a $\overrightarrow{AD}(12-4\,;\,-3-1)$, soit $\overrightarrow{AD}(8\,;\,-4)$.
$\det(\overrightarrow{AB}, \overrightarrow{AD}) = -6\times(-4)-8\times 3 = 24-24 = 0$.
Les vecteurs $\overrightarrow{AB}$ et $\overrightarrow{AD}$ sont colinéaires, donc les points A, B et D sont alignés.

9 1. $\|\vec{u}\| = \sqrt{2^2+1^2} = \sqrt{4+1} = \sqrt{5}$
$\|\vec{v}\| = \sqrt{(2\sqrt{2})^2+(\sqrt{3})^2} = \sqrt{8+3} = \sqrt{11}$

2. **a.** On a $\det(\vec{u}', \vec{v}) = x\times\sqrt{3}-2\times 2\sqrt{2} = \sqrt{3}x-4\sqrt{2}$.
Les vecteurs $\vec{u}'$ et $\vec{v}$ sont colinéaires si, et seulement si, $\det(\vec{u}', \vec{v}) = 0$.

$$\begin{aligned}\det(\vec{u}', \vec{v}) = 0 &\Leftrightarrow \sqrt{3}x-4\sqrt{2} = 0\\ &\Leftrightarrow \sqrt{3}x = 4\sqrt{2}\\ &\Leftrightarrow x = \frac{4\sqrt{2}}{\sqrt{3}}\\ &\Leftrightarrow x = \frac{4\sqrt{6}}{3}.\end{aligned}$$

b.
$$\begin{aligned}\|\vec{u}'\| = 4 &\Leftrightarrow \sqrt{x^2+2^2} = 4\\ &\Leftrightarrow \sqrt{x^2+4} = 4\\ &\Leftrightarrow x^2+4 = 16\\ &\Leftrightarrow x^2 = 12\\ &\Leftrightarrow x = \sqrt{12} \text{ ou } x = -\sqrt{12}\\ &\Leftrightarrow x = 2\sqrt{3} \text{ ou } x = -2\sqrt{3}.\end{aligned}$$

10 On a $\overrightarrow{AB}\left(1+\frac{\sqrt{3}}{2}-1\,;\,\frac{1}{2}-0\right)$, soit $\overrightarrow{AB}\left(\frac{\sqrt{3}}{2}\,;\,\frac{1}{2}\right)$.

Donc $\|\overrightarrow{AB}\| = \sqrt{\left(\frac{\sqrt{3}}{2}\right)^2+\left(\frac{1}{2}\right)^2} = \sqrt{\frac{3}{4}+\frac{1}{4}} = 1$.

On a $\overrightarrow{AC}\left(\frac{1}{2}-1\,;\,\frac{\sqrt{3}}{2}-0\right)$, soit $\overrightarrow{AC}\left(-\frac{1}{2}\,;\,\frac{\sqrt{3}}{2}\right)$.

Donc $\|\overrightarrow{AC}\| = \sqrt{\left(-\frac{1}{2}\right)^2+\left(\frac{\sqrt{3}}{2}\right)^2} = \sqrt{\frac{1}{4}+\frac{3}{4}} = 1$.

On a donc $\|\overrightarrow{AB}\| = \|\overrightarrow{AC}\| = 1$, ce qui montre que la base $(\overrightarrow{AB}, \overrightarrow{AC})$ est normale.

On a $\overrightarrow{BC}\left(\frac{1}{2}-\left(1+\frac{\sqrt{3}}{2}\right);\frac{\sqrt{3}}{2}-\frac{1}{2}\right)$, soit $\overrightarrow{BC}\left(\frac{-1-\sqrt{3}}{2};\frac{\sqrt{3}-1}{2}\right)$.

Donc $\|\overrightarrow{BC}\|=\sqrt{\left(\frac{-1-\sqrt{3}}{2}\right)^2+\left(\frac{\sqrt{3}-1}{2}\right)^2}$

$$\|\overrightarrow{BC}\|=\sqrt{\frac{1+3+2\sqrt{3}}{4}+\frac{3+1-2\sqrt{3}}{4}}=\sqrt{\frac{8}{4}}=\sqrt{2}.$$

D'une part, $BC^2=\|\overrightarrow{BC}\|^2=(\sqrt{2})^2=2$.

D'autre part, $AB^2+AC^2=\|\overrightarrow{AB}\|^2+\|\overrightarrow{AC}\|^2=1^2+1^2=2$.
On a donc $AB^2+AC^2=BC^2$.
D'après la réciproque du théorème de Pythagore, le triangle ABC est rectangle en A. Cela signifie que les vecteurs $\overrightarrow{AB}$ et $\overrightarrow{AC}$ sont orthogonaux.
En conclusion, la base $(\overrightarrow{AB},\overrightarrow{AC})$ est orthonormale.

11 **a.** $AB=\sqrt{(-2-(-3))^2+(2-(-1))^2}=\sqrt{1^2+3^2}=\sqrt{10}$
$AC=\sqrt{(3-(-3))^2+(-3-(-1))^2}=\sqrt{6^2+(-2)^2}=\sqrt{36+4}=\sqrt{40}$
$BC=\sqrt{(3-(-2))^2+(-3-2)^2}=\sqrt{5^2+(-5)^2}=\sqrt{25+25}=\sqrt{50}$.
D'une part, $BC^2=(\sqrt{50})^2=50$.
D'autre part, $AB^2+BC^2=(\sqrt{10})^2+(\sqrt{40})^2=10+40=50$.
Par conséquent, $AB^2+AC^2=BC^2$.
D'après la réciproque du théorème de Pythagore, le triangle ABC est rectangle en A.
b. Puisque ABC est rectangle en A, le centre de son cercle circonscrit est le milieu de l'hypoténuse. I est donc le milieu de $[BC]$. Les coordonnées de I sont donc $\left(\frac{-2+3}{2};\frac{2-3}{2}\right)$, c'est-à-dire $\left(\frac{1}{2};\frac{-1}{2}\right)$.

Le rayon de ce cercle est $\frac{1}{2}BC=\frac{1}{2}\sqrt{50}=\frac{1}{2}\sqrt{25\times 2}=\frac{5}{2}\sqrt{2}$.

12 1. $AC=\sqrt{(-1-(-3))^2+(6-1)^2}$
$=\sqrt{2^2+5^2}$
$=\sqrt{4+25}=\sqrt{29}$
$BC=\sqrt{(-1-4)^2+(6-3)^2}$
$=\sqrt{(-5)^2+3^2}$
$=\sqrt{25+9}=\sqrt{34}$
$AC\neq BC$, donc le point C n'appartient pas à la médiatrice de $[AB]$.

2. E appartient à la médiatrice de $[AB]$ signifie $AE = BE$, ou encore $AE^2 = BE^2$ puisque AE et BE sont positifs.

$$\begin{aligned} AE^2 = BE^2 &\Leftrightarrow (x-(-3))^2 + (-3-1)^2 = (x-4)^2 + (-3-3)^2 \\ &\Leftrightarrow (x+3)^2 + (-4)^2 = (x-4)^2 + (-6)^2 \\ &\Leftrightarrow x^2 + 6x + 9 + 16 = x^2 - 8x + 16 + 36 \\ &\Leftrightarrow 6x + 25 = -8x + 52 \\ &\Leftrightarrow 14x = 27 \\ &\Leftrightarrow x = \frac{27}{14}. \end{aligned}$$

13 D'après le théorème de Pythagore, le triangle ABC est rectangle en A si, et seulement si, $AB^2 + AC^2 = BC^2$.

$$\begin{aligned} AB^2 + AC^2 = BC^2 &\Leftrightarrow (0-1)^2 + (m-(-2))^2 + (6-1)^2 + (-1-(-2))^2 \\ &\qquad = (6-0)^2 + (-1-m)^2 \\ &\Leftrightarrow (-1)^2 + (m+2)^2 + 5^2 + 1^2 = 6^2 + (1+m)^2 \\ &\Leftrightarrow 1 + m^2 + 4m + 4 + 25 + 1 = 36 + 1 + 2m + m^2 \\ &\Leftrightarrow 4m + 31 = 37 + 2m \\ &\Leftrightarrow 2m = 6 \\ &\Leftrightarrow m = 3. \end{aligned}$$

14 **a.** Les coordonnées de $\vec{u}$ et $\vec{v}$ dans la base $(\vec{i}, \vec{j})$ sont respectivement $(2\,;\,1)$ et $(-1\,;\,1)$.

$\det(\vec{u}, \vec{v}) = 2 \times 1 - 1 \times (-1) = 2 + 1 = 3$.

Par conséquent, les vecteurs $\vec{u}$ et $\vec{v}$ ne sont pas colinéaires.

Le couple de vecteurs $(\vec{u}, \vec{v})$ est donc une base du plan.

b. $$\begin{cases} \vec{u} = 2\vec{i} + \vec{j} \\ \vec{v} = -\vec{i} + \vec{j} \end{cases} \Leftrightarrow \begin{cases} \vec{u} = 2\vec{i} + \vec{j} \\ \vec{j} = \vec{v} + \vec{i} \end{cases} \Leftrightarrow \begin{cases} \vec{u} = 2\vec{i} + \vec{v} + \vec{i} \\ \vec{j} = \vec{v} + \vec{i} \end{cases}$$

$$\Leftrightarrow \begin{cases} \vec{u} = 3\vec{i} + \vec{v} \\ \vec{j} = \vec{v} + \vec{i} \end{cases} \Leftrightarrow \begin{cases} \vec{i} = \frac{1}{3}\vec{u} - \frac{1}{3}\vec{v} \\ \vec{j} = \vec{v} + \vec{i} \end{cases}$$

$$\Leftrightarrow \begin{cases} \vec{i} = \frac{1}{3}\vec{u} - \frac{1}{3}\vec{v} \\ \vec{j} = \vec{v} + \frac{1}{3}\vec{u} - \frac{1}{3}\vec{v} \end{cases} \Leftrightarrow \begin{cases} \vec{i} = \frac{1}{3}\vec{u} - \frac{1}{3}\vec{v} \\ \vec{j} = \frac{1}{3}\vec{u} + \frac{2}{3}\vec{v} \end{cases}$$

$$\begin{aligned} \text{Alors } \vec{w} = 5\vec{i} + 2\vec{j} &= 5\left(\frac{1}{3}\vec{u} - \frac{1}{3}\vec{v}\right) + 2\left(\frac{1}{3}\vec{u} + \frac{2}{3}\vec{v}\right) \\ &= \frac{5}{3}\vec{u} - \frac{5}{3}\vec{v} + \frac{2}{3}\vec{u} + \frac{4}{3}\vec{v} \\ &= \frac{7}{3}\vec{u} - \frac{1}{3}\vec{v}. \end{aligned}$$

Les coordonnées de $\vec{w}$ dans la base $(\vec{u}, \vec{v})$ sont donc $\left(\frac{7}{3}\,;\,-\frac{1}{3}\right)$.

15 **a.** Le triangle OAB étant rectangle en A, le théorème de Pythagore permet d'écrire : $OB^2 = OA^2 + AB^2 = 3^2 + 4^2 = 9 + 16 = 25$.
OB étant une longueur, on en déduit $OB = \sqrt{25} = 5$.
Comme l'abscisse de B est nulle, l'ordonnée de B est 5 ou -5. Mais comme les coordonnées de tous les points du triangle sont positives, il ne peut s'agir que de 5.
b. Notons x et y les coordonnées du point A. Soit H le pied de la hauteur issue de A dans le triangle OAB.
Les coordonnées de H sont $(0\ ;\ y)$ et $AH = x$.

D'une part, $\sin \widehat{O} = \dfrac{AH}{OA} = \dfrac{AB}{OB}$,

d'où $\dfrac{x}{3} = \dfrac{4}{5} \Leftrightarrow x = \dfrac{12}{5}$.

D'autre part, $\cos \widehat{O} = \dfrac{OH}{OA} = \dfrac{OA}{OB}$,

d'où $\dfrac{y}{3} = \dfrac{3}{5} \Leftrightarrow y = \dfrac{9}{5}$.

Les coordonnées de A sont donc $\left(\dfrac{12}{5}\ ;\ \dfrac{9}{5}\right)$.

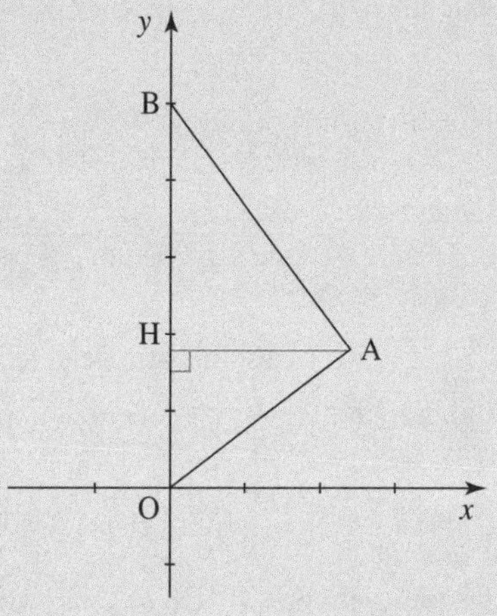

16 **a.** $\overrightarrow{BC}(-5-4\ ;\ 1-(-2))$, soit $\overrightarrow{BC}(-9\ ;\ 3)$.
$\overrightarrow{AD}(-1-2\ ;\ 6-5)$, soit $\overrightarrow{AD}(-3\ ;\ 1)$.

On a donc $\overrightarrow{BC} = 3\overrightarrow{AD}$. Par conséquent, les vecteurs $\overrightarrow{BC}$ et $\overrightarrow{AD}$ sont colinéaires, ce qui signifie que les droites (BC) et (AD) sont parallèles.
b. E est le milieu de $[BC]$, donc ses coordonnées sont :

$$E\left(\frac{4-5}{2}\ ;\ \frac{-2+1}{2}\right), \text{ soit } E\left(-\frac{1}{2}\ ;\ -\frac{1}{2}\right).$$

D'une part $\overrightarrow{BA}(2-4\ ;\ 5-(-2))$, soit $\overrightarrow{BA}(-2\ ;\ 7)$ et $\dfrac{1}{2}\overrightarrow{BA}\left(-1\ ;\ \dfrac{7}{2}\right)$.

D'autre part, $\overrightarrow{BC}(-9\ ;\ 3)$, d'où $\dfrac{1}{4}\overrightarrow{BC}\left(-\dfrac{9}{4}\ ;\ \dfrac{3}{4}\right)$.

Par conséquent, $\overrightarrow{BF}\left(-1-\dfrac{9}{4}\ ;\ \dfrac{7}{2}+\dfrac{3}{4}\right)$, soit $\overrightarrow{BF}\left(-\dfrac{13}{4}\ ;\ \dfrac{17}{4}\right)$.

Notons x et y les coordonnées du point F. Alors :

$$\begin{cases} x-4=-\dfrac{13}{4} \\ y-(-2)=\dfrac{17}{4} \end{cases} \Leftrightarrow \begin{cases} x=4-\dfrac{13}{4} \\ y=-2+\dfrac{17}{4} \end{cases} \Leftrightarrow \begin{cases} x=\dfrac{3}{4} \\ y=\dfrac{9}{4} \end{cases}.$$

Les coordonnées du point F sont donc $F\left(\frac{3}{4}\,;\frac{9}{4}\right)$.

c. D'une part, $\overrightarrow{AF}\left(\frac{3}{4}-2\,;\frac{9}{4}-5\right)$, soit $\overrightarrow{AF}\left(-\frac{5}{4}\,;-\frac{11}{4}\right)$.

D'autre part, $\overrightarrow{AE}\left(-\frac{1}{2}-2\,;-\frac{1}{2}-5\right)$, soit $\overrightarrow{AE}\left(-\frac{5}{2}\,;-\frac{11}{2}\right)$.

On constate que $\overrightarrow{AE}=2\overrightarrow{AF}$ Par conséquent, les vecteurs $\overrightarrow{AE}$ et $\overrightarrow{AF}$ sont colinéaires, ce qui signifie que les points A, F et E sont alignés.

17 **1.** VERT est un carré de côté 5 cm, donc $\|\overrightarrow{VE}\|=\|\overrightarrow{VT}\|=5$.

$\|\vec{i}\|=\left\|\frac{1}{5}\overrightarrow{VE}\right\|=\frac{1}{5}\|\overrightarrow{VE}\|=\frac{1}{5}\times 5=1$;

$\|\vec{j}\|=\left\|\frac{1}{5}\overrightarrow{VT}\right\|=\frac{1}{5}\|\overrightarrow{VT}\|=\frac{1}{5}\times 5=1$.

De plus, les côtés $[VE]$ et $[VT]$ sont perpendiculaires, ce qui implique que les vecteurs $\overrightarrow{VE}$ et $\overrightarrow{VT}$ sont orthogonaux. On en déduit qu'il en est de même pour les vecteurs $\vec{i}$ et $\vec{j}$.

Les vecteurs $\vec{i}$ et $\vec{j}$ étant orthogonaux et de normes égales à 1, le repère $(V\,;\vec{i},\vec{j})$ est orthonormal.

2. Soit H le pied de la hauteur issue de A. Dans le triangle équilatéral VEA, la hauteur issue de A est aussi la médiane issue de A. Par conséquent, H est le milieu de $[VE]$. Ainsi, les coordonnées de H sont $\left(\frac{5}{2}\,;0\right)$.

L'abscisse de A est $\frac{5}{2}$ et son ordonnée est la longueur HA.

Dans le triangle VHA rectangle en H, le théorème de Pythagore permet d'écrire $VH^2+HA^2=VA^2$, d'où :

$$HA^2=VA^2-VH^2=5^2-\left(\frac{5}{2}\right)^2=25-\frac{25}{4}=\frac{75}{4}.$$

HA étant une longueur, on en déduit que $HA=\sqrt{\frac{75}{4}}=\frac{5}{2}\sqrt{3}$.

Les coordonnées du point A sont donc $\left(\frac{5}{2}\,;\frac{5}{2}\sqrt{3}\right)$.

De même, si on note K le milieu de $[ER]$, on a $KP = \frac{5}{2}\sqrt{3}$ et $EK = \frac{5}{2}$.

Les coordonnées de P sont donc $\left(5 + \frac{5}{2}\sqrt{3} \ ; \frac{5}{2}\right)$.

3. On a $\overrightarrow{TP}\left(5 + \frac{5}{2}\sqrt{3} - 0 \ ; \frac{5}{2} - 5\right) = \left(5\left(1 + \frac{\sqrt{3}}{2}\right) ; -\frac{5}{2}\right)$

et $\overrightarrow{TA}\left(\frac{5}{2} - 0 \ ; \frac{5\sqrt{3}}{2} - 5\right) = \left(\frac{5}{2} \ ; 5\left(\frac{\sqrt{3}}{2} - 1\right)\right)$

$$\begin{aligned}\det(\overrightarrow{TA}, \overrightarrow{TP}) &= \frac{5}{2} \times \left(-\frac{5}{2}\right) - 5\left(\frac{\sqrt{3}}{2} - 1\right) \times 5\left(1 + \frac{\sqrt{3}}{2}\right) \\ &= -\frac{25}{4} - 25\left(\frac{\sqrt{3}}{2} - 1\right)\left(\frac{\sqrt{3}}{2} + 1\right) \\ &= -\frac{25}{4} - 25\left(\frac{3}{4} - 1\right) \\ &= -\frac{25}{4} + \frac{25}{4} = 0.\end{aligned}$$

Les vecteurs $\overrightarrow{TP}$ et $\overrightarrow{TA}$ sont colinéaires, donc les points T, A et P sont alignés.

18 **a.** $\overrightarrow{DM} = x\overrightarrow{DC}$ et M est sur le côté $[CD]$, on a donc $x \in \,]0 \ ; 1]$.
b. On a $\overrightarrow{AM} = \overrightarrow{AD} + \overrightarrow{DM} = \overrightarrow{AD} + x\overrightarrow{DC} = x\overrightarrow{AB} + \overrightarrow{AD}$. On en déduit les coordonnées de M : $M(x \ ; 1)$.

On a G centre de gravité de AMB et I milieu de $[AB]$, donc $\overrightarrow{IG} = \frac{1}{3}\overrightarrow{IM}$.

On a aussi $I\left(\frac{1}{2} \ ; 0\right)$, d'où $\overrightarrow{IM}\left(x - \frac{1}{2} \ ; 1\right)$ et $\overrightarrow{IG}\left(\frac{1}{3}\left(x - \frac{1}{2}\right) ; \frac{1}{3}\right)$.

Comme $\overrightarrow{AG} = \overrightarrow{AI} + \overrightarrow{IG}$ les coordonnées de $\overrightarrow{AG}$ sont :

$$\left(\frac{1}{2} + \frac{1}{3}\left(x - \frac{1}{2}\right) ; 0 + \frac{1}{3}\right) = \left(\frac{1}{3}x + \frac{1}{3} \ ; \frac{1}{3}\right),$$

on en déduit les coordonnées de G : $G\left(\frac{1}{3}(x + 1) \ ; \frac{1}{3}\right)$.

c. L'ordonnée de G est constante, égale à $\frac{1}{3}$. Cela signifie que pour tout $x \in \,]0 \ ; 1]$, G est sur une parallèle au segment $[DC]$. Avec $x \in \,]0 \ ; 1]$, on déduit que l'abscisse de G, $\frac{1}{3}(x + 1) \in \left]\frac{1}{3} \ ; \frac{2}{3}\right[$. Ainsi, G décrit le segment $[EF]$, où E et F sont les points de coordonnées $E\left(\frac{1}{3} \ ; \frac{1}{3}\right)$ et $F\left(\frac{2}{3} \ ; \frac{1}{3}\right)$.

19 1. Réponse **a.** Isocèle en A car $AB = AC$. En effet :

$AB = \sqrt{(-8-(-12))^2+(20-(-8))^2} = \sqrt{4^2+28^2} = \sqrt{800} = 20\sqrt{2}$

$AC = \sqrt{(16-(-12))^2+(-4-(-8))^2} = \sqrt{28^2+4^2} = 20\sqrt{2}$,

d'où $AB = AC$.

On a aussi $BC = \sqrt{(16-(-8))^2+(-4-20)^2} = \sqrt{24^2+24^2} = 24\sqrt{2}$ et $BC^2 \neq AB^2 + AC^2$, donc ABC n'est pas isocèle rectangle.

2. Réponse **c.** $\dfrac{x_A + x_B}{2} = \dfrac{-12-8}{2} = \dfrac{-20}{2} = -10$

et $\dfrac{y_A + y_B}{2} = \dfrac{-8+20}{2} = \dfrac{12}{2} = 6$.

3. Réponse **d.** Soit I le milieu de $[AB]$, il a pour coordonnées $I(-10\ ;\ 6)$. La médiane issue de C est la droite (IC). Soit H le point d'intersection de cette médiane avec l'axe $(O\ ;\ \vec{j})$: on pose $H(0\ ;\ y_H)$ et on trouve l'inconnue en écrivant que les vecteurs $\overrightarrow{IC}$ et $\overrightarrow{IH}$ sont colinéaires, ce qui signifie que leur déterminant est nul.

Leurs coordonnées sont $\overrightarrow{IC}(26\ ;\ -10)$ et $\overrightarrow{IH}(10\ ;\ 6-y_H)$.

$26 \times (6-y_H) - (-10) \times 10 = 0 \Leftrightarrow 26y_H = 256 \Leftrightarrow y_H = \dfrac{128}{13}$.

4. Réponse **c.** On utilise $x_G = \dfrac{x_A + x_B + x_C}{3}$ et $y_G = \dfrac{y_A + y_B + y_C}{3}$, ce qui donne $G\left(-\dfrac{4}{3}\ ;\ \dfrac{8}{3}\right)$.

5. Réponse **b.** Le triangle est isocèle en A, la hauteur principale, issue de A, est aussi une médiane. Soit K le milieu de $[BC]$, il a pour coordonnées $K(4\ ;\ 8)$. L'aire de ABC est $\dfrac{AK \times BC}{2}$. On a vu $BC = 24\sqrt{2}$ et

$AK = \sqrt{(4-(-12))^2+(8-(-8))^2} = \sqrt{16^2+16^2} = 16\sqrt{2}$,

d'où $\dfrac{AK \times BC}{2} = \dfrac{16\sqrt{2} \times 20\sqrt{2}}{2} = 320$.

20 **a.** $2\overrightarrow{AC} + 3\overrightarrow{BC} = \vec{0} \Leftrightarrow 2\overrightarrow{AC} + 3\overrightarrow{BA} + 3\overrightarrow{AC} = \vec{0} \Leftrightarrow 5\overrightarrow{AC} = 3\overrightarrow{AB}$

Posons $C(x_C\ ;\ y_C)$:

$$5\overrightarrow{AC} = 3\overrightarrow{AB} \Leftrightarrow \begin{cases} 5(x_C - 2) = 3 \times (6-2) \\ 5(y_C - 4) = 3 \times (1-4) \end{cases} \Leftrightarrow \begin{cases} 5x_C = 22 \\ 5y_C = 11 \end{cases} \Leftrightarrow \begin{cases} x_C = \dfrac{22}{5} \\ y_C = \dfrac{11}{5} \end{cases}.$$

Ainsi, les coordonnées de C sont $C\left(\dfrac{22}{5}\ ;\ \dfrac{11}{5}\right)$.

b. Coordonnées de $\overrightarrow{AB}$: $(4\ ;-3)$. Coordonnées de $\overrightarrow{AI}$: $(16\ ;-12)$.
On constate que $\overrightarrow{AI} = 4\overrightarrow{AB}$.
Les vecteurs $\overrightarrow{AB}$ et $\overrightarrow{AI}$ sont donc colinéaires, ce qui signifie que les points A, I, et B sont alignés.

21 1. **Vrai**. Les coordonnées du vecteur $\vec{i}+\vec{j}$ sont $(1\ ;\ 1)$. Le couple de coordonnées d'un vecteur qui lui est colinéaire est de la forme $(a\ ;\ a)$.
2. **Vrai**. $-\sqrt{2}\vec{u} = -\sqrt{2}(\vec{i}-\sqrt{2}\vec{j}) = -\sqrt{2}\vec{i}+2\vec{j} = \vec{v}$.
3. **Faux**. $\vec{u}+\vec{v} = \vec{i}+\vec{j}+\vec{i}-\vec{j} = 2\vec{i}$, d'où $\vec{i} = \frac{1}{2}\vec{u}+\frac{1}{2}\vec{v}$.

Cela signifie que les coordonnées de $\vec{i}$ dans la base $(\vec{u}\ ;\ \vec{v})$ sont $\left(\frac{1}{2}\ ;\ \frac{1}{2}\right)$.

4. **Faux**. Les coordonnées de A et de B sont $(3\ ;\ 4)$ et $(-2\ ;\ 5)$. Les coordonnées du milieu de $[AB]$ sont $\left(\frac{1}{2}\ ;\ \frac{9}{2}\right)$ car $\frac{3+(-2)}{2} = \frac{1}{2}$ et $\frac{4+5}{2} = \frac{9}{2}$.
5. **Vrai**. $\overrightarrow{OC} = \overrightarrow{OB} - \overrightarrow{OA} = \overrightarrow{OB} + \overrightarrow{AO} = \overrightarrow{AB}$, donc les coordonnées de $\overrightarrow{AB}$ sont données par celles du point C.

22 **a.**

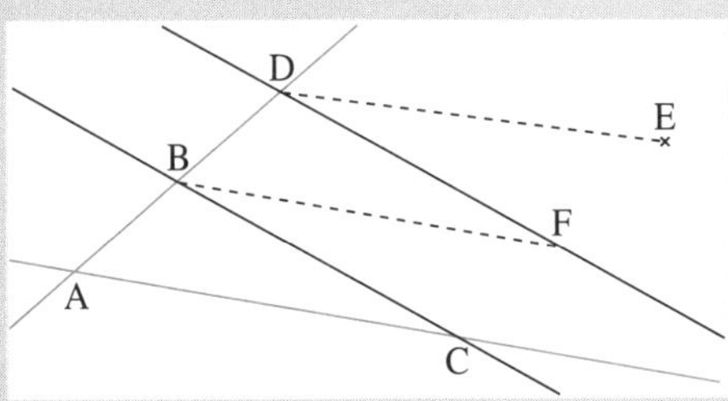

On définit les points D, E et F par $\overrightarrow{AD} = 2\overrightarrow{AB}$, $\overrightarrow{BE} = \overrightarrow{AB} + \overrightarrow{AC}$ et $\overrightarrow{CE} = 2\overrightarrow{CF}$.
b. A est l'origine du repère : $A(0\ ;\ 0)$.
Les vecteurs de la base étant $\overrightarrow{AB}$ et $\overrightarrow{AC}$, on a $B(1\ ;\ 0)$ et $C(0\ ;\ 1)$.
$\overrightarrow{AD} = 2\overrightarrow{AB}$ montre que $D(2\ ;\ 0)$.
$\overrightarrow{BE} = \overrightarrow{AB} + \overrightarrow{AC} \Leftrightarrow \overrightarrow{BA} + \overrightarrow{AE} = \overrightarrow{AB} + \overrightarrow{AC} \Leftrightarrow \overrightarrow{AE} = 2\overrightarrow{AB} + \overrightarrow{AC}$,
ce qui donne $E(2\ ;\ 1)$.
Enfin, $\overrightarrow{CE} = 2\overrightarrow{CF}$ signifie que F est le milieu de $[CE]$, donc $F(1\ ;\ 1)$.
c. Dans la base $(\overrightarrow{AB}, \overrightarrow{AC})$, on a $\overrightarrow{BC}(-1\ ;\ 1)$ et $\overrightarrow{DF}(-1\ ;\ 1)$.
Les vecteurs étant égaux, les droites (BC) et (DF) sont parallèles.

23 **a.** On pose $K(x\,;y)$. On a $\overrightarrow{KA}(6-x\,;4-y)$ et $\overrightarrow{BC}(-2\,;-14)$. Comme KACB est un parallélogramme, alors $\overrightarrow{KA}=\overrightarrow{BC}$.

$$\overrightarrow{KA}=\overrightarrow{BC} \Leftrightarrow \begin{cases}6-x=-2\\4-y=-14\end{cases} \Leftrightarrow \begin{cases}-x=-8\\-y=-18\end{cases} \Leftrightarrow \begin{cases}x=8\\y=18\end{cases}.$$

Conclusion : $K(8\,;18)$.

b. On pose $L(x\,;y)$. On a $\overrightarrow{AL}(x-6\,;y-4)$ et $\overrightarrow{BL}(x-(-2)\,;y-10)$.

$$\overrightarrow{BL}=4\overrightarrow{AL} \Leftrightarrow \begin{cases}x+2=4(x-6)\\y-10=4(y-4)\end{cases} \Leftrightarrow \begin{cases}x+2=4x-24\\y-10=4y-16\end{cases}$$

$$\Leftrightarrow \begin{cases}-3x=-26\\-3y=-6\end{cases} \Leftrightarrow \begin{cases}x=\dfrac{26}{3}\\y=2\end{cases}.$$

Conclusion : $L\left(\dfrac{26}{3}\,;2\right)$.

24 **a.** $\vec{u}(-1\,;-3)$; $\vec{v}(4\,;-1)$; $\vec{w}(-5\,;0)$.

b.

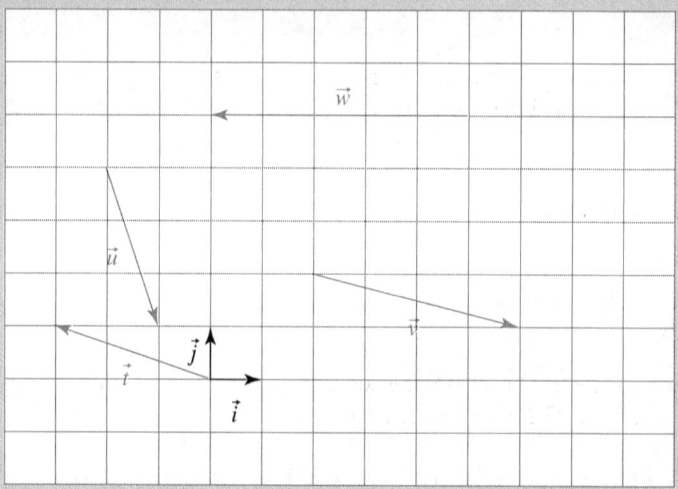

c. Comme $\vec{v}(4\,;-1)$, on en déduit que

$\|\vec{v}\|=\sqrt{4^2+(-1)^2}=\sqrt{16+1}=\sqrt{17}$.

d. Les coordonnées de A sont $A(-2\,;-1)$. Comme $\overrightarrow{OB}=\vec{i}-2\vec{j}$, les coordonnées de B sont $B(1\,;-2)$.

25 **a.** D'après la relation de Chasles, $\overrightarrow{KM} = \overrightarrow{KL} + \overrightarrow{LM}$.
Or, comme KLMN est un carré, on a $\overrightarrow{LM} = \overrightarrow{KN}$. On a alors $\overrightarrow{KM} = \overrightarrow{KL} + \overrightarrow{KN} = 5\vec{i} + 5\vec{j}$. Ainsi, les coordonnées de M dans le repère $(K\ ;\vec{i}, \vec{j})$ sont $M(5\ ;5)$.

b. Calculons les longueurs AB, AC et BC.

$$AB = \sqrt{\left(-\frac{3}{2}\right)^2 + (-3)^2} = \sqrt{\frac{9}{4} + 9} = \sqrt{\frac{45}{4}} = \frac{3\sqrt{5}}{2}\ ;$$

$$BC = \sqrt{\left(\frac{7}{2}\right)^2 + 2^2} = \sqrt{\frac{49}{4} + \frac{16}{4}} = \sqrt{\frac{65}{4}} = \frac{\sqrt{65}}{2}\ ;$$

$$AC = \sqrt{2^2 + (-1)^2} = \sqrt{4+1} = \sqrt{5}.$$

D'une part, $AB^2 + AC^2 = \frac{45}{4} + 5 = \frac{45}{4} + \frac{20}{4} = \frac{65}{4}$.

D'autre part, $BC^2 = \frac{65}{4}$.

On a donc $AB^2 + AC^2 = BC^2$.

D'après la réciproque du théorème de Pythagore, ABC est rectangle en A.

c. Les coordonnées de I, milieu de [BC], sont : $I\left(\frac{\frac{1}{2}+4}{2}\ ;\frac{4+2}{2}\right)$ soit $I\left(\frac{9}{4}\ ;3\right)$.

d. ABC est un triangle rectangle en A, donc le centre du cercle circonscrit à ABC est le milieu de l'hypoténuse I.

Le rayon de ce cercle est $IC = \frac{BC}{2} = \frac{\sqrt{65}}{4}$. Une valeur approchée à 0,01 près de ce rayon est 2,02.

e. On a $\overrightarrow{AI}\left(\frac{1}{4}\ ;-2\right)$ et $\overrightarrow{BN}\left(\frac{-1}{2}\ ;3\right)$.

$$\det(\overrightarrow{AI}, \overrightarrow{BN}) = \frac{1}{4} \times 3 - (-2) \times \left(-\frac{1}{2}\right) = \frac{3}{4} - 1 = -\frac{1}{4}.$$

Ainsi, les vecteurs $\overrightarrow{AI}$ et $\overrightarrow{BN}$ ne sont pas colinéaires. On en déduit que les droites (AI) et (BN) ne sont pas parallèles.

f. Comme E est sur l'axe des ordonnées, son abscisse est 0. Ses coordonnées sont donc $E(0\,;\,y_E)$.

On a $\overrightarrow{BE}\left(-\frac{1}{2}\,;\,y_E-2\right)$ et $\overrightarrow{BC}\left(\frac{7}{2}\,;\,2\right)$. Comme E appartient à la droite (BC), les points B, C et E sont alignés et les vecteurs $\overrightarrow{BE}$ et $\overrightarrow{BC}$ sont colinéaires :

$$\det(\overrightarrow{BE}, \overrightarrow{BC}) = 0 \Leftrightarrow \frac{-1}{2}\times 2-\frac{7}{2}\,(y_E-2)=0$$

$$\Leftrightarrow -1-\frac{7}{2}\,y_E+7=0$$

$$\Leftrightarrow -\frac{7}{2}\,y_E=-6$$

$$\Leftrightarrow y_E=\frac{12}{7}.$$

Conclusion : $E\left(0\,;\,\frac{12}{7}\right)$.

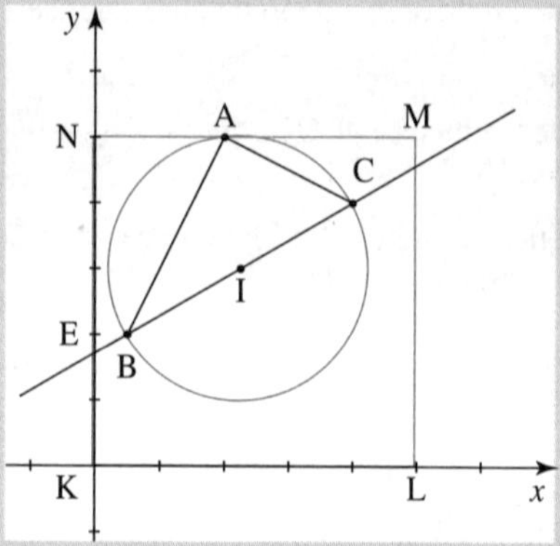

14 Équations de droites

Dans tout le chapitre, on se place dans un repère $(O\,;\vec{i},\vec{j})$.

I VECTEUR DIRECTEUR D'UNE DROITE

Définition

Soit A et B deux points quelconques d'une droite du plan. On appelle vecteur directeur d'une droite tout vecteur colinéaire au vecteur $\overrightarrow{AB}$.

! Il existe une infinité de vecteurs directeurs d'une même droite.

Propriété

- Si une droite (d) est parallèle à l'axe des ordonnées, un vecteur directeur de (d) a pour coordonnées $(0\,;1)$.
- Si une droite (d) n'est pas parallèle à l'axe des ordonnées, on peut choisir un vecteur directeur de (d) de telle façon que ses coordonnées soient de la forme $(1\,;m)$. Dans ce cas, le nombre m est appelé coefficient directeur de la droite (d).

II ÉQUATION RÉDUITE D'UNE DROITE

Théorème

Toute droite du plan parallèle à l'axe des ordonnées a une équation de la forme $x=k$. Toute droite du plan non parallèle à l'axe des ordonnées a une équation de la forme $y=mx+p$, où m est son coefficient directeur, et p un nombre appelé ordonnée à l'origine.

! Pour une même droite, il existe une infinité d'équations différentes.

On dit que pour une droite (d) non parallèle à l'axe des ordonnées, l'équation $y=mx+p$ est l'équation réduite de cette droite.

III RECHERCHE DES COEFFICIENTS

Soit (d) une droite non parallèle à l'axe des ordonnées.

Recherche du coefficient directeur *m*

Si A et B sont deux points de (d), de coordonnées $A(x_A\,;y_A)$ et $B(x_B\,;y_B)$, alors le coefficient directeur m de la droite (AB) est $m=\dfrac{y_B-y_A}{x_B-x_A}$.

Recherche de l'ordonnée à l'origine *p*

Il suffit d'utiliser les coordonnées du point A de la droite (d), et la relation $p = y_A - mx_A$.

Méthode graphique

Pour déterminer graphiquement un coefficient directeur, on utilise si possible deux points dont la différence des abscisses est 1. On obtient dans ce cas $m = y_B - y_A$. m est donc la différence des ordonnées des deux points.

L'ordonnée à l'origine p est l'ordonnée du point d'abscisse 0 de la droite. Ce point est le point d'intersection de la droite (d) avec l'axe des ordonnées.

IV DROITES PARALLÈLES

Théorème

On considère deux droites non parallèles à l'axe des ordonnées (d) et (d'). Les droites (d) et (d') sont parallèles si, et seulement si, elles ont le même coefficient directeur.

V INTERSECTION DE DEUX DROITES

Dans le plan, deux droites peuvent être :

- sécantes : elle ont un unique point d'intersection ;
- parallèles : elles n'ont aucun point d'intersection ;
- confondues : elles ont une infinité de points d'intersection.

Méthode : pour déterminer le point d'intersection de deux droites non parallèles à l'axe des ordonnées et non parallèles entre elles, on utilise le fait que les coordonnées du point d'intersection vérifient les deux équations à la fois. Ainsi, l'abscisse de ce point est l'unique solution de l'équation $mx + p = m'x + p'$.

VI SYSTÈME LINÉAIRE DE DEUX ÉQUATIONS À DEUX INCONNUES

Théorème

On considère le système $\begin{cases} ax + by = c \\ a'x + b'y = c' \end{cases}$

où a, b, a' et b' sont des réels quelconques.

- Si $ab' - a'b \neq 0$, alors le système admet un unique couple solution.
- Si $ab' - a'b = 0$, alors le système admet soit aucune solution soit une infinité de couples solutions.

EXERCICES D'APPLICATION

Dans tous les exercices, on se place dans un repère du plan $(O\,;\vec{i},\vec{j})$.

1

★ | 5 min | ▶ P. 305

Pour chacune des équations de droite, donner les coordonnées d'un vecteur directeur. Dans le cas d'une droite non parallèle à l'axe des ordonnées, préciser son coefficient directeur et son ordonnée à l'origine.

- $y = -2x+3$;
- $y = \frac{4}{3}x-1$;
- $y = -3x+\frac{1}{4}$;
- $x = -4\sqrt{2}$;
- $x = 0$;
- $y = 0$;
- $y = 8$.

2

★ | 5 min | ▶ P. 305

Les équations suivantes sont-elles des équations de droites ? Si oui, préciser si elles sont parallèles à l'axe des ordonnées ou pas, et dans ce dernier cas, déterminer leur équation réduite.

- $-2x-5y=-2$;
- $x^2 = 2x+4$;
- $x = 3y-1$;
- $2x = \sqrt{2}$;
- $5y = -4+x$;
- $x = y$;
- $y = \dfrac{1-5x}{3}$;
- $4xy = 1$;
- $y = -3{,}001$;
- $(y-4)(x+7) = 5$;
- $\frac{1}{2}x+4 = \sqrt{y}$;
- $x+y=0$.

3

★ | 5 min | ▶ P. 306

Soit (d) une droite d'équation $y = -3x+1$.

a. Trouver les coordonnées du point d'intersection de (d) avec l'axe des abscisses $(O\,;\vec{i})$.

b. Trouver les coordonnées du point d'intersection de (d) avec l'axe des ordonnées $(O\,;\vec{j})$.

c. Trouver l'ordonnée du point de (d) d'abscisse -4.

d. Trouver l'abscisse du point de (d) d'ordonnée 6.

e. Les points A et B de coordonnées $A(-1\,;4)$ et $B(-3\,;8)$ sont-ils sur la droite (d) ?

4

★ | 5 min | ▶ P. 306

On donne les points $R(-3\,;1)$, $S(-1\,;3)$, et $T(-1\,;8)$.

a. Déterminer l'équation réduite de la droite (RS).

b. Trouver une équation de la droite (ST).

5

| ★ | 5 min | ▸ P. 307 |

Déterminer l'équation réduite de la droite (d) dont un vecteur directeur a pour coordonnées $\left(-\frac{1}{2}\ ;\ 2\right)$ et passant par le point A de coordonnées $(-2\ ;\ 2)$.

6

| ★ | 10 min | ▸ P. 307 |

a. Déterminer graphiquement une équation pour chacune des droites (d), (d') et (d''), représentées ci-contre.

b. Tracer sur ce même graphique la droite $\mathscr{D}$ d'équation $y = 3x - 5$ et la droite $\mathscr{D}'$ passant par le point A de coordonnées $A(1\ ;\ 3)$ et de coefficient directeur 0,5.

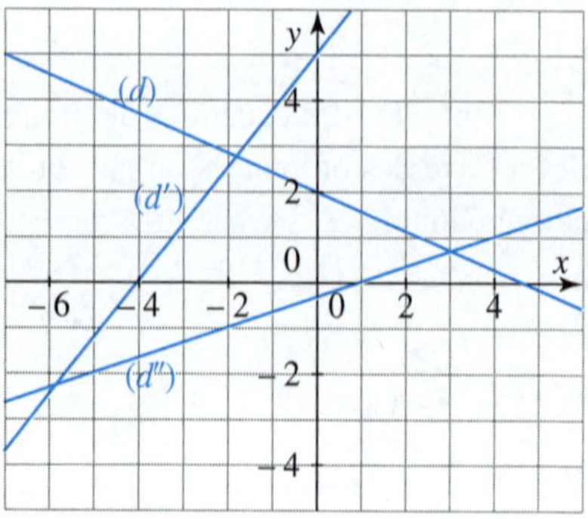

7

| ★ | 5 min | ▸ P. 308 |

Parmi toutes les droites ci-dessous dont on donne une équation, reconnaître celles qui sont parallèles.

(d_1) $y = 0{,}5x - 2$ (d_2) $y = x - 4$ (d_3) $y = -x + 4$

(d_4) $y = 5$ (d_5) $x + y - 5 = 0$ (d_6) $y = \frac{1}{2}x + 1$

(d_7) $x = -4$ (d_8) $y = x$ (d_9) $x = 7$

(d_{10}) $y = -2$.

8

| ★ | 10 min | ▸ P. 308 |

Soit (d) et (d') deux droites d'équations respectives :

$$y = 0{,}125x + 0{,}75 \text{ et } x = 8y + 8.$$

a. Ces deux droites sont-elles parallèles ?

b. Donner une équation de la droite $\mathscr{D}$ passant par le point $B(-4\ ;\ 1)$ et parallèle à (d).

9

★ | 10 min | ▸ P. 309

Dans chaque cas, prouver que les droites ne sont pas parallèles, puis déterminer les coordonnées du point d'intersection A des droites (d) et (d').

a. Équation de (d) : $y=-x+3$. Équation de (d') : $y=-4x+7$.

b. Équation de (d) : $y=-2$. Équation de (d') : $y=4x+3$.

c. Équation de (d) : $x=-4$. Équation de (d') : $y=-x+1$.

Systèmes

10

★ | 10 min | ▸ P. 309

Montrer que le système $\begin{cases} 3x+2y=7 \\ 4x-y=4 \end{cases}$ a une unique solution, puis déterminer cette solution.

11

★ | 5 min | ▸ P. 310

Montrer que le système $\begin{cases} \sqrt{2}x-3y=1 \\ -2x+3\sqrt{2}y=-2 \end{cases}$ n'admet aucune solution.

12

★ | 5 min | ▸ P. 310

Montrer que le système $\begin{cases} 6x-\dfrac{\sqrt{3}}{3}y=-1 \\ 2\sqrt{3}x-\dfrac{1}{3}y=-\dfrac{\sqrt{3}}{3} \end{cases}$ admet une infinité de solutions.

Préciser l'une de ces solutions.

Exercices d'entraînement

Dans tous les exercices, on se place dans un repère du plan $(O\,;\vec{i},\vec{j})$.

13

★★ | 15 min | ▶ P. 310

a. Déterminer une équation de chaque droite.

b. Déterminer les coordonnées du point d'intersection des droites (d_4) et (d_5).

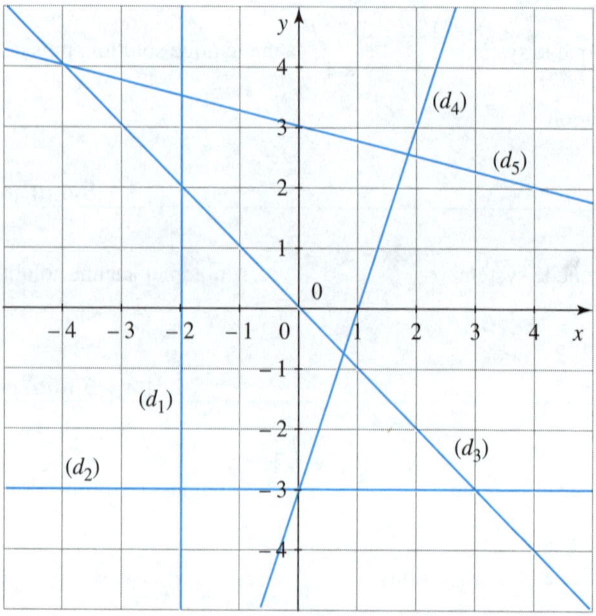

14

★★ | 45 min | ▶ P. 310

Le repère est orthonormé. On donne les points :

$$A(7\,;-2),\ B(1\,;10),\ C(-5\,;2)\ \text{et}\ D(-2\,;1).$$

a. Montrer que les points A, C et D sont alignés.

b. Montrer que (BD) est une hauteur du triangle ABC.

c. Calculer l'aire Δ du triangle ABC.

d. Calculer la distance d du point C à la droite (AB).

e. Déterminer l'équation réduite de la droite (AB).

f. Déterminer les coordonnées du point E, pied de la hauteur issue de C dans le triangle ABC.

15

★★★ | 15 min | ▸ P. 311

Le repère est orthonormé. On donne les points :

$$A(4\ ;-1) \text{ et } B(15\ ;6).$$

Déterminer une équation de la médiatrice de $[AB]$.

16

★★★ | 40 min | ▸ P. 312

Le repère est orthonormé, on donne les points :

$$A(2\ ;0),\ B(0\ ;5),\ C(5\ ;0),\text{ et } D(0\ ;2).$$

a. Déterminer les coordonnées du point I, milieu du segment $[AB]$.

b. Déterminer l'équation réduite de la droite (OI).

c. Déterminer l'équation réduite de la droite (CD).

d. Calculer les coordonnées du point d'intersection K des droites (OI) et (CD).

e. Montrer que OKD est un triangle rectangle en K.

f. Montrer que la médiane issue de O dans le triangle OAB est la hauteur issue de O dans le triangle OCD.

17

★★★ | 20 min | ▸ P. 313

Soit m un nombre réel non nul. On considère le système :

$$\begin{cases} 2x + my = 6 \\ mx + 8y = 4 \end{cases}.$$

a. À quelle condition le système admet-il une unique solution ?

b. Par la suite, on suppose cette condition remplie. Résoudre le système et donner l'unique couple solution en fonction de m.

c. Pour quelle valeur de m les deux droites d'équations $2x + my = 6$ et $mx + 8y = 4$ se coupent-elles en un point situé sur l'axe des ordonnées ?

CONTRÔLE

18 QCM

★ 8 points, 20 min ▸ P. 314

Pour chacune des questions, une et une seule proposition est exacte.
Pour les questions 1. à 3., on utilise la figure ci-dessous.

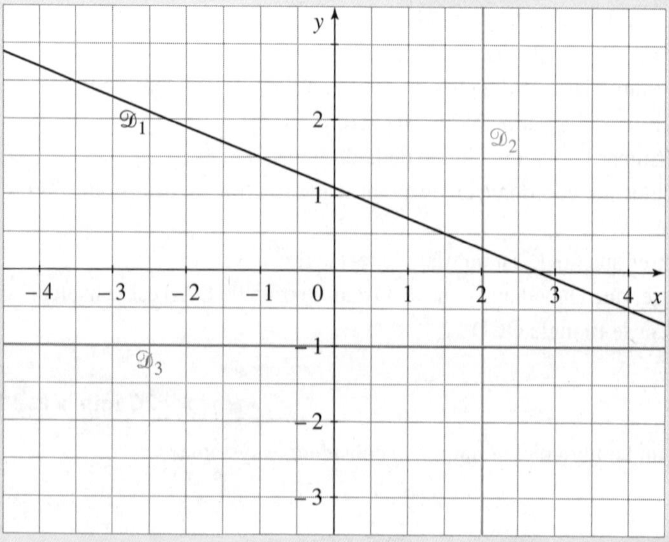

1. Une équation de $\mathcal{D}_1$ est :

a. $y = \frac{1}{2}x + \frac{6}{5}$ **b.** $y = -\frac{2}{5}x + \frac{11}{10}$

c. $y = -\frac{2}{5}x + \frac{11}{4}$ **d.** $10y = -4x + 1{,}1$

2. Une équation de $\mathcal{D}_2$ est :

a. $x = 2$ **b.** $y = 2$ **c.** $y = x - 2$ **d.** $y = 2x$

3. Une équation de $\mathcal{D}_3$ est :

a. $x = -1$ **b.** $y = -1$ **c.** $y = -x$ **d.** $y = x - 1$

Pour les questions 4. à 8., on considère la droite $\mathcal{D}$ d'équation $y = -2x - 1$ et les points de coordonnées $R(3\,;\,2)$ et $S(1\,;\,-4)$.

4. Une de ces équations est celle d'une droite parallèle à $\mathcal{D}$:

a. $y = 2x - 1$ **b.** $y = 0{,}5x + 2$ **c.** $y = -2$ **d.** $y = -2x + 9$

5. L'abscisse du point de cette droite ayant une ordonnée de 99 est égale à :

a. – 199 **b.** 50 **c.** – 50 **d.** – 96

6. Les coordonnées d'un vecteur directeur de $\mathscr{D}$ sont :

a. $(1\,;-2)$ **b.** $(-2\,;1)$ **c.** $(1\,;2)$ **d.** $(-2\,;-1)$

7. Une équation de la droite (RS) est :

a. $y=-3x-1$ **b.** $y=3x-7$ **c.** $y=2x-4$ **d.** $y=3x-3$

8. Les droites $\mathscr{D}$ et (RS) se coupent au point de coordonnées :

a. $\left(\frac{6}{5}\,;-\frac{17}{5}\right)$ **b.** $(-2\,;3)$ **c.** $(8\,;-17)$ **d.** $\left(\frac{5}{6}\,;-\frac{8}{3}\right)$

19

★ 4 points, 15 min ▸ P. 314

Soit $m \in \mathbb{R}$.

a. Déterminer les valeurs de m pour lesquelles le système :

$$\begin{cases} x+my=1 \\ mx+y=2 \end{cases}$$

admet une unique solution.

b. Résoudre le système dans le cas où $m=-2$, puis dans le cas où $m=1$.

20

★★ 2 points, 10 min ▸ P. 315

On se place dans un repère orthonormal du plan $(O\,;\vec{i},\vec{j})$. Soit A le point situé sur l'axe des abscisses, d'abscisse 10 et B, le point situé sur l'axe des ordonnées, d'ordonnée 4.

Déterminer une équation de la médiane issue de O dans le triangle OAB.

21 ★★★ 6 points, 30 min ▶ P. 315

On se place dans un repère orthonormal du plan $(O\,;\vec{i},\vec{j})$. On considère le rectangle OABC, où A, B, et C sont les points de coordonnées $(12\,;0)$, $(12\,;8)$, et $(0\,;8)$.

Soit M le point intérieur au rectangle de coordonnées $(a\,;b)$. (On a donc $0<a<12$ et $0<b<8$).

D et E sont les projetés orthogonaux de M sur (BC) et (OA). F et G sont les projetés orthogonaux de M sur (OC) et (AB).

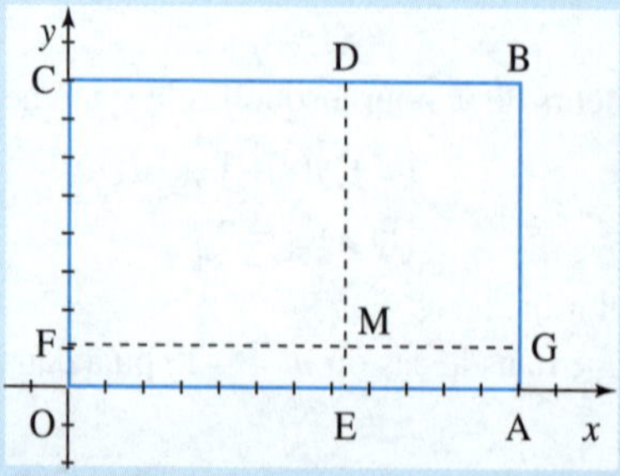

1. **a.** Calculer les coefficients directeurs des droites (FD), (OB) et (EG).

b. Montrer que ces trois droites sont parallèles si, et seulement si, $2a+3b=24$.

c. Déterminer l'ensemble des points M dont les coordonnées vérifient cette condition.

2. On suppose maintenant que $2a+3b\neq 24$. Après avoir précisé une équation des droites (FD), (OB), et (EG), montrer qu'elles sont concourantes (on pourra commencer par chercher les coordonnées du point I, intersection des droites (FD) et (EG)).

Contrôle

22

★ 9 points, 20 min ▸ P. 317

On donne dans un repère orthonormé $(O\ ;\ \vec{i}, \vec{j})$ les points :

$$A(10\ ;\ -2),\ B(4\ ;\ -1) \text{ et } C(4\ ;\ 7),$$

et les droites d'équations :

$(d_1)\ :\ y = 3$ $\quad$ $(d_2)\ :\ y = \frac{5}{4}x$

$(d_3)\ :\ x = -2$ $\quad$ $(d_4)\ :\ y = -\frac{1}{2}x + 7$.

a. Le point A appartient-il à la droite (d_4) ? (Justifier par un calcul et non graphiquement.)

b. Donner, sans justification :
- le coefficient directeur de la droite (d_1) ;
- le coefficient directeur de la droite (d_4) ;
- l'ordonnée à l'origine de la droite (d_4) ;
- les coordonnées d'un vecteur directeur de la droite (d_3) ;
- les coordonnées d'un vecteur directeur de la droite (d_4).

c. Déterminer une équation de la droite (BC).

d. Déterminer l'équation réduite de la droite (d), parallèle à (d_4) passant par B.

e. Tracer les droites (d_1), (d_2), (d_3) et (d_4) dans le repère $(O\ ;\ \vec{i}, \vec{j})$. (Unité graphique : 1 cm.)

23

★ 2 points, 5 min ▸ P. 318

Sur le graphique ci-contre, la graduation sur les axes du repère a été effacée. On notera respectivement m_i et p_i le coefficient directeur et l'ordonnée à l'origine d'une droite $\mathcal{D}_i$.

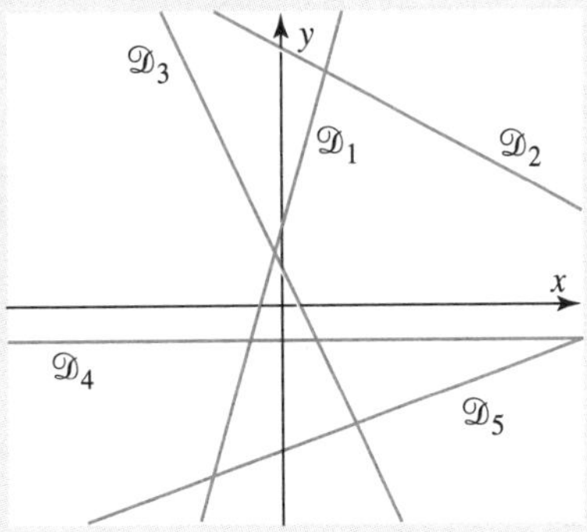

Sans justifier :

a. Ranger par ordre croissant les coefficients directeurs des cinq droites.

b. Ranger par ordre croissant les ordonnées à l'origine des cinq droites.

24 | ★★ | 9 points, 30 min | ▶ P. 318

Aucune figure n'est demandée dans cet exercice.

On donne dans un repère orthonormé $(O ; \vec{i}, \vec{j})$ les points :

$$M(-4 ; 1), N(0 ; 5), P(1 ; -1) \text{ et } A(0 ; 1).$$

1. **a.** Calculer les coordonnées I du milieu du segment [MN].

b. Montrer que $AM = AN$.

c. En déduire que l'équation réduite de la médiatrice du segment [MN] est :

$$y = -x + 1.$$

2. On admet que l'équation réduite de la médiatrice du segment [NP] est :

$$y = \frac{1}{6}x + \frac{23}{12}.$$

On note $\mathscr{C}$ le cercle circonscrit au triangle MNP.

a. Déterminer les coordonnées du centre K du cercle $\mathscr{C}$.

b. Calculer le rayon de ce cercle $\mathscr{C}$. Donner une valeur exacte, puis une valeur approchée de ce rayon à 0,01 près.

Corrigés

1 **Droites non parallèles à l'axe des ordonnées** (elles sont de la forme $y = mx + p$) :

• $y = -2x + 3$

Coordonnées d'un vecteur directeur : $(1\ ;\ -2)$.

Coefficient directeur : -2. Ordonnée à l'origine : 3.

• $y = \frac{4}{3}x - 1$

Coordonnées d'un vecteur directeur : $\left(1\ ;\ \frac{4}{3}\right)$.

Coefficient directeur : $\frac{4}{3}$. Ordonnée à l'origine : -1.

$y = -3x + \frac{1}{4}$

Coordonnées d'un vecteur directeur : $(1\ ;\ -3)$.

Coefficient directeur : -3. Ordonnée à l'origine : $\frac{1}{4}$.

• $y = 0$

Coordonnées d'un vecteur directeur : $(1\ ;\ 0)$.

Coefficient directeur : 0.

Ordonnée à l'origine : 0. Cette droite est confondue avec l'axe des abscisses.

• $y = 8$

Coordonnées d'un vecteur directeur : $(1\ ;\ 0)$.

Coefficient directeur : 0.

Ordonnée à l'origine : 8. Cette droite est parallèle à l'axe des abscisses.

Droites parallèles à l'axe des ordonnées (elles sont de la forme $x = k$) :

• $x = -4\sqrt{2}$

Coordonnées d'un vecteur directeur : $(0\ ;\ 1)$.

• $x = 0$

Coordonnées d'un vecteur directeur : $(0\ ;\ 1)$.

Cette droite est confondue avec l'axe des ordonnées.

2 **Équations qui sont des équations de droites** :

Droite parallèle à l'axe des ordonnées et équation réduite associée :

• $2x = \sqrt{2} \Leftrightarrow x = \frac{\sqrt{2}}{2}$

Droites non parallèles à l'axe des ordonnées et équation réduite associée :

• $-2x - 5y = -2 \Leftrightarrow -5y = 2x - 2 \Leftrightarrow y = -\frac{2}{5}x + \frac{2}{5}$

- $x = 3y - 1 \Leftrightarrow 3y = x + 1 \Leftrightarrow y = \frac{1}{3}x + \frac{1}{3}$
- $5y = -4 + x \Leftrightarrow y = \frac{1}{5}x - \frac{4}{5}$
- $x = y$ ou $y = x$
- $y = \frac{1 - 5x}{3} \Leftrightarrow y = -\frac{5}{3}x + \frac{1}{3}$
- $y = -3{,}001$
- $x + y = 0 \Leftrightarrow y = -x$.

Équations qui ne sont pas des équations de droites :

$x^2 = 2x + 4$; $4xy = 1$; $(y - 4)(x + 7) = 5$; $\frac{1}{2}x + 4 = \sqrt{y}$.

3 **a.** Ce point étant sur l'axe des abscisses, on a $y = 0$.

Or, $0 = -3x + 1 \Leftrightarrow 3x = 1 \Leftrightarrow x = \frac{1}{3}$.

Par conséquent, les coordonnées du point d'intersection de (d) avec l'axe des abscisses $(\mathrm{O}\,;\vec{i})$ sont $\left(\frac{1}{3}\,;0\right)$.

b. Ce point étant sur l'axe des ordonnées, on a $x = 0$. Son ordonnée est l'ordonnée à l'origine de la droite, c'est-à-dire 1. Par conséquent, les coordonnées du point d'intersection de (d) avec l'axe des abscisses $(\mathrm{O}\,;\vec{j})$ sont $(0\,;1)$.

c. Pour ce point, on a $x = -4$, d'où $y = -3 \times (-4) + 1 = 12 + 1 = 13$. Ainsi, les coordonnées du point de (d) d'abscisse -4 sont $(-4\,;13)$.

d. Pour ce point, on a $y = 6$, d'où $6 = -3x + 1 \Leftrightarrow 3x = -5 \Leftrightarrow x = -\frac{5}{3}$.

Ainsi, les coordonnées du point de (d) d'ordonnée 6 sont $\left(-\frac{5}{3}\,;6\right)$.

e. Les coordonnées du point A vérifient l'équation $y = -3x + 1$, puisque $-3 \times (-1) + 1 = 4$. On en déduit que A appartient à (d).

Les coordonnées du point B ne vérifient pas l'équation $y = -3x + 1$, puisque $-3 \times (-3) + 1 = 10 \neq 8$. On en déduit que B n'appartient pas à (d).

4 **a.** Le coefficient directeur de la droite (RS) est :

$$m = \frac{3 - 1}{-1 - (-3)} = \frac{2}{2} = 1.$$

Son ordonnée à l'origine se calcule en utilisant les coordonnées de R :

$$p = y_\mathrm{R} - m x_\mathrm{R} = 1 - 1 \times (-3) = 1 + 3 = 4.$$

Par conséquent, l'équation réduite de la droite (RS) est $y = x + 4$.

b. Les points S et T ayant la même abscisse, la droite (ST) est parallèle à l'axe des ordonnées. Une équation de (ST) est $x = -1$.

5 Si un vecteur directeur de (d) a pour coordonnées $\left(-\frac{1}{2}\ ;\ 2\right)$, un autre vecteur directeur de (d) a pour coordonnées $(1\ ;\ -4)$.
(Les deux vecteurs sont colinéaires, on a multiplié par -2 les coordonnées du premier pour trouver celles du second.)
Le coefficient directeur de (d) est donc -4. En utilisant les coordonnées du point A, on détermine l'ordonnée à l'origine de (d) :

$$p = y_A - mx_A = 2 - (-4) \times (-2) = 2 - 8 = -6.$$

Par conséquent, l'équation réduite de la droite (d) est $y = -4x - 6$.

6 **a.** Comme ces droites ne sont pas parallèles à l'axe des ordonnées, à chaque fois, on cherche l'équation sous la forme $y = mx + p$.
• Pour (d) : cette droite coupe l'axe des ordonnées à l'ordonnée 2, donc $p = 2$. Prenons deux points sur (d), de coordonnées $(0\ ;\ 2)$ et $(-7\ ;\ 5)$. Alors :

$$m = \frac{5-2}{-7-0} = -\frac{3}{7}.$$

L'équation réduite de (d) est donc $y = -\frac{3}{7}x + 2$.

• Pour (d') : cette droite coupe l'axe des ordonnées à l'ordonnée 5, donc $p = 5$. Prenons deux points sur (d'), de coordonnées $(0\ ;\ 5)$ et $(-4\ ;\ 0)$. Alors :

$$m = \frac{0-5}{-4-0} = \frac{5}{4}.$$

L'équation réduite de (d') est donc $y = \frac{5}{4}x + 5$.

• Pour (d'') : Comme la lecture de l'ordonnée à l'origine n'est pas aisée, on détermine p par le calcul. Prenons deux points sur (d''), de coordonnées $(1\ ;\ 0)$ et $(-2\ ;\ -1)$. Alors $m = \frac{-1-0}{-2-1} = \frac{1}{3}$.

En utilisant les coordonnées du premier point :

$$p = y - mx = 0 - \frac{1}{3} \times 1 = -\frac{1}{3}.$$

L'équation réduite de (d'') est donc $y = \frac{1}{3}x - \frac{1}{3}$.

b.

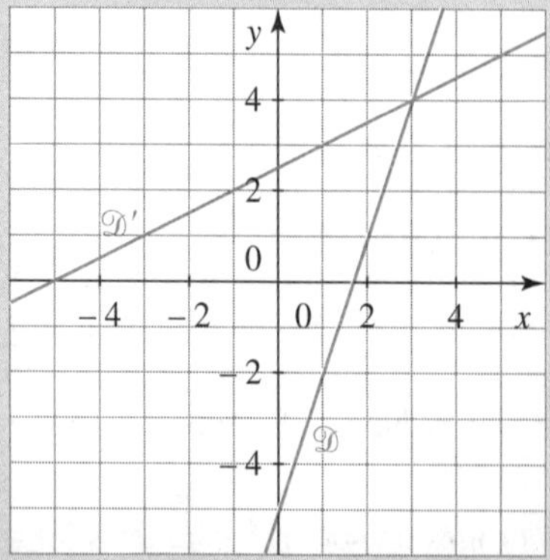

Pour 𝒟 : On place les deux points de coordonnées $(0\,;-5)$ et $(2\,;1)$.
Pour 𝒟′ : Un vecteur directeur de 𝒟′ a pour coordonnées $(1\,;0{,}5)$. Un autre vecteur directeur $\vec{u}$, colinéaire au premier, a pour coordonnées $\vec{u}(4\,;2)$. Les coordonnées du point B tel que $\vec{u}=\overrightarrow{AB}$ sont $(5\,;5)$.
Pour tracer 𝒟′ on place les points A et B.

7 (d_1) et (d_6) sont parallèles, elles ont le même coefficient directeur, égal à 0,5.
(d_2) et (d_8) sont parallèles, elles ont le même coefficient directeur, égal à 1.
(d_3) et (d_5) sont parallèles, elles ont le même coefficient directeur, égal à -1.
En effet, une autre équation de (d_5) est $x+y-5=0 \Leftrightarrow y=-x+5$.
(d_4) et (d_{10}) sont parallèles, elles ont le même coefficient directeur, égal à 0.
(d_7) et (d_9) sont parallèles, elles sont toutes deux parallèles à l'axe des ordonnées.

8 **a.** Écrivons l'équation réduite de la droite (d') :
$x=8y+8 \Leftrightarrow 8y=x-8 \Leftrightarrow y=\frac{1}{8}x-1$.

Or l'équation de (d) peut aussi s'écrire $y=\frac{1}{8}x+\frac{3}{4}$.

Ces deux droites ont le même coefficient directeur, égal à $\frac{1}{8}$, donc elles sont parallèles.
b. Comme deux droites parallèles ont le même coefficient directeur, une équation de 𝒟 s'écrit sous la forme $y=\frac{1}{8}x+p$.

Comme 𝒟 passe par B, on a $1=\frac{1}{8}\times(-4)+p \Leftrightarrow p=\frac{3}{2}$.

Par conséquent, l'équation réduite de 𝒟 est $y=\frac{1}{8}x+\frac{3}{2}$.

9 **a.** Les coefficients directeurs de (d) et (d') sont différents, donc (d) et (d') ne sont pas parallèles.
Les coordonnées du point A vérifient les deux équations :

$$y = -x + 3 \text{ et } y = -4x + 7,$$

donc l'abscisse de ce point est solution de l'équation :

$$-x + 3 = -4x + 7 \Leftrightarrow 4x - x = 7 - 3 \Leftrightarrow 3x = 4 \Leftrightarrow x = \frac{4}{3}.$$

Son ordonnée est $y = -\frac{4}{3} + 3 = \frac{5}{3}$.

On en déduit que les coordonnées du point A sont $\left(\frac{4}{3}\,;\frac{5}{3}\right)$.

b. Les coefficients directeurs de (d) et (d') sont différents, donc (d) et (d') ne sont pas parallèles.
Les coordonnées du point A vérifient les deux équations $y = -2$ et $y = 4x + 3$, donc l'abscisse de ce point est solution de l'équation :

$$-2 = 4x + 3 \Leftrightarrow 4x = -5 \Leftrightarrow x = -\frac{5}{4}.$$

Son ordonnée étant -2, on en déduit que les coordonnées du point A sont $\left(-\frac{5}{4}\,;-2\right)$.

c. La droite (d) est parallèle à l'axe des ordonnées, alors que (d') ne l'est pas, donc (d) et (d') ne sont pas parallèles.
Les coordonnées du point A vérifient les deux équations $x = -4$ et $y = -x + 1$. Son ordonnée est donc $y = -(-4) + 1 = 5$. On en déduit que les coordonnées du point A sont $(-4\,;5)$.

10 $3 \times (-1) - 4 \times 2 = -3 - 8 = -11 \neq 0$, donc le système admet une unique solution.

$$\begin{cases} 3x + 2y = 7 \\ 4x - y = 4 \end{cases} \Leftrightarrow \begin{cases} 3x + 2y = 7 \\ 8x - 2y = 8 \end{cases} \Leftrightarrow \begin{cases} 11x = 15 \\ 4x - y = 4 \end{cases}$$

$$\Leftrightarrow \begin{cases} x = \frac{15}{11} \\ y = 4x - 4 \end{cases} \Leftrightarrow \begin{cases} x = \frac{15}{11} \\ y = 4 \times \frac{15}{11} - 4 \end{cases} \Leftrightarrow \begin{cases} x = \frac{15}{11} \\ y = \frac{16}{11} \end{cases}.$$

L'unique solution du système est le couple $\left(\frac{15}{11}\,;\frac{16}{11}\right)$.

11 $\sqrt{2} \times 3\sqrt{2} - (-2) \times (-3) = 6 - 6 = 0$, donc le système admet soit aucune solution, soit une infinité de solutions.

$$\begin{cases} \sqrt{2}x - 3y = 1 \\ -2x + 3\sqrt{2}y = -2 \end{cases} \Leftrightarrow \begin{cases} -2x + 3\sqrt{2}y = -\sqrt{2} \\ -2x + 3\sqrt{2}y = -2 \end{cases}$$

(en multipliant par $-\sqrt{2}$ la première équation).
Les deux équations sont incompatibles, donc le système n'a aucune solution.

12 $6 \times \left(-\frac{1}{3}\right) - 2\sqrt{3} \times \left(-\frac{\sqrt{3}}{3}\right) = -2 + 2 = 0$,

donc le système admet soit aucune solution, soit une infinité de solutions.

$$\begin{cases} 6x - \frac{\sqrt{3}}{3}y = -1 \\ 2\sqrt{3}x - \frac{1}{3}y = -\frac{\sqrt{3}}{3} \end{cases} \Leftrightarrow \begin{cases} 6x - \frac{\sqrt{3}}{3}y = -1 \\ 6x - \frac{\sqrt{3}}{3}y = -1 \end{cases}$$

(en multipliant par $\sqrt{3}$ la deuxième équation).
Les deux équations sont identiques, donc le système admet une infinité de solutions. L'une d'entre elles est le couple $\left(-\frac{1}{6}\,;\,0\right)$.

13 **a.** (d_1) $x = -2$ (d_2) $y = -3$ (d_3) $y = -x$
(d_4) $y = 3x - 3$ (d_5) $y = -\frac{1}{4}x + 3$.

b. Les coordonnées du point d'intersection de ces deux droites vérifient les équations $y = 3x - 3$ et $y = -\frac{1}{4}x + 3$, donc l'abscisse de ce point est solution de l'équation :

$$3x - 3 = -\frac{1}{4}x + 3 \Leftrightarrow 3x + \frac{1}{4}x = 6 \Leftrightarrow \frac{13}{4}x = 6 \Leftrightarrow x = \frac{24}{13}.$$

Son ordonnée est $y = 3 \times \frac{24}{13} - 3 = \frac{72}{13} - \frac{39}{13} = \frac{33}{13}$.

Par conséquent, les coordonnées du point d'intersection des droites (d_4) et (d_5) sont $\left(\frac{24}{13}\,;\,\frac{33}{13}\right)$.

14 **a.** On a $\overrightarrow{AC}(-12\,;\,4)$ et $\overrightarrow{AD}(-9\,;\,3)$.
Le déterminant de ces deux vecteurs est :

$$\det(\overrightarrow{AC}, \overrightarrow{AD}) = -12 \times 3 - 4 \times (-9) = -36 + 36 = 0.$$

Les vecteurs $\overrightarrow{AC}$ et $\overrightarrow{AD}$ sont colinéaires, donc les points A, C et D sont alignés.

b. Calculons les longueurs AB, AD et BD.

$$AB = \sqrt{(1-7)^2 + (10-(-2))^2} = \sqrt{(-6)^2 + (12)^2}$$
$$= \sqrt{36 + 144} = \sqrt{180} = 6\sqrt{5}$$

$$AD = \sqrt{(-2-7)^2 + (1-(-2))^2} = \sqrt{(-9)^2 + (3)^2}$$
$$= \sqrt{81 + 9} = \sqrt{90} = 3\sqrt{10}$$

$$BD = \sqrt{(-2-1)^2 + (1-10)^2} = \sqrt{(-3)^2 + (9)^2} = \sqrt{9 + 81} = \sqrt{90} = 3\sqrt{10}.$$

On a donc $AB^2 = AD^2 + BD^2$. D'après la réciproque du théorème de Pythagore, le triangle ABD est rectangle en D. Ceci montre que les droites (AC) et (BD) sont perpendiculaires, ou encore que (BD) est la hauteur issue de B dans le triangle ABC.

c. Dans le triangle ABC, (BD) est une hauteur associée à la base (AC). Calculons la longueur AC :

$$AC = \sqrt{(-5-7)^2 + (2-(-2))^2}$$
$$= \sqrt{(-12)^2 + (4)^2} = \sqrt{144 + 16} = \sqrt{160} = 4\sqrt{10}.$$

L'aire Δ du triangle ABC est égale à $\Delta = \dfrac{AC \times BD}{2} = \dfrac{4\sqrt{10} \times 3\sqrt{10}}{2} = 60$.

d. La distance d du point C à la droite (AB) est la hauteur associée à la base $[AB]$ dans le triangle ABC donc :

$$\Delta = \frac{d \times AB}{2}, \text{ d'où } d = \frac{2\Delta}{AB} = \frac{2 \times 60}{6\sqrt{5}} = \frac{20}{\sqrt{5}} = 4\sqrt{5}.$$

e. Le coefficient directeur de la droite (AB) est $\dfrac{10-(-2)}{1-7} = \dfrac{12}{-6} = -2$.

Avec les coordonnées du point B : $p = 10 - (-2) \times 1 = 12$.

L'équation réduite de (AB) est donc $y = -2x + 12$.

f. Notons $(x\,;\,y)$ les coordonnées du point E.

On a $CE^2 = (x+5)^2 + (y-2)^2$. Or, $CE = 4\sqrt{5}$ et $CE^2 = 80$, ce qui donne $(x+5)^2 + (y-2)^2 = 80$. En utilisant le fait que E se situe sur la droite (AB), on a $y = -2x + 12$, d'où l'équation :

$$(x+5)^2 + (-2x + 12 - 2)^2 = 80.$$

$$(x+5)^2 + (-2x+12-2)^2 = 80 \Leftrightarrow 5x^2 - 30x + 45 = 0$$
$$\Leftrightarrow x^2 - 6x + 9 = 0$$
$$\Leftrightarrow (x-3)^2 = 0$$
$$\Leftrightarrow x = 3.$$

Par conséquent, l'abscisse de E est 3, son ordonnée est :

$$y = -2 \times 3 + 12 = 6.$$

Les coordonnées du point E sont $(3\,;\,6)$.

15 Un point M de coordonnées $(x\,;\,y)$ se trouve sur la médiatrice de $[AB]$ si, et seulement si, $AM = BM$, ce qui équivaut à $AM^2 = BM^2$, puisque ce sont des nombres positifs.

Or $AM^2 = (x-4)^2 + (y-(-1))^2$
$= x^2 - 8x + y^2 + 2y + 17$
et $BM^2 = (x-15)^2 + (y-6)^2 = x^2 - 30x + y^2 - 12y + 261$

$$AM^2 = BM^2 \Leftrightarrow x^2 - 8x + y^2 + 2y + 17 = x^2 - 30x + y^2 - 12y + 261$$
$$\Leftrightarrow 22x - 244 = -14y$$
$$\Leftrightarrow y = -\frac{11}{7}x + \frac{122}{7}.$$

Une équation de la médiatrice de $[AB]$ est donc $y = -\frac{11}{7}x + \frac{122}{7}$.

16 **a.** Les coordonnées du point I, milieu du segment $[AB]$, sont :

$$I\left(\frac{2+0}{2} ; \frac{0+5}{2}\right), \text{ soit } I\left(1 ; \frac{5}{2}\right).$$

b. La droite (OI) passe par O, donc l'ordonnée à origine est 0. Comme $\overrightarrow{OI}\left(1 ; \frac{5}{2}\right)$, le coefficient directeur est $\frac{5}{2}$.

On en déduit que l'équation réduite de la droite (OI) est $y = \frac{5}{2}x$.

c. Le coefficient directeur de la droite (CD) est $\frac{2-0}{0-5} = -\frac{2}{5}$. L'ordonnée à l'origine est l'ordonnée du point D, soit 2.

L'équation réduite de la droite (CD) est donc $y = -\frac{2}{5}x + 2$.

d. Soit K le point d'intersection des droites (OI) et (CD). Ses coordonnées vérifient à la fois les deux équations :

$$y = \frac{5}{2}x \text{ et } y = -\frac{2}{5}x + 2.$$

Alors son abscisse est solution de l'équation :

$$\frac{5}{2}x = -\frac{2}{5}x + 2 \Leftrightarrow \frac{5}{2}x + \frac{2}{5}x = 2 \Leftrightarrow \frac{25}{10}x + \frac{4}{10}x = 2$$
$$\Leftrightarrow \frac{29}{10}x = 2 \Leftrightarrow x = \frac{20}{29}.$$

Son ordonnée est alors $y = \frac{5}{2} \times \frac{20}{29} = \frac{50}{29}$.

Les coordonnées de K sont $\left(\frac{20}{29} ; \frac{50}{29}\right)$.

e. Calculons les longueurs OK, OD et DK :
$OD = 2$

et $OK = \sqrt{\left(\frac{20}{29}\right)^2 + \left(\frac{50}{29}\right)^2} = \sqrt{\frac{400 + 2\,500}{29^2}} = \sqrt{\frac{2\,900}{29^2}} = \sqrt{\frac{29 \times 100}{29^2}} = \sqrt{\frac{100}{29}}$

$$\text{DK} = \sqrt{\left(\frac{20}{29}\right)^2 + \left(\frac{50}{29} - 2\right)^2} = \sqrt{\left(\frac{20}{29}\right)^2 + \left(-\frac{8}{29}\right)^2}$$

$$= \sqrt{\frac{400 + 64}{29^2}} = \sqrt{\frac{464}{29^2}} = \sqrt{\frac{16 \times 29}{29^2}} = \sqrt{\frac{16}{29}}.$$

On a donc $\text{OK}^2 = \frac{100}{29}$, $\text{DK}^2 = \frac{16}{29}$ et $\text{OD}^2 = 4 = \frac{116}{29}$.

Ainsi, $\text{OD}^2 = \text{OK}^2 + \text{DK}^2$. D'après la réciproque du théorème de Pythagore, le triangle OKD est rectangle en K.

f. La médiane issue de O dans le triangle OAB passe par O et par I, milieu de $[AB]$. C'est donc la droite (OI).

La hauteur issue de O dans le triangle OCD passe par O et est perpendiculaire à (CD). Or, le triangle OKD est rectangle en K, ce qui montre que les droites (OI) et (CD) sont perpendiculaires. La hauteur issue de O dans le triangle OCD est donc la droite (OI).

Ainsi, la médiane issue de O dans le triangle OAB est aussi la hauteur issue de O dans le triangle OCD.

17 **a.** Le système admet une unique solution si, et seulement si, le nombre $2 \times 8 - m^2$ est différent de 0.

$16 - m^2 = 0 \Leftrightarrow m^2 = 16 \Leftrightarrow m = 4$ ou $m = -4$.

Le système admet une unique solution si $m \neq 4$ et si $m \neq -4$.

b. $\begin{cases} 2x + my = 6 \\ mx + 8y = 4 \end{cases} \Leftrightarrow \begin{cases} 2mx + m^2y = 6m \\ 2mx + 16y = 8 \end{cases}$

(en multipliant par m la première équation et par 2 la seconde)

$$\Leftrightarrow \begin{cases} (m^2 - 16)y = 6m - 8 \\ mx + 8y = 4 \end{cases} \Leftrightarrow \begin{cases} y = \dfrac{6m - 8}{m^2 - 16} \\ x = \dfrac{1}{m}(-8y + 4) \end{cases}$$

(puisque $m \neq 0$, $m \neq 4$, et $m \neq -4$)

$$\Leftrightarrow \begin{cases} y = \dfrac{2(3m - 4)}{m^2 - 16} \\ x = \dfrac{1}{m}\left(-16\,\dfrac{3m - 4}{m^2 - 16} + 4\right) \end{cases} \Leftrightarrow \begin{cases} y = \dfrac{2(3m - 4)}{m^2 - 16} \\ x = \dfrac{4}{m} \times \dfrac{-4(3m - 4) + (m^2 - 16)}{m^2 - 16} \end{cases}$$

$$\Leftrightarrow \begin{cases} y = \dfrac{2(3m - 4)}{m^2 - 16} \\ x = \dfrac{4}{m} \times \dfrac{-12m + m^2}{m^2 - 16} \end{cases} \Leftrightarrow \begin{cases} y = \dfrac{2(3m - 4)}{m^2 - 16} \\ x = \dfrac{4(m - 12)}{m^2 - 16} \end{cases}$$

L'unique couple solution du système est donc $\left(\dfrac{4(m - 12)}{m^2 - 16} ; \dfrac{2(3m - 4)}{m^2 - 16}\right)$.

c. Si le point d'intersection, dont les coordonnées sont :

$$\left(\frac{4(m-12)}{m^2-16} ; \frac{2(3m-4)}{m^2-16}\right),$$

est situé sur l'axe des ordonnées, cela signifie que $\frac{4(m-12)}{m^2-16} = 0$, c'est-à-dire $m = 12$.

18 1. Réponse **b.** Seule réponse pour laquelle le coefficient directeur est négatif et l'ordonnée à l'origine un peu plus grande que 1.
2. Réponse **a.** Droite parallèle à l'axe des ordonnées.
3. Réponse **b.** Droite parallèle à l'axe des abscisses.
4. Réponse **d.** Elles ont le même coefficient directeur, ici -2.
5. Réponse **c.** $-2x - 1 = 99 \Leftrightarrow -2x = 100 \Leftrightarrow x = -50$.
6. Réponse **a.** Pour toute droite de coefficient directeur m, un vecteur directeur a pour coordonnées $(1 ; m)$.
7. Réponse **b.** Calcul du coefficient directeur : $\frac{y_S - y_R}{x_S - x_R} = \frac{-4-2}{1-3} = \frac{-6}{-2} = 3$.

Une équation de la droite (RS) est $y = 3x + p$. En utilisant les coordonnées de R, $2 = 9 + p \Leftrightarrow p = -7$.

8. Réponse **a.** $3x - 7 = -2x - 1 \Leftrightarrow 5x = 6 \Leftrightarrow x = \frac{6}{5}$,

et $y = -2 \times \frac{6}{5} - 1 = -\frac{17}{5}$.

19 **a.** Le déterminant du système est $1 - m^2$. Le système admet une unique solution si, et seulement si $1 - m^2 \neq 0$. Or, $1 - m^2 = 0 \Leftrightarrow m^2 = 1 \Leftrightarrow m = 1$ ou $m = -1$. Ainsi, si $m \in \mathbb{R} \setminus \{-1 ; 1\}$, le système admet une unique solution.
b. Si $m = -2$, le système s'écrit :

$$\begin{cases} x - 2y = 1 \\ -2x + y = 2 \end{cases} \Leftrightarrow \begin{cases} 2x - 4y = 2 & (L_1) \\ -2x + y = 2 & (L_2) \end{cases}$$

$$\Leftrightarrow \begin{cases} -3y = 4 & (L_1 + L_2) \\ x = 2y + 1 \end{cases}$$

$$\Leftrightarrow \begin{cases} y = -\frac{4}{3} \\ x = -\frac{5}{3} \end{cases}.$$

L'unique solution du système est le couple $\left(-\frac{5}{3} ; -\frac{4}{3}\right)$.

Si $m = 1$, le système s'écrit :

$$\begin{cases} x + y = 1 \\ x + y = 2 \end{cases},$$

système sans solution puisque les équations sont incompatibles.

20 Les coordonnées de A et B sont respectivement $(10 ; 0)$ et $(0 ; 4)$. Le milieu du segment $[AB]$ est le point I, de coordonnées $(5 ; 2)$. La médiane issue de O dans le triangle OAB est la droite (OI). Son ordonnée à l'origine est 0 puisqu'elle passe par O.

Son coefficient directeur est $\frac{y_I - y_O}{x_I - x_O} = \frac{2}{5}$.

Ainsi, une équation de (OI) est $y = \frac{2}{5} x$.

21 1. **a.** Les coordonnées des projetés orthogonaux sont : $D(a ; 8)$, $E(a ; 0)$, $F(0 ; b)$, et $G(12 ; b)$.

Calcul des coefficients directeurs

Pour la droite (DF), $\frac{y_D - y_F}{x_D - x_F} = \frac{8 - b}{a}$.

Pour la droite (OB), $\frac{y_B - y_O}{x_B - x_O} = \frac{8}{12} = \frac{2}{3}$.

Pour la droite (EG), $\frac{y_G - y_E}{x_G - x_E} = \frac{b}{12 - a}$.

b. Les droites (DF) et (OB) sont parallèles si, et seulement si :

$\frac{8 - b}{a} = \frac{2}{3} \Leftrightarrow 2a = 3(8 - b) \Leftrightarrow 2a = 24 - 3b \Leftrightarrow 2a + 3b = 24$.

Les droites (EG) et (OB) sont parallèles si, et seulement si :

$\frac{b}{12 - a} = \frac{2}{3} \Leftrightarrow 2(12 - a) = 3b \Leftrightarrow 24 - 2a = 3b \Leftrightarrow 2a + 3b = 24$.

c. $2a + 3b = 24 \Leftrightarrow b = \frac{-2a + 24}{3} \Leftrightarrow b = -\frac{2}{3} a + 8$.

Cela signifie que les trois droites (FD), (OB) et (EG) sont parallèles si, et seulement si, les coordonnées du point M vérifient l'équation $y = -\frac{2}{3} x + 8$, qui est celle d'une droite. Son ordonnée à l'origine est 8, donc C appartient à cette droite.

Les coordonnées de A vérifient cette équation, donc cette droite est en fait la droite (AC). Mais comme M est intérieur au rectangle, l'ensemble cherché est le segment [AC], privé de ses extrémités A et C.

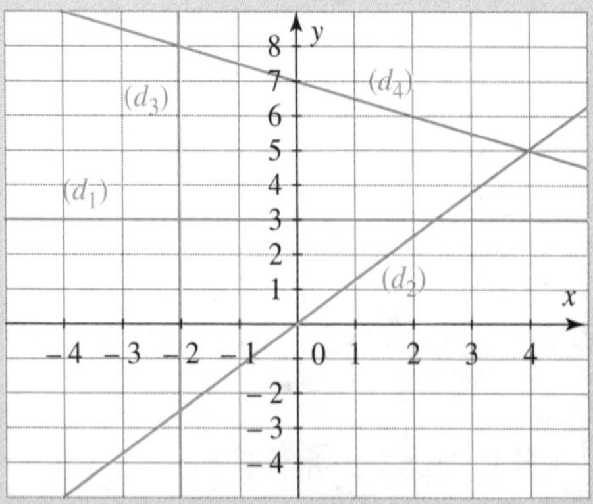

2. Équation de (FD) : $y = \dfrac{8-b}{a}x + b$,

car l'ordonnée à l'origine est l'ordonnée du point F.

Équation de (EG) : $y = \dfrac{b}{12-a}x + p$,

avec l'ordonnée à l'origine p telle que :

$$0 = \frac{b}{12-a}a + p \Leftrightarrow p = -\frac{ab}{12-a},$$

en utilisant les coordonnées du point E. Une équation de (EG) est donc $y = \dfrac{b}{12-a}x - \dfrac{ab}{12-a}$.

Équation de (OB) : $y = \dfrac{2}{3}x$.

Cherchons les coordonnées du point I, intersection des droites (FD) et (EG).

L'abscisse du point I est solution de l'équation $\dfrac{8-b}{a}x + b = \dfrac{b}{12-a}x - \dfrac{ab}{12-a}$,

équivalente à :

$$\left(\frac{b}{12-a} - \frac{8-b}{a}\right)x = b + \frac{ab}{12-a} \Leftrightarrow \frac{ab-(8-b)(12-a)}{a(12-a)}x = \frac{b(12-a)+ab}{12-a}$$

$$\Leftrightarrow (-96 + 12b + 8a)x = 12ab$$

$$\Leftrightarrow x = \frac{3ab}{2a+3b-24}.$$

L'ordonnée de I est alors :

$$y=\frac{8-b}{a}\,\frac{3ab}{2a+3b-24}+b=\frac{3b(8-b)+b(2a+3b-24)}{2a+3b-24}=\frac{2ab}{2a+3b-24}.$$

Les coordonnées du point I sont donc $\left(\frac{3ab}{2a+3b-24}\,;\,\frac{2ab}{2a+3b-24}\right)$.

Pour prouver que les droites (FD), (OB) et (EG) sont concourantes, il suffit de prouver que le point I est sur la droite (OB), ce qui est immédiat puisque $\frac{2}{3}\times\frac{3ab}{2a+3b-24}=\frac{2ab}{2a+3b-24}$.

22 **a.** Remplaçons x par l'abscisse de A :

$$-\frac{1}{2}\times 10+7=-5+7=2\neq -2\,.$$

L'équation de (d_4) n'étant pas vérifiée, A n'appartient pas à cette droite.
b. Le coefficient directeur de (d_1) est 0.

Le coefficient directeur de (d_4) est $-\frac{1}{2}$

L'ordonnée à l'origine de (d_4) est 7.
Les coordonnées d'un vecteur directeur de (d_3) sont $(0\,;\,1)$.

Les coordonnées d'un vecteur directeur de (d_4) sont $\left(1\,;\,-\frac{1}{2}\right)$.

c. Les points B et C ont la même abscisse, donc la droite (BC) est parallèle à l'axe des ordonnées.
Une équation de (BC) est $x=4$.
d. Comme deux droites parallèles ont le même coefficient directeur, l'équation réduite de (d) s'écrit $y=-\frac{1}{2}\,x+p$.
Le coefficient p se détermine en utilisant les coordonnées du point B :

$$-1=-\frac{1}{2}\times 4+p \Leftrightarrow p=-1+2$$

$$\Leftrightarrow p=1.$$

Par conséquent, l'équation réduite de (d) est $y=-\frac{1}{2}\,x+1$.

e.

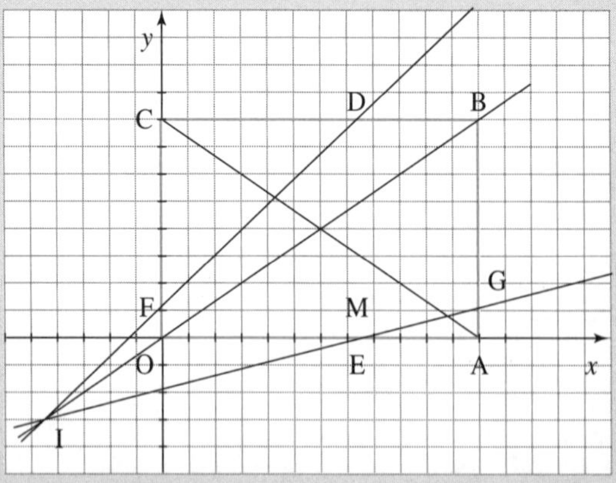

23 **a.** $m_3 < m_2 < m_4 < m_5 < m_1$.
b. $p_5 < p_4 < p_3 < p_1 < p_2$.

24 1. **a.** $I\left(\frac{-4+0}{2} ; \frac{1+5}{2}\right) = (-2 ; 3)$.

b. Les points A et M ont la même ordonnée, donc AM est la différence de leurs abscisses : $AM = 4$.
Les points A et N ont la même abscisse, donc AN est la différence de leurs ordonnées : $AN = 4$.
Par conséquent, on a bien $AM = AN$.
c. Comme I est le milieu de $[MN]$, I appartient à la médiatrice de $[MN]$.
Comme $AM = AN$, A appartient à la médiatrice de $[MN]$.
Par conséquent, cette médiatrice est la droite (AI).
Le coefficient directeur de cette droite est $\frac{3-1}{-2-0} = \frac{2}{-2} = -1$. L'ordonnée à l'origine est celle du point A, c'est-à-dire 1.
Par conséquent, l'équation réduite de la médiatrice du segment $[MN]$ est :

$$y = -x + 1.$$

2. **a.** Le centre du cercle circonscrit au triangle MNP est le point d'intersection des médiatrices de ce triangle.
Les coordonnées de ce point vérifient donc les équations :

$$y = \frac{1}{6}x + \frac{23}{12} \text{ et } y = -x + 1.$$

L'abscisse de ce point est donc solution de l'équation :

$$\frac{1}{6}x+\frac{23}{12}=-x+1 \Leftrightarrow x+\frac{1}{6}x=1-\frac{23}{12}$$
$$\Leftrightarrow \frac{7}{6}x=-\frac{11}{12}$$
$$\Leftrightarrow x=-\frac{6}{7}\times\frac{11}{12}$$
$$\Leftrightarrow x=-\frac{11}{14}.$$

L'ordonnée du point est donc $y=-\left(-\frac{11}{14}\right)+1=\frac{25}{14}$.

Les coordonnées du centre du cercle circonscrit au triangle MNP sont :

$$K\left(-\frac{11}{14}\,;\frac{25}{14}\right).$$

b. Ce cercle a pour rayon KN.

$$KN=\sqrt{\left(-\frac{11}{14}-0\right)^2+\left(\frac{25}{14}-5\right)^2}=\sqrt{\frac{121}{196}-\left(\frac{45}{14}\right)^2}$$
$$=\sqrt{\frac{121}{196}+\frac{2\ 025}{196}}=\sqrt{\frac{2\ 146}{196}}=\frac{\sqrt{2\ 146}}{14}\approx 3{,}31\,.$$

Achevé d'imprimer par Mame à Tours - FRANCE (N° 08022038)
Dépôt légal N° 99590 - Mars 2008